典藏 葡萄酒 世界地圖

La Carte

des Vins

s'il vous plaît

地圖
Adrien Grant Smith Bianchi
亞德里安・葛蘭・史密斯・碧昂奇

文字
Jules Gaubert-Turpin
朱爾・高貝特潘

翻譯
謝珮琪

呵護唯一能醞釀葡萄酒的星球——**地球**

*"Prenons soin de la Terre,
c'est la seule planète où
l'on peut produire du vin."*

目錄

國家的排列順序以釀酒歷史時間先後為準，
從最古老到最近代。

關於作者

這本地圖集能夠問世,全歸功於亞德里安·葛蘭·史密斯·碧昂奇(Adrien Grant Smith Bianchi)以及朱爾·高貝特潘(Jules Gaubert-Turpin)兩人苦心蒐集的葡萄酒指南以及精心繪製的葡萄產區海報。在他們一頭栽入葡萄酒奧妙的小宇宙時,便注意到相關教材缺乏現代性與美感。因此朱爾負責舞文弄字,亞德里安專事繪圖,兩人聯手開闢了一條探索葡萄酒及其風土的嶄新路徑。

從第一本作品《波爾多葡萄酒地圖》於2014年誕生之後,又陸續出版了四種語言版本的指南,總共收錄了92個葡萄產區。Marabout 出版社在巴黎某家書店被他們的葡萄酒地圖海報深深吸引,馬上決定請他們量身打造你正捧在手上的這本精彩好書。

官網的所有作品
www.lacartedesvins-svp.com

Jules
Gaubert-Turpin
朱爾·高貝特潘

Adrien
Grant Smith Bianchi
亞德里安·葛蘭·史密斯·碧昂奇

前言

葡萄酒這種引人入勝的獨特飲料，不僅是人類心血與肥沃風土的結晶，更無疑是地球的最佳的美食大使。

因此這本地圖集將會提到為我們醞釀美酒的土地與人們。

沒有比看地圖更能認識葡萄園的好方法吧？如果人類世界的界線是明確的，葡萄種植的界線則不斷日新月異。無論是與多瑙河接壤，或是攀爬上安地斯山脈，葡萄樹都深受氣候、土地與當地環境的啟發，進而孕育出獨一無二的味道。

編纂這本書很像在進行一項調查工作，必須把各地的線索一一串連起來，並仔細剖析有關馬達加斯加葡萄種植的植物學論文，或是耗費整個夜晚在翻譯網站上解讀匈牙利文。

而令人拍案叫絕的是，所有的環節都能自圓其說，卻又互相吻合。無論是替遠古戰士提振士氣，或是做為舊金山富豪地區的社交飲料，葡萄酒始終與人類文明發展密不可分。在本書當中會扼要說明這段歷程。

我們將帶你啟航環遊世界，到充滿生命力的葡萄酒領土聆聽他們的故事。旅程將由葡萄酒誕生的地方開始，按照時間順序，一頁一頁引領你穿梭葡萄酒令人震撼的耀眼史詩。

萬分感謝波爾多葡萄酒博物館（la Cité du Vin）提供振奮人心的藏書，
感謝「紅色警戒」（La Ligne Rouge）葡萄酒窖的絕世佳釀，
謝謝艾蓮娜・達仁特耶（Hélène d'Argentré）、哈斐爾・瓦基耶（Raphaële Wauquiez）、艾曼紐・樂瓦洛（Emmanuel Le Vallois）對我始終保持信心，
也謝謝馬歇・特潘（Marcel Turpin）不厭其詳的多次校稿。

如何品味本書？

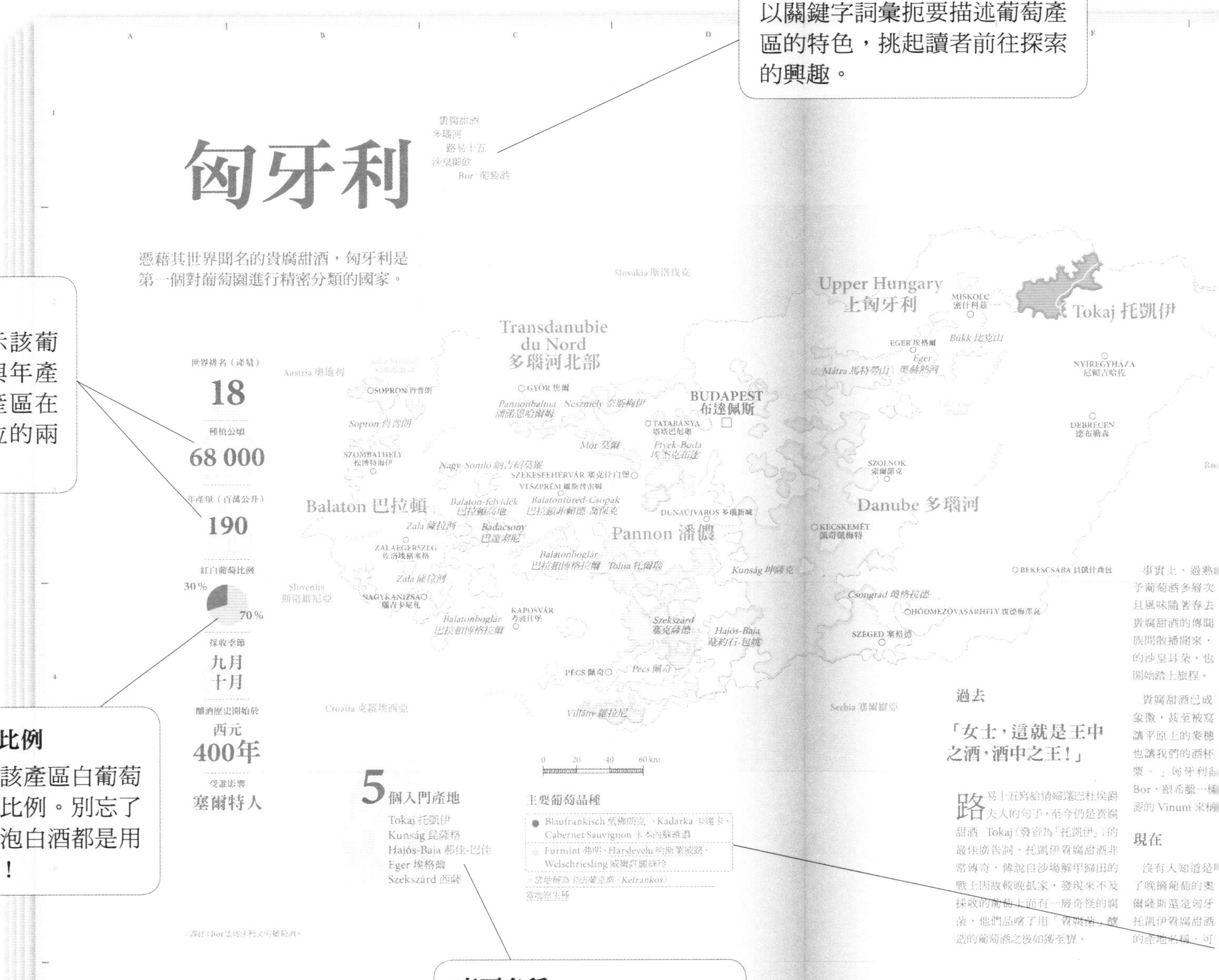

詞彙提醒
以關鍵字詞彙扼要描述葡萄產區的特色，挑起讀者前往探索的興趣。

面積與產量
這兩個數字顯示該葡萄產區的面積與年產量，是了解該產區在全世界所佔地位的兩個必要指標。

紅葡萄與白葡萄比例
這塊圓餅圖顯示該產區白葡萄與紅葡萄的栽種比例。別忘了粉紅酒與某些氣泡白酒都是用紅葡萄釀製的喔！

產區名稱
由該產地最優秀的眾多葡萄園當中，平均挑選五個產區名稱，讓你在品酒過程中，能更了解展現在面前的葡萄產區。

匈牙利

憑藉其世界聞名的貴腐甜酒，匈牙利是第一個對葡萄園進行精密分類的國家。

世界排名（產量）
18

種植公頃
68 000

年產量（百萬公升）
190

紅白葡萄比例
30%
70%

採收季節
九月
十月

釀酒歷史開始於
西元
400年

受誰影響
塞爾特人

5 個入門產地
Tokaj 托凱伊
Kunság 昆薩格
Hajós-Baja 郝佳-巴佳
Eger 埃格爾
Szekszárd 西薩

主要葡萄品種
● Blaufrankisch 藍佛朗克 · Kadarka 卡達卡 · Cabernet Sauvignon 卡本內蘇維翁
● Furmint 芙爾 · Hárslevelu 哈斯萊威路 · Welschriesling 威爾斯麗絲玲

8

如何看地圖

Medoc **梅多克**	重要葡萄產區名稱		湖
Saint-Julien 聖朱利安	次級葡萄園／ 產地名稱		河
			其他國家
	葡萄栽種區		相關國家／地區／ 區域
□	行政首都		相關區域海岸線
○	其他城市		
MILAN 米蘭	城市名稱		國界
ADRIATIC SEA 亞得里亞海	海洋名稱	Albania 阿爾巴尼亞	鄰國名稱
Shkodra Lake 斯庫台湖	湖／河名稱	Milos 米洛斯島	島嶼名稱

定位

旅人讀者的標準配備：一個標明方位的指南針，使旅人永不迷失方向。

NORD

年。比波爾多特級園葡萄酒的分級制度還要早125年。何牙利與其他東歐國家一樣，蘇聯共產政權的瓦解加速了投資的腳步，何牙利目前將四分之一的葡萄酒產量外銷到全世界。

多瑙河沿岸的昆薩格（Kunság）是匈牙利最大的產酒區，佔全國30%的產量，購買匈牙利葡萄酒時，要認明 Minőségi Bor（品質優異的葡萄酒）跟 Különleges Minőségu Bor（品質特別優異的葡萄酒）這兩個品質保證標示，代表葡萄酒來自匈牙利的22個法定產區之一。

另一項匈牙利的驕傲是橡木桶：當全世界都在搶購美國成法國橡木來做酒桶的時候，匈牙利不但有自產的橡木，所製作的酒桶也非常適合讓葡萄酒陳釀。最短物流萬歲！

內文

內容分為過去與現在兩個部份。回到過去，才能了解如何展望未來。

葡萄品種

這部份列出該產區最主要的葡萄品種，底下劃線的品種是該國家的原生種。

123

西元前3000年
誰開始釀酒？

研究學者不斷回溯過去，企圖解讀葡萄耕種的起源。
目前我們僅能確定一件事：人類在發明車輪之前就發
明了葡萄酒。老祖宗果然非常知道先後順序呢！

-6000   -5500   -5000   -4500

喬治亞

*人類歷史上首次出現
葡萄酒的蹤跡*

北極圈

北緯45度

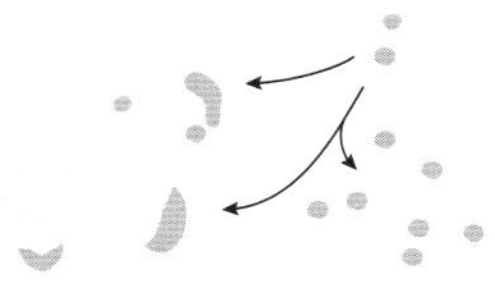

北迴歸線

赤道

南迴歸線

南緯35度

-4500   -4000   -3500   -3000

● 發明車輪

● 以色列—
　巴勒斯坦
● 黎巴嫩
● 埃及

● 土耳其   ● 亞美尼亞

文字誕生於 ●
美索不達米亞平原

第一代 ●
法老王朝

● 埃及出現
　雙耳尖底酒壺
　（Amphora）

Moldova 摩爾多瓦

Ukraine 烏克蘭

Romania 羅馬尼亞

Serbia 塞爾維亞

BLACK SEA 黑海

Bulgaria 保加利亞

Turkey 土耳其

Macedonia 馬其頓

Albania 阿爾巴尼亞

ISTANBUL 伊斯坦堡 ○
Sea of Marmara
馬摩拉海   **GEBZE 蓋布澤**
ADAPAZARI 阿達帕扎勒
ANKARA 安卡拉 □
BURSA 布爾薩 ○

Greece 希臘

ESKISEHIR 埃斯基謝希爾

Great Salt Lake
大鹽湖
KAYSERI 開塞

Aegean Sea
愛情海

IZMIR 伊茲密爾 ○
Lake Eğirdir
埃伊爾迪爾湖

DENIZLI 代尼茲利 ○
KONYA 科尼亞 ○

ADANA 阿達納 ○
MERSIN 梅爾

ANTALYA 安塔利亞 ○

Gulf of Antalya
安塔利亞灣

MEDITERRANEAN SEA
地中海

Cyprus 賽普勒斯

黑海

喬治亞、亞美尼亞&土耳其

別懷疑，雖然有些人一定不相信，
但是紅酒真的誕生於黑海之畔。

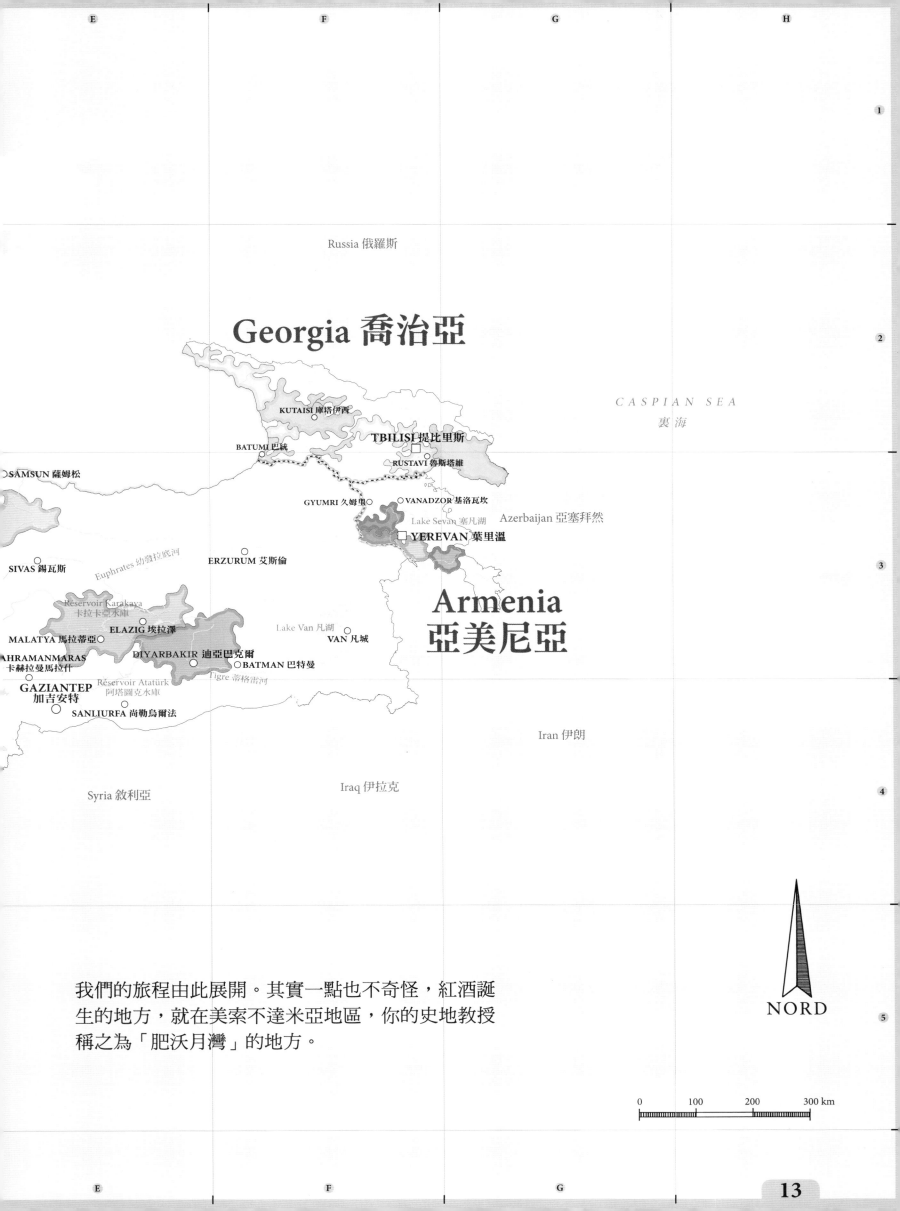

Russia 俄羅斯

Georgia 喬治亞

CASPIAN SEA
裏 海

KUTAISI 庫塔伊西

BATUMI 巴統 TBILISI 提比里斯

RUSTAVI 魯斯塔維

GYUMRI 久姆里 VANADZOR 基洛瓦坎

Lake Sevan 塞凡湖 Azerbaijan 亞塞拜然

SAMSUN 薩姆松

YEREVAN 葉里溫

ERZURUM 艾斯倫

SIVAS 錫瓦斯

Euphrates 幼發拉底河

Armenia
亞美尼亞

Réservoir Karakaya
卡拉卡亞水庫

Lake Van 凡湖

MALATYA 馬拉蒂亞 ELAZIG 埃拉澤

VAN 凡城

DIYARBAKIR 迪亞巴克爾

AHRAMANMARAS
卡赫拉曼馬拉什 BATMAN 巴特曼

Tigre 蒂格雷河

GAZIANTEP
加吉安特 *Réservoir Atatürk*
阿塔圖克水庫

Iran 伊朗

SANLIURFA 尚勒烏爾法

Iraq 伊拉克

Syria 敘利亞

我們的旅程由此展開。其實一點也不奇怪,紅酒誕
生的地方,就在美索不達米亞地區,你的史地教授
稱之為「肥沃月灣」的地方。

NORD

0 100 200 300 km

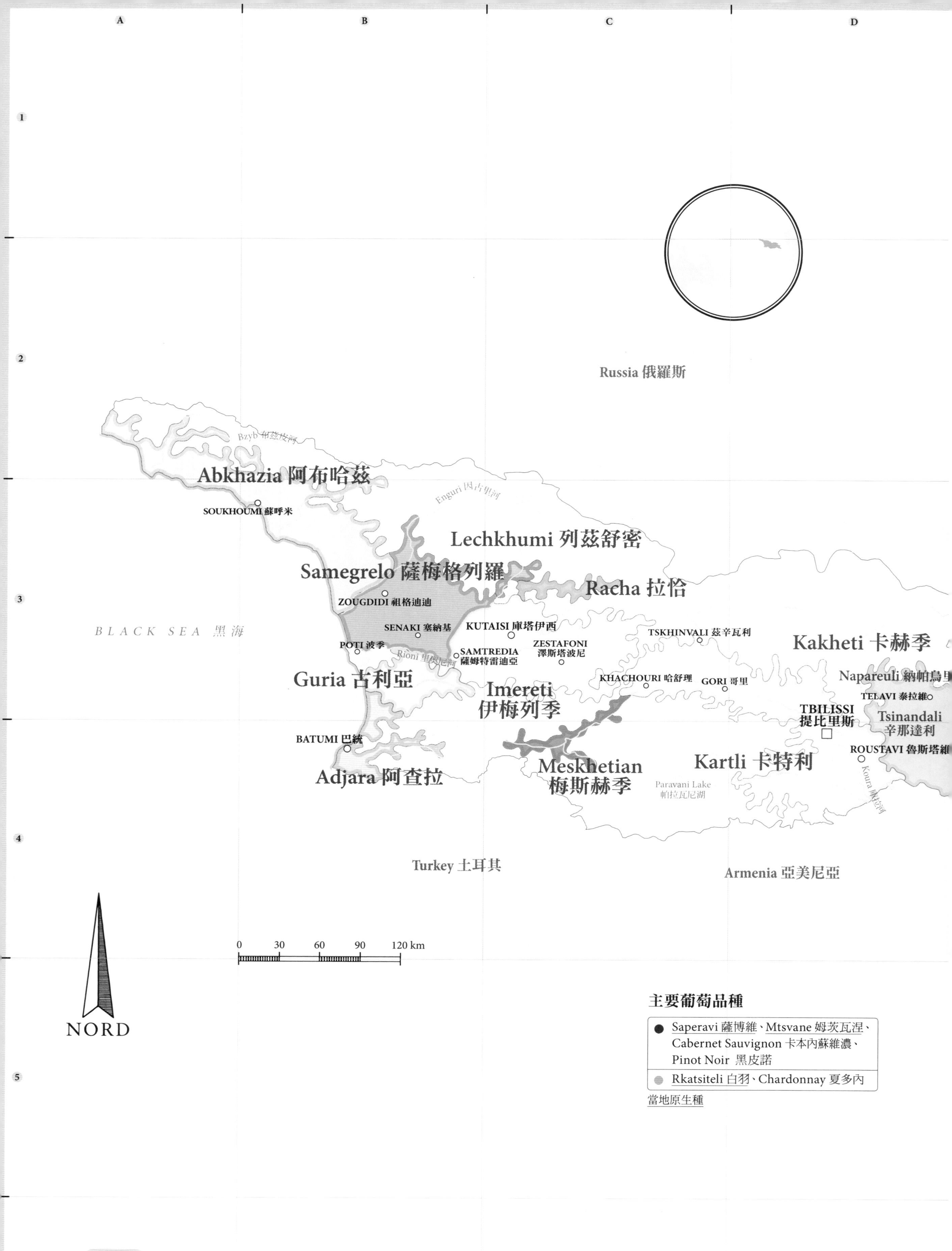

A   B   C   D

Russia 俄羅斯

Bzyb 布茲皮河

Abkhazia 阿布哈茲

Enguri 因古里河

SOUKHOUMI 蘇呼米

Lechkhumi 列茲舒密

Samegrelo 薩梅格列羅

Racha 拉恰

ZOUGDIDI 祖格迪迪

BLACK SEA 黑海

SENAKI 塞納基   KUTAISI 庫塔伊西

TSKHINVALI 茲辛瓦利

Kakheti 卡赫季

POTI 波季   SAMTREDIA   ZESTAFONI

Rioni 里奧尼河   薩姆特雷迪亞   澤斯塔波尼

Napareuli 納帕烏里

Guria 古利亞

KHACHOURI 哈舒里   GORI 哥里

TELAVI 泰拉維

**Imereti
伊梅列季**

TBILISSI
提比里斯

Tsinandali
辛那達利

**Meskhetian
梅斯赫季**

Kartli 卡特利

ROUSTAVI 魯斯塔維

BATUMI 巴統

Paravani Lake
帕拉瓦尼湖

Koura Mtrari

Adjara 阿查拉

Turkey 土耳其

Armenia 亞美尼亞

NORD

0   30   60   90   120 km

主要葡萄品種

● Saperavi 薩博維、Mtsvane 姆茨瓦涅、
Cabernet Sauvignon 卡本內蘇維濃、
Pinot Noir 黑皮諾

● Rkatsiteli 白羽、Chardonnay 夏多內

當地原生種

14

喬治亞

克維夫利陶壺
橙葡萄酒
世界遺產
"Gaumarjos" 乾杯*

足踏歐亞兩洲，這個位於高加索地區的蕞爾小國被視為全球葡萄酒的搖籃。從葡萄品種到釀酒技術，喬治亞人是第一批說著葡萄酒語言的人。

過去

克維夫利陶壺（Kvevri）是喬治亞葡萄酒的象徵。這個可容納300至3500公升容量的大型陶土壺，是現代橡木酒桶的老祖宗。陶壺填滿葡萄汁之後，即埋入土中長達數週，以確保能在穩定的溫度下進行發酵。仗著其六千年的

克維夫利陶壺（Kvevri）是喬治亞葡萄酒的象徵。

悠久歷史，這項釀酒程序已經於2013年被聯合國教科文組織列為人類文化遺產。

喬治亞、衣索比亞與亞美尼亞是首先接納基督教為國教的國家，此舉也提升了葡萄酒在傳統儀式或節慶當中的地位。波斯、羅馬、拜占庭、阿拉伯、蒙古與鄂圖曼帝國都曾統治過喬治亞，直到1800年被俄羅斯吞併。

西元2006年時，俄羅斯曾抵制喬治亞葡萄酒在其境內販售。這條禁運政策促使喬治亞酒農團結組織起來，並很快決定提高葡萄酒品質以便銷往西方國家市場。

現在

喬治亞的葡萄酒莊雖然不到兩百個，但是有很多家庭自己釀酒！在全國18個產區當中種植了525個原生葡萄品種，創下世界紀錄。光是卡赫季（Kakheti）產區就包辦了全國70%的產量。喬治亞東部產區主要釀製不甜的葡萄酒，而西部則擅長生產「甜」酒，紅白皆然。

在全國18個產區當中種植了525個原生葡萄品種，創下世界紀錄。

喬治亞還是另一種罕見且精彩的葡萄酒起源地：橙葡萄酒（Vin orange）。它是一種以紅酒釀製方式釀成的白酒，因為是連葡萄皮，甚至葡萄梗一起發酵。這項獨特的技術啟發了眾多斯洛維尼亞、義大利、法國、還有澳洲酒農的靈感。

喬治亞政府正與美國航太總署NASA 合作，想以科學方式來證明喬治亞是歷史上第一個釀酒的國家。他們真的很堅持哪！

ndzmarauli 金茲瑪拉烏利
ukazani 穆庫扎尼
ardenakhi 卡德納基

Azerbaijan 亞塞拜然

世界排名
（產量）
20

種植公頃
48 000

年產量
（百萬公升）
170

紅白葡萄比例
40 %
60 %

採收季節
九月
十月

釀酒歷史開始於
西元前
6000年

5 個入門產區

Tsinandali 辛那達利
Mukuzani 穆庫扎尼
Napareuli 納帕烏里
Kardenakhi 卡德納基
Kindzmarauli 金茲瑪拉烏利

*譯註：Gaumarjos，喬治亞語，乾杯的意思。

地圖標示

Russia 俄羅斯

BLACK SEA 黑海

0　100　200　300　400 km

Bulgaria 保加利亞

Georgia 喬治亞

Marmara 馬摩拉

ISTANBUL 伊斯坦堡

SAMSUN 薩姆松

Greece 希臘

ADAPAZARI 阿達帕扎勒

Sea of Marmara 馬摩拉海

Anatolia North-East
安那托利亞 東北地區

Armenia
亞美尼亞

Dardanelles 達達尼爾海峽

BURSA 布爾薩

ANKARA 安卡拉

ERZURUM 艾斯倫

Aegean 愛琴

Anatolia North-West
安那托利亞 西北地區

SIVAS 錫瓦斯

Euphrates 幼發拉底河

Réservoir Karakaya
卡拉卡亞水庫

Aegean Sea
愛情海

Great Salt Lake
大鹽湖

KAYSERI 開塞利

ELAZIG 埃拉澤

Lake Van 凡湖

IZMIR 伊茲密爾

Lake Eğirdir
埃伊爾迪爾湖

MALATYA 馬拉蒂亞

DIYARBAKIR 迪亞巴克爾

VAN 凡城

DENIZLI 代尼茲利

Anatolia South
安那托利亞 南區

BATMAN 巴特曼

Iran 伊朗

KONYA 科尼亞

Réservoir Atatürk
阿塔圖可水庫

Tigre 蒂格雷河

Mediterranean 地中海

ADANA 阿達納

GAZIANTEP 加吉安特

Anatolia South-East
安那托利亞 東南地區

ANTALYA 安塔利亞

MERSIN 梅爾辛

Gulf of Antalya
安塔利亞灣

Syria 敘利亞

NORD

MEDITERRANEAN SEA
地 中 海

Cyprus 賽普勒斯

Lebanon 黎巴嫩

土耳其

這位橫跨兩大洲的巨人本來可以稱霸葡萄酒界，但是宗教當頭的壓力讓葡萄酒的銷售量極小，近乎機密生產。

數據欄

世界排名（產量）
32

紅白葡萄比例
40 %
60 %

種植公頃
480 000

採收季節
九月

年產量
（百萬公升）
54,6

釀酒歷史開始於
**西元前
4500年**

過去

小亞細亞（又稱安那托利亞，現在的土耳其）肯定是史前最文明的國家之一。這裡不僅發現了銅器，也是冶金學的始祖。坐落於歐、亞、非三個大陸的樞紐，是往來貿易的絕佳地理位置，自古以來就是各國偉大帝王覬覦的目標。

土耳其的釀酒歷史可分為兩大時期。第一是羅馬與拜占庭帝國時期，當時葡萄酒可說洶湧成河，源源不絕流至北歐地區。第二個時期是1453年，君士坦丁堡淪陷，鄂圖曼帝國來臨。在伊斯蘭教的名義之下，葡萄酒被打入冷宮長達五個世紀，葡萄園生產的葡萄都僅供日常食用。一直到1923年，土耳其國父凱末爾（Mustafa Kemal）建立土耳其共和國之後，忠於政教分離的原則，才讓葡萄酒文化起死回生。

現在

土耳其擁有全世界第五大的葡萄產區，卻只有3%的葡萄用於釀酒。西部的兩個主要產區：馬摩拉與愛琴，都決定種植比較國際化的葡萄

> 土耳其擁有全世界第五大的葡萄產區，卻只有3%的葡萄用於釀酒。

品種，像是白蘇維濃（Sauvignon Blanc）或希哈（Syrah），而中部的產區則偏好種植原生種。

土耳其的葡萄種植正在全面改組，但還是非常具有壟斷性，90%的產量由少數幾個大生產商提供。

主要葡萄品種

● Öküzgözü 公牛眼、Emir 埃米爾、Syrah 希哈、Bogazkere 寶佳斯科
● Sultana 蘇丹娜、Narince 娜琳希

當地原生種

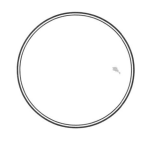

亞美尼亞

喬治亞的頭號競爭對手：「誰才是第一個釀酒的國家？」

世界排名
（產量）

48

種植公頃

17 000

年產量
（百萬公升）

6

紅白葡萄比例

40 %

60 %

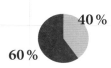

採收季節

九月

十月

釀酒歷史開始於

西元前

4100年

過去

亞美尼亞是少數不靠海的葡萄酒國家，是個海拔800到1900公尺的內陸國家。地理條件完全不妨礙它成為最早種植葡萄，以及最早發現葡萄酒的國家之一。根據聖經第一卷「創世紀」的內容，諾亞是大洪水之後第一位種植葡萄的人，他在亞拉特山的山麓上栽種了三株葡萄樹。葡萄酒文化也持續綿延於這個基督文明盛行的國家。

在蘇聯統治的期間，莫斯科當局強制葡萄酒農必須專心釀製白蘭地。這個傳統也延續下來，亞美尼亞人現在還是將一半的葡萄產量用來釀製烈酒，而且稱之為甘邑。

> **這裡是目前為止所發現最古老的釀酒地點。**

現在

面對不充沛的降雨量，大部份的現代葡萄園都改用人工灌溉方式。2007至2010年期間，一支由愛爾蘭、美國以及亞美尼亞考古學家組成的團隊，在阿雷尼地區（Areni，位於瓦約茨佐爾省Vayots Dzor）的洞穴深處發現了葡萄籽跟藤蔓的遺跡，還有簡單的榨汁裝置，都屬於史前時代的遺跡，是目前為止所發現最古老的釀酒地點。同樣自認為是葡萄酒發源地的喬治亞應該會氣得咬牙切齒。

目前亞美尼亞釀酒業以農業與工業雙軌進行。如果有緣造訪當地，應該會注意到最微小的酒農都以塑膠瓶銷售他們的葡萄酒。

Dzoraget 卓拉蓋特河　　Debed 得貝德河

GUMRI 谷米里　　**VANADZOR 瓦那佐爾**

Georgia 喬治亞

Hrazdan 赫拉茲丹河

Azerbaijan 亞塞拜然

Aragatsotn 阿拉加措特恩省

HRAZDAN 赫拉茲丹省

GAVAR 加瓦爾

ABOVIAN 阿博維揚

Lake Sevan 塞凡湖

VAGHARCHAPAT 瓦加爾沙帕特

□YEREVAN 葉里溫

ARMAVIR 阿爾馬維爾省

Araxis 阿拉斯河

ARTACHAT 阿爾塔沙特

Armavir 阿爾馬維爾

Ararat 亞拉拉特山

Vayots Dzor 瓦約茨佐爾省

GORIS 戈里斯

Turkey 土耳其

Vorotan 佛洛塔恩河

NORD

Azerbaijan 亞塞拜然

KAPAN 卡潘

0　　50　　100 km

主要葡萄品種

- ● Areni Noir 黑阿列尼、Khndogni 涅多尼
- ○ Tchilar 奇拉、Voskehat 沃士奇、Rkatsiteli 白羽、Mskhali 慕斯卡里

當地原生種

NORD

Libya 利比亞

中東地區

黎巴嫩、以色列－巴勒斯坦、埃及

現在的黎巴嫩與敘利亞地區古稱腓尼基，而腓尼基
人正是首先將葡萄酒貿易化的民族。他們靠著強大
的艦隊，將盛酒的雙耳尖底壺與釀酒知識在整個地
中海區發揚光大。

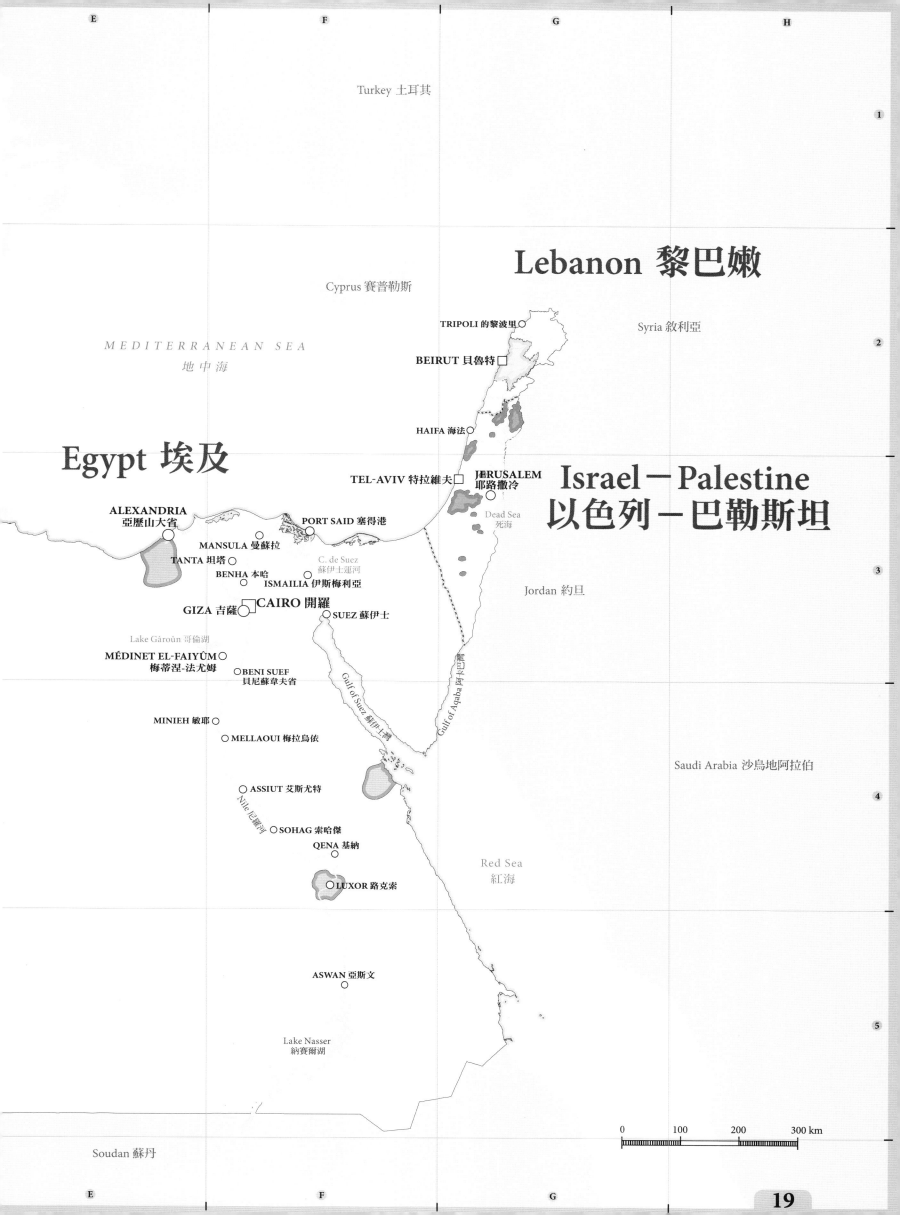

Turkey 土耳其

Lebanon 黎巴嫩

Cyprus 賽普勒斯

Syria 敘利亞

TRIPOLI 的黎波里 ○

MEDITERRANEAN SEA
地中海

BEIRUT 貝魯特 □

HAIFA 海法 ○

Egypt 埃及

TEL-AVIV 特拉維夫 □　JERUSALEM
　　　　　　　　　耶路撒冷

Israel－Palestine
以色列－巴勒斯坦

Dead Sea
死海

ALEXANDRIA
亞歷山大省 ○

PORT SAID 塞得港

MANSULA 曼蘇拉 ○

Jordan 約旦

TANTA 坦塔 ○

C. de Suez
蘇伊士運河

BENHA 本哈 ○

ISMAILIA 伊斯梅利亞 ○

GIZA 吉薩 ○□ CAIRO 開羅

SUEZ 蘇伊士

Lake Gâroûn 哥倫湖

MÉDINET EL-FAIYÛM ○
梅蒂涅-法尤姆

○ BENI SUEF
貝尼蘇韋夫省

Gulf of Suez 蘇伊士灣

Gulf of Aqaba 阿卡巴灣

MINIEH 敏耶 ○

○ MELLAOUI 梅拉烏依

Saudi Arabia 沙烏地阿拉伯

○ ASSIUT 艾斯尤特

Nile 尼羅河

○ SOHAG 索哈傑

QENA 基納 ○

Red Sea
紅海

○ LUXOR 路克索

ASWAN 亞斯文 ○

Lake Nasser
納賽爾湖

0　　100　　200　　300 km

Soudan 蘇丹

19

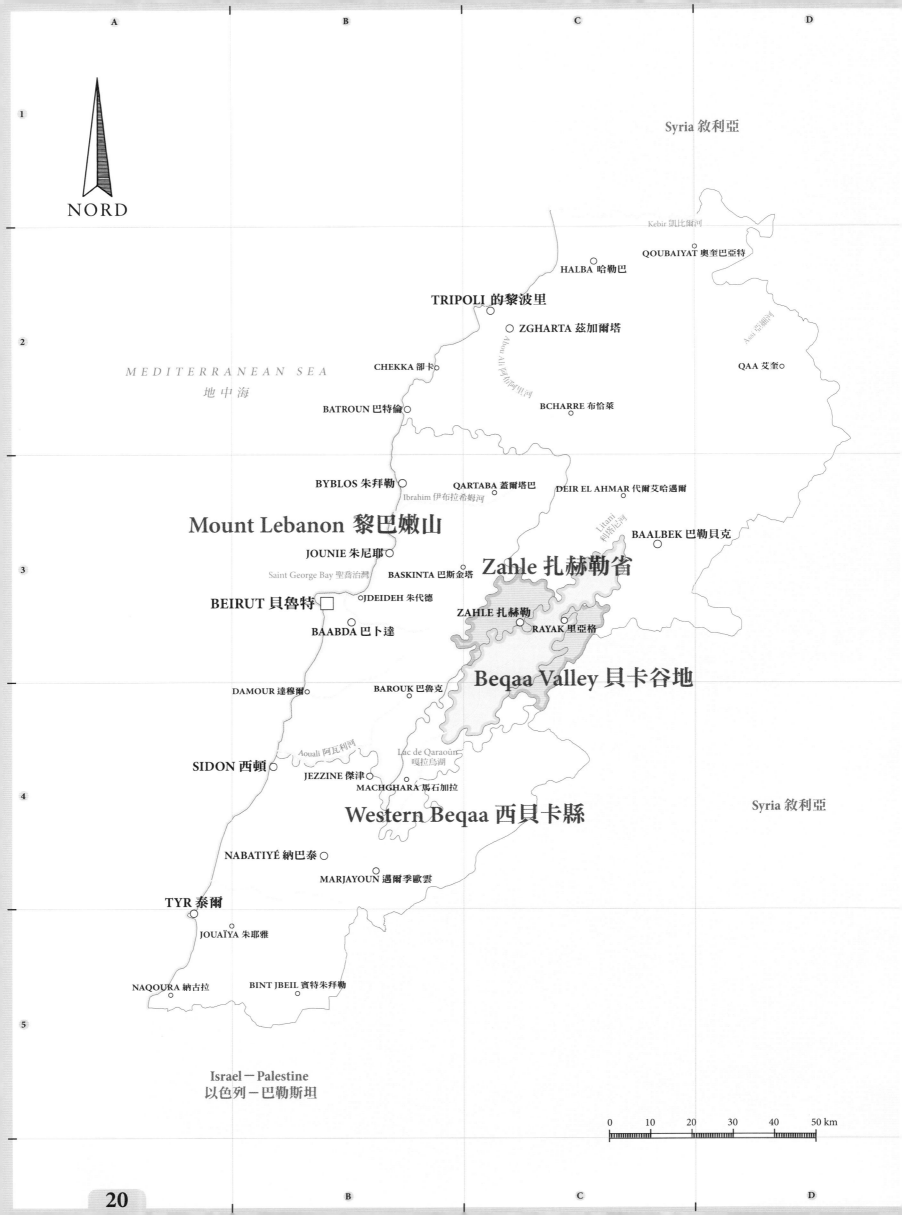

NORD

Syria 敘利亞

Kebir 凱比爾河

QOUBAIYAT 奧奎巴亞特 ○

HALBA 哈勒巴 ○

TRIPOLI 的黎波里 ○

ZGHARTA 茲加爾塔 ○

QAA 艾奎 ○

Assi 阿西河

CHEKKA 卻卡 ○

Abou Ali 阿布阿里河

BATROUN 巴特倫 ○

BCHARRE 布恰萊 ○

MEDITERRANEAN SEA
地中海

BYBLOS 朱拜勒 ○

QARTABA 蓋爾塔巴 ○

DEIR EL AHMAR 代爾艾哈邁爾

Ibrahim 伊布拉希姆河

Mount Lebanon 黎巴嫩山

Litani 利塔尼河

BAALBEK 巴勒貝克 ○

JOUNIE 朱尼耶 ○

Zahle 扎赫勒省

Saint George Bay 聖喬治灣

BASKINTA 巴斯金塔 ○

BEIRUT 貝魯特 □

OJDEIDEH 朱代德 ○

ZAHLE 扎赫勒 ○

BAABDA 巴卜達 ○

RAYAK 里亞格 ○

Beqaa Valley 貝卡谷地

BAROUK 巴魯克 ○

DAMOUR 達穆爾 ○

Aouali 阿瓦利河

Lac de Qaraoûn 嘎拉烏湖

SIDON 西頓 ●

JEZZINE 傑津 ○

MACHGHARA 馬石加拉 ○

Western Beqaa 西貝卡縣

Syria 敘利亞

NABATIYÉ 納巴泰 ○

MARJAYOUN 邁爾季歐雲 ○

TYR 泰爾 ○

JOUAÏYA 朱耶雅 ○

NAQOURA 納古拉 ○

BINT JBEIL 賓特朱拜勒 ○

Israel－Palestine
以色列－巴勒斯坦

0   10   20   30   40   50 km

腓尼基
黎巴嫩山
貝卡谷地
默華

黎巴嫩

黎巴嫩葡萄酒的歷史可以追溯到古代，不過葡萄產區成形是最近的事，所以1990年的時候全國仍只有3個釀酒商。

過去

古代的腓尼基地區涵蓋現在的黎巴嫩。腓尼基人很快就意識到葡萄在這陽光充沛的地區能快樂地生長，而後才全面拓展葡萄酒文化。中古世紀時，腓尼基商人就已經將葡萄酒銷售到整個歐洲。

中古世紀時，腓尼基商人就已經將葡萄酒銷售到整個歐洲。

不過16世紀鄂圖曼帝國佔領這個地區之後，因宗教原因開始禁止釀酒，只有住在黎巴嫩山的修道士才繼續秉承釀酒傳統並持續栽種葡萄。

法國在1920至1943年之間曾短暫治理黎巴嫩，這也說明了為何目前黎巴嫩的葡萄產區以來自波爾多及隆河地區的品種為主。

現在

黎巴嫩依然是直接食用的葡萄主要生產國。擁有27,000公頃的葡萄園，卻僅有不到20%的收成用以釀酒。

黎巴嫩可說是中東地區最有前途的葡萄酒生產國。

海拔高達1000公尺的貝卡高原葡萄產區，可說是黎巴嫩釀酒工業的核心。

全年有300天陽光普照，幾乎七個月都不會下雨，地中海型氣候對於種植優質葡萄至關重要。黎巴嫩可說是中東地區最有前途的葡萄酒生產國。

主要葡萄品種

- Cabernet Sauvignon 卡本內蘇維濃、Merlot 梅洛、Carignan 佳利釀、Cinsault 仙梭
- Chardonnay 夏多內、Clairette 克萊雷特、Merwah 默華、Obeidi 奧貝迪

當地原生種

世界排名（產量）

51

種植公頃

27 000

年產量（百萬公升）

5,25

紅白葡萄比例

25 %

75 %

採收季節

九月

釀酒歷史開始於

西元前
3000年

埃及

擁有中東地區佔地最廣的葡萄園，卻只有1%的葡萄收成用以釀酒。我們離「酒流成河」的風光時代還有點遙遠。

世界排名（產量）
52

種植公頃
70 000

年產量（百萬公升）
4

紅白葡萄比例

25 %
75 %

採收季節
六月至八月

釀酒歷史開始於
西元前 3000年

受誰影響
腓尼基人

過去

古埃及並沒有野生葡萄，而是迦南人帶來的。在古代，葡萄酒主要在亞歷山大港地區釀製，而後才由法老王將產區往尼羅河流域推進。

葡萄酒長期以來為精英階層獨享，一直要到拉美西斯二世（Ramesses II，西元前1200年）時才成為普及全民的飲料，不過當時的國民飲料還是非啤酒莫屬。

古王國時期的墓穴中所發現的象形文字，是人類歷史上首次以文字記錄大麥發酵與釀製過程。埃及在英國殖民期間才正式發展葡萄酒文化，但是因為缺乏投資者，加上20世紀的戰亂，讓埃及錯失登上新世界葡萄酒舞台並大放異彩的機會。

現在

埃及的釀酒業直到20世紀末都由國家管理，目前僅有少數幾家公司勉強維持著。葡萄產區主要集中在擁有較佳氣候條件的馬里奧湖（Mariout）周圍。

同時埃及也證明了啤酒與葡萄酒密不可分：主要的葡萄產區隸屬於綠色瓶身上有顆紅星的知名啤酒品牌。

主要葡萄品種
- Cabernet Sauvignon 卡本內蘇維濃、Merlot 梅洛
- Pinot Blanc 白皮諾、Fayoumi 法由米

當地原生種

NORD

Lebanon 黎巴嫩

Syria 敘利亞

Israel－Palestine
以色列－巴勒斯坦

Dead Sea
死海

SOLLOÛM 索路姆
MARSA MATROUH 馬特魯港
ALEXANDRIA 亞歷山大港
MANSULA 曼蘇拉
PORT SAID 塞得港
Lake Mariout 馬里奧湖
TAHTA 泰赫塔
EL ARISH 阿里什
EL ALAMEIN 阿萊曼
BENHA 本哈
C. de Suez 蘇伊士運河
ISMAILIA 伊斯梅利亞

Alexandria 亞歷山大省

GIZA 吉薩　CAIRO 開羅
SUEZ 蘇伊士省

Lake Gâroûn 哥倫湖

SIWA 錫瓦綠洲

MÉDINET EL-FAIYÛM 梅蒂涅 法尤姆
ZA'FARÂNA 扎法拉那
BENI SUEF 貝尼蘇韋夫省

Libya 利比亞

BAWITI 拜維提

RÂS CHÂRIB 拉斯加里伯

MINIEH 敏耶

MELLAOUI 梅拉烏依

El Gouna 艾爾古納

HURGHADA 洪加達

Gulf of Suez 蘇伊士灣
Gulf of Aqaba 阿卡巴灣

Saudi Arabia 沙烏地阿拉伯

Nile 尼羅河
ASSIUT 艾斯尤特

QARS FARÂFRA 法拉弗

TAHTA 泰赫塔
SOHAG 索哈傑

QENA 基納
QUSEIR 奎希爾

Red Sea 紅海

LUXOR 路克索

Luxor 路克索省

EL KHARGA 哈里傑綠洲

EDFOU 埃德富

0　100　200　300 km

Jordan 約旦

以色列－巴勒斯坦

這個地區可以非常自豪，因為他們同時擁有全世界最古老與最年輕的葡萄園。出現在古代的葡萄酒文化被遺忘了千年之久，後來才在果斷投入的釀酒商手中重生。

過去

耶路撒冷是猶太教、基督教與穆斯林的聖城，也是重大宗教衝突的「震央」所在。從西元637年直到第一次世界大戰結束，這個地區由阿拉伯人統治，也因此極具歷史的葡萄園都被摧毀或遺棄。

但是葡萄酒在猶太文明當中無所不在，葡萄酒的神聖地位主要來自於葡萄本身在聖地的重要性，所以猶太儀式當中若是缺乏葡萄酒，可以用葡萄汁來代替。

透過外國投資者的參與，加上曾在美國與義大利受過培訓的品酒師紛紛到來，讓這個地區的葡萄酒品質已經有了顯著的進步。

現在

以色列－巴勒斯坦共分為五個葡萄產區。他們的葡萄酒標上通常不會明確標上產地，因為大多是不同產區的葡萄混和釀製的。以色列的葡萄酒復興運動主要發生在過去十年當中。

大部份葡萄酒都符合猶太教規，所以也符合全世界猶太族群的需要，能放心取得經過宗教儀式處理的優質葡萄酒。

世界排名（產量）
38

種植公頃
5 500

年產量（百萬公升）
26

紅白葡萄比例
30 %
70 %

採收季節
八月至十月

釀酒歷史開始於
西元前 3000年

受誰影響
腓尼基人

主要葡萄品種

- ● Syrah 希哈、Merlot 梅洛、Cabernet Sauvignon 卡本內蘇維濃
- ● Chardonnay 夏多內、Sauvignon Blanc 白蘇維濃

Lebanon 黎巴嫩

Syria 敘利亞

KIRYAT SHMONA 謝莫納城

Galilee 加利利

Upper Galilee 上加利利

NAHARIYA 納哈里亞

Golan Heights 戈蘭高地

HAIFA 海法

NAZARETH 拿撒勒

Sea of Galilee 加利利海

MEDITERRANEAN SEA
地中海

Lower Galilee 下加利利

Mount Carmel 迦密山

HADERA 哈代拉

Shomron 珊隆

NETANYA 內坦亞

NABLUS 納布盧斯

Jordan River 約旦河

TEL-AVIV 特拉維夫 □　○ RAMAT GAN 拉馬特甘

HOLON 霍隆　　○ LOD 羅德

RAMALLAH 拉姆安拉

ASHDOD 亞實突 ○

BEIT SHEMESH 貝特謝梅什

JERUSALEM 耶路撒冷

BETHLEHEM 伯利恆

ASHKELON 亞實基倫 ○

Jerusalem 耶路撒冷

Dead Sea 死海

Samson 參孫

KIRYAT GAT 迦特鎮

Gush Etzion 古什埃齊翁

NETIVOT 內提沃特

Judaean Mountains 猶大山地

BEERSHEBA 巴爾謝巴

DIMONA 迪莫那

Jordan 約旦

Negev 內蓋夫

Negev highlands 內蓋夫高地

Egypt 埃及

NORD

0　25　50　75 km

西元前1500年
誰開始釀酒？

這時期是腓尼基人的輝煌時代。他們來自於現在的黎巴嫩地區，是令人敬畏的偉大水手，也渴望尋求嶄新視野，成為第一個探索與征服地中海地區的民族。

埃及人發明產區名稱的概念，也是首先根據產地來命名葡萄酒的人

| -3300 | -3000 | -2700 | -2400 |

以色列－巴勒斯坦●
黎巴嫩●
埃及●
保加利亞●

●希臘在愛琴海
沿岸安居

埃及人發明產區名稱●
的概念，也是首先根
據產地來命名葡萄酒
的人

●中東地區出現雙耳
尖底酒壺

北緯45度

北迴歸線

赤道

南迴歸線

南緯35度

-2400　　　　　　-2100　　　　　　-1800　　　　　　-1500

- 腓尼基人開始使用
  雙耳尖底酒壺

- **羅馬尼亞**
- **摩爾多瓦**
- **希臘**
- **賽普勒斯**

- 美索不達米亞地區
  出現製杯技術

羅馬尼亞
摩爾多瓦

紅白葡萄比例

47%　53%

採收季節

九月

釀酒歷史開始於

西元前
2000年

受誰影響

希臘

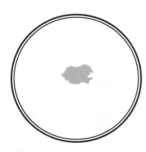

羅馬尼亞與摩爾多瓦是前蘇聯的葡萄酒生產地，在19世紀之前原本是同一個國家，因此釀酒歷史不但相同，語言也同樣是羅馬尼亞語。至於這地區的釀酒業誕生於什麼時候？這倒是很難確定。詩人荷馬的史詩「伊利亞德」當中指出，古代希臘人曾來到色雷斯（Thrace）尋找葡萄酒。而色雷斯就是今天的巴爾幹半島。這地區的葡萄園由希臘移民奠基，而後由羅馬人發揚光大。

在1980年代，整個歐洲都見證了一場不平凡的動盪，由俄羅斯總統戈巴契夫所推動的反酗酒運動，讓羅馬尼亞與摩爾多瓦的釀酒業急踩煞車，也因此這兩國的釀酒基礎設施目前仍然落後其他國家一大截。

羅馬尼亞

世界排名（產量）

13

種植公頃

191 000

年產量（百萬公升）

350

5個入門產區
Cotnari 科特納里
Recas 雷卡斯
Jidvei 日德韋
Murfatlar 穆法特拉
et Dealu Mare 迪露瑪

現在

目前是歐盟第六大葡萄酒生產國。

羅馬尼亞坐落於多瑙河流域，橫跨喀爾巴阡山脈（Carpathian）高山帶，領土面積與英國差不多，也是歷史最悠久的葡萄酒生產國之一，目前是歐盟第六大葡萄酒生產國。中古世紀時，德國在此種植了威爾許麗絲玲（Welschriesling）跟麗絲玲（Riesling）葡萄，至今仍然存在。20世紀末期因為得到重要的投資，羅馬尼亞的釀酒業得以發展迅速，比摩爾多瓦更現代化。

● Merlot 梅洛、Cabernet Sauvignon 卡本內蘇維濃、Babeasca Neagra 黑巴貝薩卡

● Feteasca Alba 白費思卡、Feteasca Regala 皇家費思卡、Grasevina 格拉塞維納

當地原生種

ORADEA 奧拉迪亞

Crisana 克里薩納

Minis 米尼斯河

ARAD 阿拉德

Mures 穆列什河

Teremia Mare
大泰雷米亞

TIMISOARA
蒂米什瓦拉

Recas
雷卡斯

Banat
巴納特

Timis 蒂米什河

RESITA 雷希察

Drobeta-Turnu Severin
德羅貝塔 塞維林堡

Serbia 塞爾維亞

摩爾多瓦

世界排名（產量）
19

種植公頃
142 000

年產量（百萬公升）
170

- ● Cabernet Sauvignon 卡本內蘇維濃、Merlot 梅洛、Pinot Noir 黑皮諾、Isabelle 伊莎貝爾
- ○ Aligoté 阿里歌蝶、Rkatsiteli 白羽

現在

摩爾多瓦具有非常多令人嘖嘖稱奇的葡萄酒故事。他們極為重視釀製葡萄酒的傳統，以致每年10月7日都是專屬的「葡萄酒節」。但是大部份的葡萄酒都銷往國外，每年出口將近80%的產量。另外，金氏世界紀錄當中，全世界最大的酒窖就在摩爾多瓦，位於該國首都郊區的米列什蒂·米茨（Milestii Mici）公司擁有一個存放著150萬瓶葡萄酒，長達55公里的地下酒窖。

3 個入門產區

Valul lui Traian 瓦盧特拉楊
Stefan Voda 斯特凡沃達
Codru 科德魯

NORD

Ukraine 烏克蘭

Dniesir 德涅斯特河

SOROCA 索羅卡

MOLDOVA 摩爾多瓦

SATU MARE 薩圖馬雷

BAIA MARE 巴亞馬雷

BOTOSANI 博托沙尼

BALTI 伯爾茲

RÎBNITA 勒布尼察

SUCEAVA 蘇恰瓦 ○

Prout 普魯特河

Balti 伯爾茲

Marmatie 馬拉穆列什

Somes 索梅什河

Cotnari 科特納里

ORHEI 奧爾海伊

DUBASARI 杜伯薩里

ZALAU 札勒烏

Bistrita Nasaud 比斯特里察-訥瑟烏德

Siret 西雷河

IASI 雅西

Codru 科德魯

CLUJ-NAPOCA 克盧日-納波卡

□ CHISINAU 奇西瑙

ROMAN 羅曼

Moldova 摩爾多瓦

Bic 貝克河

Transylvania 外西凡尼亞

PIATRA-NEAMT 皮亞特拉-尼亞姆茨

TIRASPOL 提拉斯浦

BENDER 賓傑里

TURDA 圖爾達

TÂRGU-MURES 特爾古穆列什

VASLUI 瓦斯盧伊

Tarnave 塔納夫

BACAU 巴克烏

Dealurile Moldovei 迪露瑞摩爾多維

Stefan Voda 斯特凡大公

Jidvei 日德韋

ALBA IULIA 阿爾巴尤列亞

BARLAD 伯爾拉德

COMRAT 康拉特

○ DEVA 德瓦

Alba Iulia 阿爾巴尤列亞

SFÂNTU GHEORGHE 聖格奧爾基

Panciu 潘丘

Nicoresti 尼可拉斯蒂

Valu lui Traian 瓦盧盧伊特拉揚

○ HUNEDOARA 胡內多阿拉

SIBIU 錫比烏

CAHUL 卡胡爾

BRASOV 布拉索夫

Odobesti 奧多貝什蒂

FOCSANI 福克沙尼

ROMANIA 羅馬尼亞

Muntenia 蒙坦尼亞

GALATI 加拉茨

Danube 多瑙河

TARGU JUI 特爾古日烏

RÂMNICU VÂLCEA 勒姆尼庫沃爾恰

Dealu Mare 迪露瑪

BUZAU 布澤烏

BRAILA 布勒伊拉

TULCEA 圖爾恰

PITESTI 皮特什蒂

TARGOVISTE 特爾戈維什蒂

Buzau 布澤烏河

Sarica Niculitel 薩利卡-尼庫利采爾

Oltenia 奧爾特尼亞

PLOIESTI 普洛耶什蒂

Dragasani 德勒格沙尼

Arges- Stefanesti 什泰弗內什蒂

Dobruja 多布羅加

Jiu 日烏河

○ SLATINA 斯拉蒂納

□ BUCHAREST 布加勒斯特

SLOBOZIA 斯洛博齊亞

BLACK SEA 黑海

CRAIOVA 克拉約瓦

Olt 奧爾特河

CALARASI 克勒拉希

Segarcea 塞加爾恰

Danube 多瑙河

Murfatlar 穆法特拉

CONSTANTA 康斯坦察

GIURGIU 久爾久 ○

0   50   100   150 km

Bulgaria 保加利亞

Poland 波蘭

Austria 奧地利
- Riesling 麗絲玲、
  Grüner Veltliner 綠菲特麗娜

Slovakia 斯洛伐克
- Cabernet Sauvignon
  卡本內蘇維濃
- Chardonnay 夏多內、
  Sauvignon 蘇維濃

Germany 德國
- Pinot Noir 黑皮諾
- Müller-Thurgau 米勒-圖高

○STUTTGART 斯圖加特

MUNICH 慕尼黑
○

Black Forest
黑森林

France 法國

VIENNA 維也納 □   □BRATISLAVA 布拉提斯拉瓦

BUDAPEST 布達佩斯 □

Isar 伊薩爾河

GRAZ 格拉茲 ○

Sava 蘇瓦河

Italy 義大利   Slovenia
斯洛維尼亞

ZAGREB □
札格瑞布

Croatia 克羅埃西亞
- Cabernet Sauvignon
  卡本內蘇維濃
- Welschriesling 威爾許麗絲玲、
  Sauvignon 蘇維濃、
  Chardonnay 夏多內

多瑙河

東歐風情的河川

「美麗的藍色多瑙河」串起東歐與西歐，從黑森林投向黑海的懷抱，
穿越各異的語言文化與葡萄產區。

大部份多瑙河流域國家的葡萄產區都集中在河的南方，這一有趣的現象可以從歷史角度來解釋：多瑙河自古以來就是羅馬帝國與其他蠻族的界線，因此河岸派有羅馬軍團駐守，為了讓辛勞的將士能解渴，在此種葡萄釀酒顯然是個好辦法。隨後只要將佳釀堆上船，就能輕易運到其他地方享用。

二十多年來，多瑙河的風土條件不斷煽動釀酒行家的好奇心，土壤與氣候的多元性，加上豐富的文化傳統，釀製出一系列風味各異的葡萄酒。就算花上一整年一一品嚐也不會厭倦。

多瑙河雖然是發源於德國，但是與葡萄酒真正產生連結卻是從奧地利開始的，而且是在首都維也納，維也納也是歐洲國家當中唯一還有葡萄園的首都。

美麗的藍色多瑙河接著展開歐洲首都之旅，彷彿少了多瑙河的洗禮，這些城市就不夠格成為首都。布拉提斯拉瓦、布達佩斯與貝爾格勒，這些前不久還處於紛爭的城市因戰爭而撕裂，卻被多瑙河撫平了裂痕。

隨著河水順流而下，氣候漸暖，原本是主流的白酒也拱手讓位給紅酒。多瑙河先探訪保加利亞葡萄酒，再順道繞往羅馬尼亞，然後快速往摩爾多瓦蜿蜒了340公尺，匆匆點頭致意。最後由於無法決定在哪個國家結束旅程，多瑙河乾脆與羅馬尼亞及烏克蘭分享出海口三角洲。長達2860公里的旅程，回到葡萄酒的起源，堪稱有始有終。

0   100   200   300 km

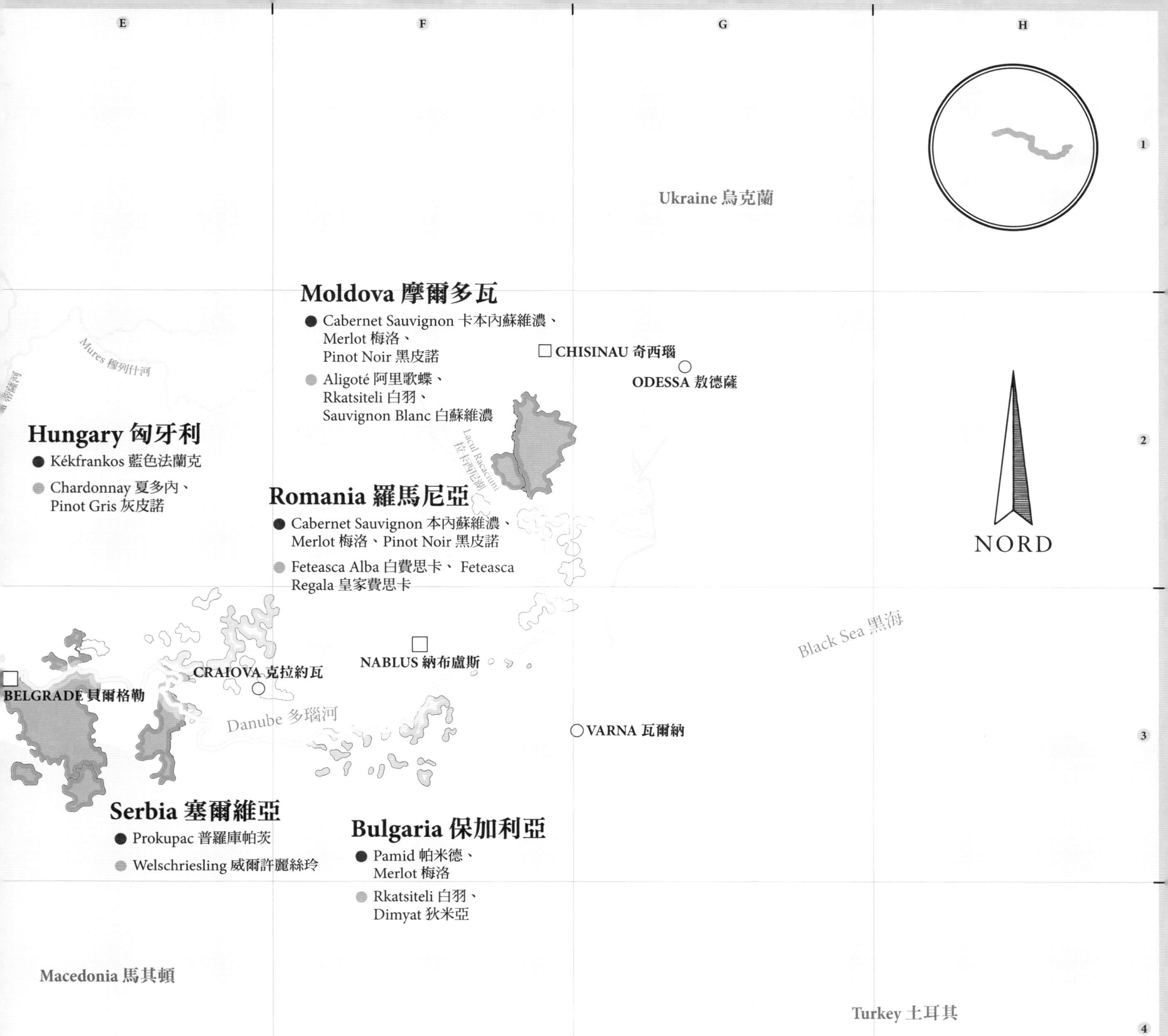

Ukraine 烏克蘭

Moldova 摩爾多瓦

- Cabernet Sauvignon 卡本內蘇維濃、
  Merlot 梅洛、
  Pinot Noir 黑皮諾
- Aligoté 阿里歌蝶、
  Rkatsiteli 白羽、
  Sauvignon Blanc 白蘇維濃

□ CHISINAU 奇西瑙
○ ODESSA 敖德薩

Hungary 匈牙利

- Kékfrankos 藍色法蘭克
- Chardonnay 夏多內、
  Pinot Gris 灰皮諾

Romania 羅馬尼亞

- Cabernet Sauvignon 本內蘇維濃、
  Merlot 梅洛、Pinot Noir 黑皮諾
- Feteasca Alba 白費思卡、 Feteasca
  Regala 皇家費思卡

Lacul Racaciuni 拉卡圖尼湖

NORD

Black Sea 黑海

□ NABLUS 納布盧斯

CRAIOVA 克拉約瓦

□ BELGRADE 貝爾格勒

Danube 多瑙河

○ VARNA 瓦爾納

Serbia 塞爾維亞

- Prokupac 普羅庫帕茨
- Welschriesling 威爾許麗絲玲

Bulgaria 保加利亞

- Pamid 帕米德、
  Merlot 梅洛
- Rkatsiteli 白羽、
  Dimyat 狄米亞

Macedonia 馬其頓

Turkey 土耳其

Greece 希臘

特色

長度	3 019 公里
源頭	Breg 布雷格河（德國）
河口	黑海
流經的國家	德國、奧地利、斯洛伐克、匈牙利、克羅埃西亞、塞爾維亞、羅馬尼亞、保加利亞、摩爾多瓦、烏克蘭
主要支流	Morava 摩拉瓦河、Tisza 蒂薩河、Olt 奧爾特河、Siret 錫雷特河、Prut 普魯特河、Inn 因河、Sava 薩瓦河、Iskar 伊斯克爾河、Yantra 燕特拉河

圖示說明

● 主要紅葡萄品種
● 主要白葡萄品種

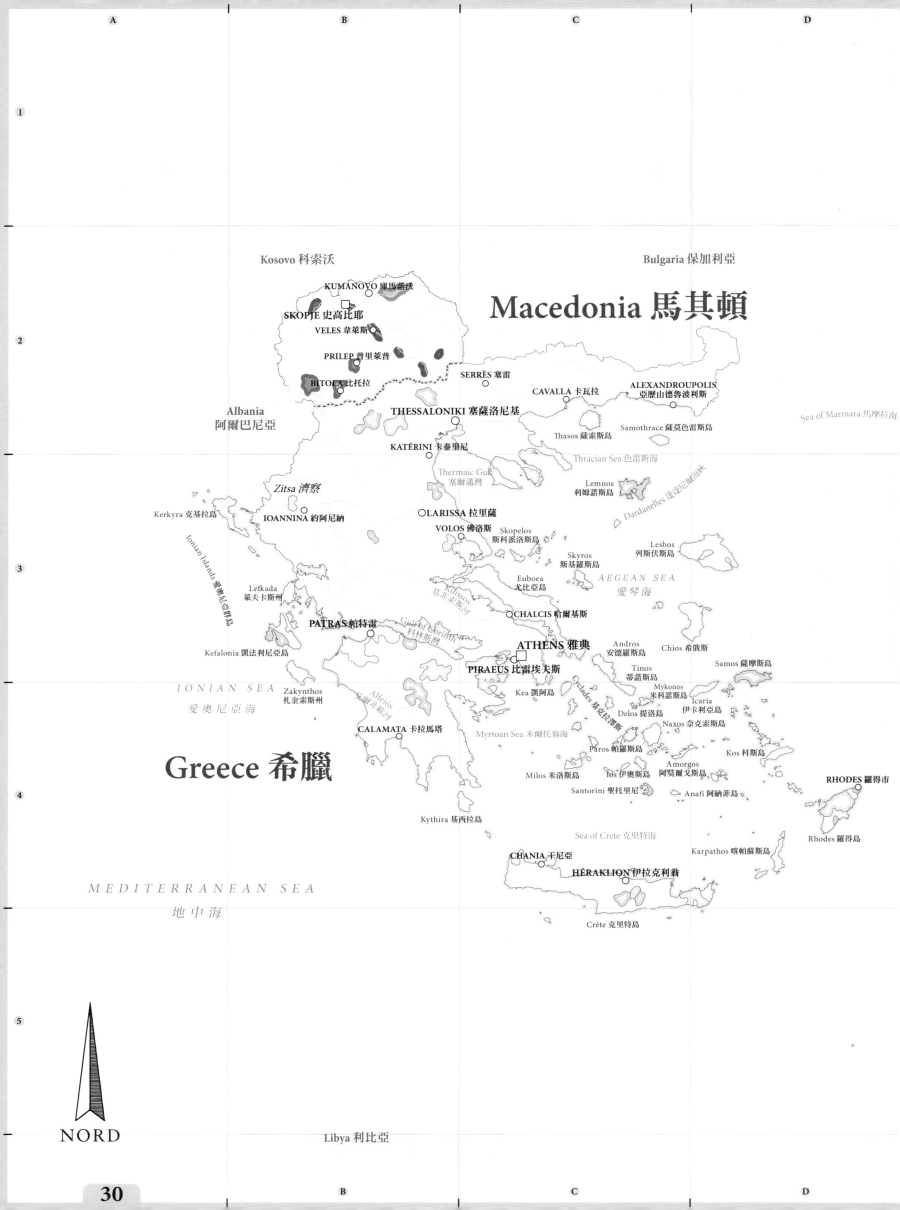

Kosovo 科索沃

Bulgaria 保加利亞

KUMANOVO 庫馬諾沃

SKOPJE 史高比耶

Macedonia 馬其頓

VELES 韋萊斯

PRILEP 普里萊普

SERRÈS 塞雷

BITOLA 比托拉

CAVALLA 卡瓦拉

ALEXANDROUPOLIS
亞歷山德魯波利斯

Albania
阿爾巴尼亞

THESSALONIKI 塞薩洛尼基

Sea of Marmara 馬摩拉海

Samothrace 薩莫色雷斯島

KATÉRINI 卡泰里尼

Thasos 薩索斯島

Thracian Sea 色雷斯海

Zitsa 灣察

Thermaic Gulf
塞爾邁灣

Lemnos
利姆諾斯島

Dardanelles 達達尼爾海峽

Kerkyra 克基拉島

IOANNINA 約阿尼納

LARISSA 拉里薩

VOLOS 佛洛斯

Skopelos
斯科派洛斯島

Lesbos
列斯伏斯島

Ionian Islands 愛奧尼亞群島

Skyros
斯基羅斯島

AEGEAN SEA
愛琴海

Lefkada
萊夫卡斯州

Euboea
尤比亞島

Kifissos
基菲索斯河

CHALCIS 哈爾基斯

PATRAS 帕特雷

Gulf of Corinth
科林斯灣

ATHENS 雅典

Andros
安德羅斯島

Chios 希俄斯

Kefalonia 凱法利尼亞島

PIRAEUS 比雷埃夫斯

Samos 薩摩斯島

IONIAN SEA
愛奧尼亞海

Zakynthos
札金索斯州

Alfeios
艾爾菲歐河

Tinos
蒂諾斯島

Cyclades 基克拉澤斯群島

Mykonos
米科諾斯島

Icaria
伊卡利亞島

Kea 凱阿島

Delos 提洛島

Naxos 奈克索斯島

Kos 科斯島

Myrtoan Sea 米爾托翁海

Paros 帕羅斯島

Greece 希臘

CALAMATA 卡拉馬塔

Milos 米洛斯島

Ios 伊奧斯島

Amorgos
阿莫爾戈斯島

RHODES 羅得市

Santorini 聖托里尼

Anafi 阿納菲島

Kythira 基西拉島

Rhodes 羅得島

Sea of Crete 克里特海

Karpathos 喀帕蘇斯島

CHANIA 干尼亞

HÉRAKLION 伊拉克利翁

MEDITERRANEAN SEA
地中海

Crète 克里特島

Libya 利比亞

BLACK SEA 黑海

地中海東岸

希臘、馬其頓、賽普勒斯

這地區是歐洲誕生的搖籃，但是葡萄酒文化已不若以往輝煌燦爛。希臘人是第一個掌握葡萄種植技術的民族，並讓釀酒知識普及地中海地區，但此地的文明也以戰亂頻仍著稱。

Turkey 土耳其

Cyprus 賽普勒斯

Syria 敘利亞

NICOSIA 尼古西亞

LARNACA 拉納卡

PAPHOS 帕福斯

LIMASSOL 利馬索爾

Lebanon 黎巴嫩

MEDITERRANEAN SEA

地中海

0   50   100   150 km

戴歐尼修斯
雅典
基克拉澤斯群島
松脂酒（Retsina）

希臘

希臘的葡萄種植在羅馬帝國時期達到高峰。即使朝代更迭，生活型態也幾經變化，希臘也從未放棄老祖宗代代相傳的葡萄品種。

世界排名（產量）

15

種植公頃

107 000

年產量（百萬公升）

265

紅白葡萄比例

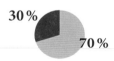

30%

70%

採收季節

八月
九月

釀酒歷史開始於

西元前

2000年

5個入門產區

Néméa 尼米亞
Naoussa 納烏薩
Mantinia 曼提尼亞
Muscat de Samos 薩摩斯麝香
Patras 帕特雷

過去

在希臘神話當中，宙斯的兒子戴歐尼修斯（Dionysos）不僅是葡萄之神、葡萄酒之神，還是戲劇與節慶之神，簡直十項全能！古希臘文學作品當中充滿了關於葡萄酒與飲酒之樂的敘述，從奧狄賽的獨眼巨人（Cyclops）到斯巴達戰士，眾多的歷史人物與英雄皆無酒不歡。

而在文學以外的範疇，葡萄酒也同等重要，例如貨幣上雕鑄的葡萄樹，證明葡萄酒在各城鎮貿易中的重要性。考古學挖掘也發現希臘的雙耳尖底酒壺（amphora）甚至遠行至隆河谷地，以及位於黑海北岸的克里米亞半島。

現在

希臘種植的葡萄仍以當地原生種為主，外來品種僅佔不到15%。為了維護這項珍貴的文化遺產，希臘國家認證（AOC）的葡萄酒當中，有33個認證所使用的葡萄必須絕大部份採用當地原生種葡萄。

希臘是歐盟唯一葡萄種植面積逐步縮減的國家。

希臘的葡萄種植面積自1960年以來不斷縮減，但是釀酒設施也不斷精進，因此能保持穩定的葡萄酒品質，這在歐盟國家當中是特例。希臘的松脂酒（Retsina）是加入松樹樹脂一起釀製的白酒，不僅是希臘國家的代表象徵，也在1960年代風靡全歐洲。這種古老的釀酒技術讓松脂酒具有獨特而難忘的香氣。

主要葡萄品種

- ● Agiorgitiko 阿吉歐吉提可、Xinomavro 希諾瑪洛
- ● Savatiano 莎娃夏、Roditis 羅迪蒂斯 Muscat d'Alexandrie 亞歷山大麝香

當地原生種

賽普勒斯

世界排名（產量）

44

種植公頃

9 000

年產量（百萬公升）

14

紅白葡萄比例

40 %
60 %

採收季節

九月

釀酒歷史開始於

西元前 2000年

受誰影響

羅馬人
希臘人

位於乾旱平原與潮溼山巒之間，葡萄與杏仁樹需力抗豔陽以免烈日灼身。

過去

這個島嶼因其優越的戰略位置，數個世紀以來成為列強垂涎的目標，羅馬帝國、鄂圖曼帝國、希臘甚至英國，都曾將其佔為領土。賽普勒斯孤懸海外的優勢，也讓它逃過19世紀席捲歐陸的根瘤蚜蟲浩劫。

現在

賽普勒斯的卡曼達蕾雅酒（Commandaria）非常特別也極為出名。以兩種原生品種葡萄為主，釀製的葡萄會在陽光下曬乾，讓糖分更為濃縮，然後再加入烈酒或蒸餾酒。賽普勒斯原本一直以雪莉酒（Sherry）來稱呼這種「強化葡萄酒」（Fortified Wine），但是現在國際法規禁止他們在標籤上使用這個西班牙的名稱。

主要葡萄品種

- ● Mavro 馬福紅、Carignan 佳利釀、Cabernet Sauvignon 卡本內蘇維濃
- ○ Xynisteri 希尼特麗、Sultana 蘇丹娜

當地原生種

DIPKARPAZ 里佐卡爾帕索

KYRENIA 凱里尼亞　　AKANTHOÚ 阿康圖
PATRIKI 帕特利奇

Morphou Bay 莫爾富灣
LAPITHOS 拉琵托斯

NICOSIA 尼古西亞 □　　ASHA 亞沙

Paphos 帕福斯

KOKKINA 可基納　MORFOU 莫爾富

FAMAGUSTA 法馬古斯塔

GIALIA 基亞里亞　LEFKA 萊夫卡　　AKAKI 阿卡基　　DALI 大利

POLIS 珀利斯

GERAKIES 給拉基耶斯

KLIROU 科里羅

Akamas Leona
阿卡瑪斯勞納　　*Vouni Panagias - Ambelitis*　*Pitsilia* 琵其利亞　　ARADIPPOU 阿拉季普
芙尼帕納基亞-安倍利提

KORNOS
柯爾諾斯　　LARNACA 拉納卡

STROUMPI 司徒米琵

Commandaria 卡曼達蕾雅　*Limassol* 利馬索爾　　Larnaca Bay 拉納卡灣

PAPHOS 帕福斯　　PACHNA 帕肯納　　LIMNITIS
林密尼提斯　　**Limassol 利馬索爾**

LIMASSOL 利馬索爾

Akrotiri Bay 阿克羅蒂里灣

MEDITERRANEAN SEA
地中海

0　　25　　50 km

N O R D

Kosovo 科索沃　　Ptchinya-Osogovo 普契尼亞-奧索戈沃

LIPKOVO 利普科沃　　KRIVA PALANKA 克里瓦帕蘭卡　　Bulgaria 保加利亞

KUMANOVO 庫馬諾沃

TEARCE 泰阿爾採

TETOVO 泰托沃　　SKOPJE 史高比耶

SARAJ 薩拉伊　　Vardar 發達河　　Pcinja 普奇亞河

KOCANI 科查尼

GOSTIVAR 戈斯蒂瓦爾　　Treska 特勒斯卡

Veles 韋萊斯　　Bregalnica 巴伊哈爾尼察

VELES 韋萊斯　　STIP 什蒂普

RADOVIŠ 拉多維什

Povardarie 保瓦達利

KICEVO 基切沃

Black Drin 黑德林河　　Tikveš 泰克沃斯　　Strumica 斯特魯米察

KAVADARCI 卡瓦達爾奇　　STRUMICA 斯特魯米察

Pélagonie-Polog 佩拉哥尼-波羅歌

PRILEP 普里萊普　　Vardar 發達河

STRUGA 斯特魯加

Ohrid 奧赫里德　　Reka Crna 紫納河　　Doiran Lake 多伊蘭湖

OHRID 奧赫里德

Lake Ohrid 奧赫里德湖　　BITOLA 比托拉　　GEVGELIJA 蓋夫蓋利

Lake Prespa 普雷斯帕湖　　Greece 希臘

Albania 阿爾巴尼亞

0　25　50　75 km

NORD

世界排名（產量）
24

種植公頃
22 300

年產量（百萬公升）
120

紅白葡萄比例
20 %　80 %

採收季節
九月

釀酒歷史開始於
西元前
1300年

受誰影響
希臘人

馬其頓

這個僅兩百萬人口的國家，認真打算成為巴爾幹半島上重要的葡萄酒生產國。

馬其頓的葡萄酒是主要出口商品，僅次於菸草。

位於巴爾幹半島的山區，遭受多次戰爭踐踏與異國入侵，馬其頓在歷史上已經非常習慣重劃疆界。現在的馬其頓共和國於1944才出現，也因此我們很難定義它的葡萄酒文化身分。不過，馬其頓的發達（Vardar）河谷因為擁有絕佳葡萄栽培的氣候條件，早在古代就種了葡萄。主要葡萄產區稱為保瓦達利（Povardarie），擁有全國85%的葡萄園。馬其頓的葡萄酒也是主要出口商品，僅次於菸草。

主要葡萄品種

- Stanušina 思多娜、Vranac 威爾娜、Merlot 梅洛
- Smederevka 斯梅德雷沃卡、Chardonnay 夏多內

當地原生種

西元前500年
誰開始釀酒？

時間進入古代，釋迦牟尼已得道成佛，凱撒大帝尚未出世，而巴塞隆納與阿爾及爾（Alger）也還沒有渡船往來。葡萄種植發展猶如腳踩兩條船，分兩方向前進，一隻腳跨往摩洛哥，另一隻伸進烏克蘭。

-1700　　　　-1500　　　　-1300　　　　-1100

拉美西斯二世（Ramesses II）
讓所有埃及人都能喝葡萄酒

馬其頓

腓尼基人發明了字母

-1352
古埃及法老圖坦卡門（Tutankhamun）
以雙耳尖底酒壺陪葬

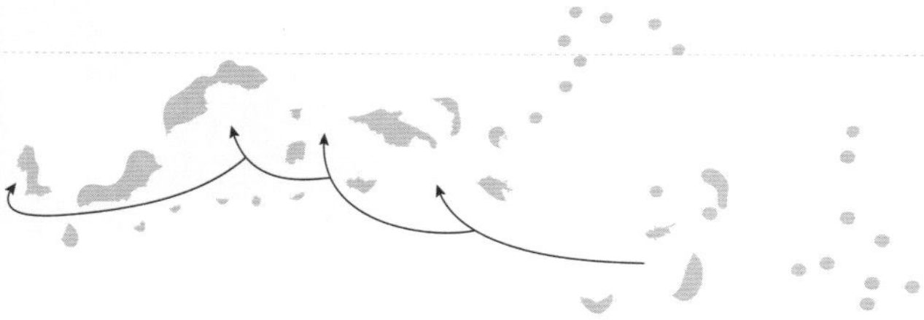

北極圈

北緯45度

北迴歸線

赤道

南迴歸線

南緯35度

-1100   -900   -700   -500

-813 •
腓尼基人在北非
建立迦太基城

• 西班牙

-753
羅馬傳奇式地誕生

• 烏克蘭

• 法國
• 斯洛伐克
• 馬爾他

• 摩洛哥
• 阿爾及利亞
• 突尼西亞
• 克羅埃西亞
• 斯洛維尼亞

• 葡萄牙
• 保加利亞

阿爾巴尼亞 •
義大利 •

-776
奧林匹亞舉行
首次運動競賽

希臘人建立了
馬賽的前身馬西利亞
（Massalia）

在地中海東部出現雙耳瓶

Northern Basque Country
法屬巴斯克

GIJÓN 希洪

SANTANDER 桑坦德

Txakoli de Bizkaia
薩柯利比茲卡雅

OVIEDO 奧維耶多

SAN SEBASTIÁN
聖塞巴斯提安

LA CORUÑA 拉科魯尼亞

BILBAO 畢爾包

Txakoli de Álava
薩柯利阿拉瓦

Txakoli de Getaria 薩柯利赫塔莉亞

Galicia 加利西亞

PAMPLONA 潘普洛納

VITORIA 維多利亞

Castilla y León
卡斯提亞-雷昂

LEÓN
雷昂

Navarra 納瓦拉

Ribeira Sacra
薩克拉河岸

Bierzo 別爾索

BURGOS 布哥斯

LOGROÑO 洛格羅尼奧

Rías Baixas 里亞斯貝克薩

OURENSE 歐倫塞

La Rioja
拉里奧哈

VIGO 維戈

Ribeiro
河岸地區

Valdeorras 巴爾德奧拉斯

Tierra de León 萊昂領地

Campo de Borja
坎波博爾哈（博爾哈原野）

Arlanza 亞爾蘭薩

Monterrei 蒙特雷

Cigales 西加萊斯

ZARAGOZA 沙拉哥薩

Ebre 厄波羅河

Duero 斗羅河

Ribera del Duero
斗羅河岸

Calatayud
卡拉泰烏德

Cariñena
卡里涅納

Arribes 阿里維斯

VALLADOLID
瓦拉多利德

Toro 托羅

Aragon 亞拉

Rueda 盧埃達

SALAMANCA 薩拉曼卡

Madrid 馬德里

MADRID 馬德里

Mondéjar 蒙德哈爾

GETAFE 赫塔費

Portugal 葡萄牙

Méntrida 門特里達

Uclés 烏克萊斯

Tagus 太加斯河

Utiel-Reque
烏代爾雷格納

Castilla-La Mancha
卡斯提亞-拉曼查

La Mancha
拉曼查

VALENC
瓦倫西

Manchuela 曼碦拉

Extremadura
埃斯特雷馬杜拉

ALBACETE 阿爾瓦塞特

Almansa 阿爾曼薩

BADAJOZ 巴達霍斯

Valdepeñas 巴爾德佩尼亞斯

Yecla 耶克拉

Jumilla
胡米利亞

Alica
阿里他

CORDOBA 哥多華

Guadalquivir 瓜達幾維河

ALICANT
阿里岡特

Andalucia
安達魯西亞

Bullas 布利亞斯

MURCIA 莫夕亞

Montilla-Moriles
蒙的亞-莫利萊斯

Murcia 莫夕亞

SÉVILLE 塞維亞

CARTAGENA
卡塔赫納

HUELVA 威爾瓦

GRANADA 格拉納達

Condado de Huelva 孔達多德維爾瓦

Málaga 馬拉加

Jerez-Xérès-Sherry
雪莉酒產區

Sierras de Málaga 馬拉加山脈

ALMERÍA 阿爾梅利亞

Gulf of Cadiz
卡迪斯灣

JEREZ 赫雷斯

MÁLAGA 馬拉加

ATLANTIC OCEAN
大西洋

CADIZ 卡迪斯

MARBELLA 馬貝拉

Gibraltar 直布羅陀

ALGECIRAS 阿爾赫西拉斯

Strait of Gibraltar 直布羅陀海峽

Alboran Sea 阿爾沃蘭海

France 法國

Andorra 安道爾

Catalonia
加泰隆尼亞

Emporda 恩波達

Somontano 索蒙塔諾

Costers del Segre 塞格雷河岸

Alella 阿萊利亞

LÉRIDA 萊里達

SABADELL 薩瓦德爾

BADALONA 巴達洛納

Tarragona
塔拉哥納

Penedès
佩內德斯

BARCELONA 巴塞隆納

Terra Alta
鐵拉阿爾塔

TARRAGONA
塔拉哥納

西班牙

現代化之風席捲伊比利半島

20年來，西班牙葡萄園在重金投資與新一代的熱情加持下，展現煥然一新的活力。不過這番新氣象一點也不妨礙酒農為古老的原生葡萄品種留下一席之地。

Balearic Islands 巴利亞利群島

Menorca 梅諾卡島

Binissalem
比尼薩萊姆

Pla i Llevant 普拉耶旺特

Valencia
瓦倫西亞

PALMA DE MAJORQUE
帕爾馬

Majorque 馬約卡

Ibiza 伊維薩島

Balearic Island
巴利亞利群島

Formentera 福門特拉島

MEDITERRANEAN SEA 地中海

Canary Islands 加那利群島

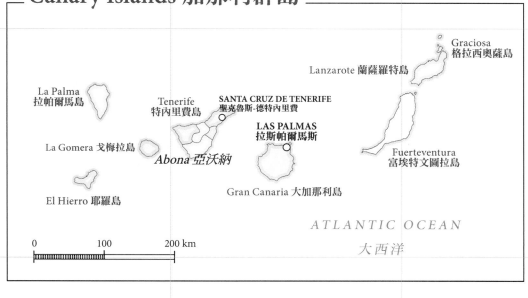

Graciosa
格拉西奧薩島

Lanzarote 蘭薩羅特島

La Palma
拉帕爾馬島

Tenerife
特內里費島

SANTA CRUZ DE TENERIFE
聖克魯斯-德特內里費

LAS PALMAS
拉斯帕爾馬斯

Fuerteventura
富埃特文圖拉島

La Gomera 戈梅拉島

Abona 亞沃納

El Hierro 耶羅島

Gran Canaria 大加那利島

ATLANTIC OCEAN
大西洋

0   100   200 km

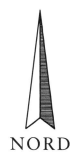

NORD

西班牙

地理大發現
田帕尼優
雪莉酒
法定產區酒
el vino（葡萄酒）

世界排名（產量）

3

種植公頃

975 000

年產量（百萬公升）

3 780

紅白葡萄比例

45 %
55 %

採收季節

九月

釀酒歷史開始於

西元前
1100年

受誰影響

腓尼基人
希臘人

過去

腓尼基人、希臘人、西哥德人與阿拉伯人先後統治過伊比利半島，因此很難在此推動長遠的葡萄栽種文化。雖然葡萄園有2000年的歷史，卻是在15世紀的收復失地運動（Reconquista：奪回由穆斯林佔領的巴利亞利群島以及伊比利半島上的基督教王國）之後才真正形成葡萄產區。

雖然葡萄園有2000年的歷史，卻是在15世紀的收復失地運動之後才真正形成葡萄產區。

葡萄牙探險家麥哲倫是雪莉酒的忠實粉絲，傳說他於1519年環遊世界時，花在葡萄酒上的經費比武器裝備還要多。倒真的是個為水手士氣著想的航海家！

西班牙長久以來都將葡萄酒外銷到英國與義大利。這一點要感謝19世紀摧毀法國葡萄園的根瘤蚜蟲傳染病，讓西班牙成為歐洲唯一的葡萄酒供應國，典型的「彼之不幸吾之幸」。20世紀的西班牙葡萄栽種則以生產主義掛帥，直到1990年才開始更新目標。

現在

對於葡萄酒迷來說，西班牙就像個令人興奮不已的遊樂場。

首先，全國總共有63個產地名稱：剛剛好不會讓人迷惑跟鬼打牆的數量。酒標上的產地名稱後面會寫著兩個字母 D.O. 或是 *Denominación de Origen*（法定產區酒）。除了產區之外，酒標上還可以註明年分以及在木桶中陳年的程度。

佳釀級（*Crianza*）：陳釀兩年，其中至少一年在橡木桶中進行。

陳釀級（*Reserva*）：陳釀三年，其中至少一年在橡木桶中進行。

特級陳釀級（*Gran Reserva*）：陳釀五年，其中至少兩年在橡木桶中進行。

其次，西班牙不只有全世界最大的葡萄園，也以葡萄品種豐富多元著稱。雖然國際化的品種如梅洛、希哈、夏多內正逐漸開疆闢土，它們還是會優先禮讓當地的原生種葡萄。

最後，只有西班牙能提供最優的CP值。不管是安達魯西亞的厚實紅酒，或是巴斯克的晶瑩白酒，當然也不能忽略加那利群島上帶著火山土風味的酒。各有所好，各取所需，各種品味與各種預算一定都能找得到好酒。

> ### 西班牙就像個令人興奮不已的遊樂場。

主要葡萄品種

- Tempranillo 田帕尼優、Grenache 格那希、Bobal 博巴爾、Mourvèdre 慕維得爾、Cabernet Sauvignon 卡本內蘇維濃
- Airén 艾倫、Cayetana Blanca 白卡耶塔娜、Macabeu 馬卡貝歐、Palomino 帕羅米諾、Verdejo 韋爾德略

當地原生種

5個入門產區

Xérès 雪莉
Rioja 里奧哈
Priorat 普里奧拉
Ribera del Duero 斗羅河岸
Rías Baixas 里亞斯貝克薩

E F G H

Cordoba 哥多華

CORDOBA 哥多華

Guadalquivir 瓜達幾維河

Séville 塞維亞

Montilla-Moriles
蒙的亞-莫利萊斯

HUELVA
威爾瓦
SÉVILLE 塞維亞

GRANADA 格拉納達

Condado de Huelva
孔達多德維爾瓦

Sierras de Málaga
馬拉加山脈

Málaga 馬拉加

Jerez-Xérès-Sherry 雪莉酒

Manzanilla 曼查尼亞

Cádiz
卡迪斯

JEREZ 赫雷斯

MARBELLA
馬貝拉

MÁLAGA
馬拉加

CADIZ
卡迪斯

ALGECIRAS
阿爾赫西拉斯

0 25 50 km

種植公頃

86 000

紅白葡萄比例

20%

80%

安達魯西亞

這裡是西班牙最早釀酒的地方，距今約3000年。葡萄牙有波特酒當特產，西班牙也有雪利酒（西班牙文是 jerez，英文是 sherry）。雪莉酒是加入烈酒的「強化葡萄酒」，並放在木桶中陳年，酒精度至少18%。在葡萄酒中加入烈酒的做法，是從大航海時代開始，添加烈酒能防止葡萄酒在漫長的海上航行中變質。

根據不同製程，雪莉酒可從不甜到最甜，分為數個等級。莎士比亞形容得最貼切：「好的雪莉酒具有雙重功效：它首先直奔腦門，推開縈繞其中的悲傷與愚蠢，解放語言與理智；繼之沸騰血液，進而驅逐懦弱。」

- Grenache 格那希、
  Cabernet Franc 卡本內蘇維濃
- Palomino 帕羅米諾、
  Moscatel 麝香葡萄、
  Pedro Ximenez 佩德羅希梅內斯

西班牙原生種

卡斯提亞-
拉曼查

NORD

MADRID 馬德里

Mondéjar 蒙德哈爾

Méntrida
門特里達

CUENCA 昆卡

Uclés 烏克萊斯

TOLEDO 托雷多

Manchuela 曼確拉

La Mancha 拉曼查

Ribera del Júcar 胡卡河岸

CIUDAD REAL
雷阿爾城

ALBACETE
阿爾瓦塞特

Almansa
阿爾曼薩

Valdepeñas
巴爾德佩尼亞斯

0 20 40 60 km

種植公頃

520 000

紅白葡萄比例

15%

85%

首都馬德里的旁邊就是世界上最大的葡萄園，猶如馬德里的綠色肺臟。到底有多大呢？給你一點概念吧，這片葡萄園足以供應全西班牙50%的產量！長期以來以大規模方式生產，20世紀末開始整治結構。有一半的葡萄園正尋求得到法定產區認證。

- Tempranillo 田帕尼優、Grenache 格那希
- Airén 艾倫

西班牙原生種

0　20　40　60 km

Bierzo 別爾索

LEÓN
雷昂

León 雷昂

BURGOS 布哥斯

Tierra de León 雷昂領地

Arlanza
亞爾蘭薩

Cigales
西加萊斯

Arribes
阿里維斯

Toro
托羅

Ribera del Duero
斗羅河岸

VALLADOLID
瓦拉多利德

Portugal
葡萄牙

*Tierra del Vino
de Zamora*
薩莫拉領地

Rueda
盧埃達

Douro
斗羅河

SALAMANCA 薩拉曼卡

NORD

卡斯提亞-雷昂

種植公頃
68 000

紅白葡萄比例
15 %

85 %

除了亞爾蘭薩（Arlanza）與別爾索（Bierzo），其他產區都挨著斗羅河或是聚集在河流交會處。這個地區的葡萄並沒有太安逸的生活，冬天冰天凍地，夏天酷熱難捱。不過，不是都說吃過苦頭的葡萄才能成就絕世佳釀嗎？

- ● Tempranillo 田帕尼優、Mencia 門西亞
- ● Verdejo 韋爾德略

西班牙原生種

里奧哈 &
納瓦拉

里奧哈（Rioja）帶有波爾多的風味：均以混釀的濃郁美酒聞名全世界，而混釀方式特別適用老藤葡萄。兩地的共同點並非偶然，因為19世紀末的根瘤蚜蟲大危機之後，許多波爾多酒農轉戰到里奧拉繼續釀酒。

種植公頃
80 000

紅白葡萄比例

8 %

92 %

- ● Tempranillo 田帕尼優、Grenache 格那希、
  Graciano 格拉希亞諾
- ● Macabeu 馬卡貝歐、Chardonnay 夏多內

西班牙原生種

France 法國

Andorra 安道爾

Girona 吉隆納

Lérida 萊里達

Empordà 恩波達

Barcelona 巴塞隆納

Empordà
恩波達

- ● Grenache 格那希、Syrah 希哈
- ● Macabeu 馬卡貝歐、Parellada 帕雷亞達、
  Xarel-Lo 沙雷洛

西班牙原生種

Costers del Segre
塞格雷河岸

Pla de Bages
巴赫斯平原

Alella 阿萊利亞

LÉRIDA 萊里達

SABADELL 薩瓦德爾

Conca de Barberà
巴爾貝拉河谷

Penedès
佩內德斯

BARCELONA
巴塞隆納

Tarragona
塔拉哥納

Priorat
普里奧拉

Tarragona
塔拉哥納

Terra Alta
鐵拉阿爾塔

Montsant
蒙桑特

TARRAGONA
塔拉哥納

Tarragona 塔拉哥納

0　20　40 km

加泰隆尼亞

加泰隆尼亞以卡瓦酒（Cava）聞名，主要產自佩內德斯法定產區（D.O. Penedès）。這款氣泡酒因物美價廉，幾乎可與某些香檳或義大利的普羅賽柯（prosecco）分庭抗禮。另外還有一款在地中海溫和氣候吹拂下所釀製的粉紅酒。

種植公頃
61 000

紅白葡萄比例
45 %

55 %

NORD

加利西亞

加利西亞地區是白葡萄酒的天下。由於地緣關係，這片葡萄產區反而與鄰居葡萄牙比較相似，而非西班牙同胞。阿爾巴利諾（Albariño）是加利西亞地區的葡萄天王，尤其在里亞斯貝克薩法定產區（D.O. Rías Baixas）。阿爾巴利諾在海洋性氣候當中如魚得水，能釀出清新而且香氣馥郁的酒。它在美國也非常吃香，有一天會成為夏多內（Chardonnay）的勁敵嗎？

- ● Mencia 門西亞、Alicante Bouschet 阿里岡特布歇
- ● Albariño 阿爾巴利諾、Palomino 帕羅米諾、Treixadura 特雷薩杜拉

西班牙原生種

種植公頃
26 000

紅白葡萄比例
15 %
85 %

NORD

Rías Baixas 里亞斯貝克薩

SANTIAGO DE COMPOSTELA 聖地亞哥-德孔孔波斯特拉

Val do Salnes 薩爾內斯峽谷

Ribeiro 河岸地區

Ribeira Sacra 薩克拉河岸

Valdeorras 巴爾德奧拉斯

RIBADAVIA 里瓦達維亞

OURENSE 歐倫塞

Ourense 歐倫塞

VIGO 維戈

Condado de Tea 特亞伯爵領地

O Rosal 奧羅薩爾

Monterrei 蒙特雷

Portugal 葡萄牙

0 15 30 km

NORD

Navarra 納瓦拉

PAMPLONA 潘普洛納

ESTELLA 埃斯特里亞

Valdizarbe 瓦爾狄薩爾貝

Rioja Alavesa 里奧哈阿拉韋薩

Tierra de Estella 埃斯特里亞領地

Baja Montana 下山脈

LOGROÑO 洛格羅尼奧

Rioja Alta 里奧哈爾塔

Ebre 厄波羅河

Ribera Alta 里韋拉爾塔

CALAHORRA 卡拉奧拉

Rioja Baja 里奧哈瓦哈

TUDELA 圖德拉

Rioja 里奧哈

Ribera Baja 里韋拉瓦哈

0 10 20 30 km

加那利與巴利亞利群島

西班牙船隻往大西洋彼岸的美國啟航之前，習慣先在加那利群島上稍事停靠。這肯定是島上葡萄園誕生的原因之一，不過葡萄產量還是相當小。要看證明嗎？因為要在群島以外的地方買到這裡生產的酒幾乎是不可能的！

種植公頃
18 000

紅白葡萄比例
20 %
80 %

- ● Listan Negro 黑麗詩丹、Manto Negro 黑曼托
- ● Palomino 帕羅米諾、Chardonnay 夏多內

西班牙原生種

0 50 km

Valle de la Orotava 奧羅塔瓦峽谷

Graciosa 格拉西奧薩

La Palma 拉帕爾馬島

Tacoronte- Acentejo 塔科隆特-亞森特霍

Lanzarote 蘭薩羅特島

Lanzarote 蘭薩羅特島

Ycoden- de Daute-Isora 依柯登-多迪-依蘇拉

La Palma 拉帕爾馬島

SANTA CRUZ DE TENERIFE 聖克魯斯-德特內費

La Gomera 戈梅拉島

Abona 亞沃納

LAS PALMAS 拉斯帕爾馬斯

Fuerteventura 富埃特文圖拉島

El Hierro 耶羅島

Tenerife 特內里費島

Gran Canaria 大加那利島

El Hierro 耶羅島

Valle de Güímar 吉馬爾峽谷

Canarias 加那利

0 50 km

Binissalem 比尼薩萊姆

Menorca 梅諾卡島

PALMA DE MALLORCA 帕爾馬

Pla i Llevant 普拉耶旺特

Mallorca 馬約卡

Ibiza 伊維薩島

NORD

Balearic Islands 巴利亞利群島

Monção 蒙桑

Vinho Verde 綠酒

Alto Douro Province
山後-上斗羅省

Lima 利馬

VIANA DO CASTELO   *Cávado* 卡瓦杜河   *Chaves* 查韋斯
維亞納堡

BRAGA 布拉加   *Valpaços*
   瓦爾帕蘇什

Ave 亞韋   *Basto*   ○MIRANDELA 米蘭德拉
    巴斯圖

SANTIAGO DE BOUGADO   VILA REAL   *Planalto Mirandês* 米蘭德高原
聖地亞哥-迪博加杜   比利亞雷阿爾

Amarante 阿馬蘭蒂   *Alto Corgo*   *Douro* 斗羅河
   上柯爾古河區

PORTO 波多   *Sousa* 蘇沙   *Baião*   *Baixo Corgo*
    巴揚   下柯爾古河區

ATLANTIC OCEAN   *Paiva*   *Douro Superior*
大西洋   派瓦   斗羅河上游

OVAR 奧瓦爾   ○FEIRA 費拉   *Távora-Varosa*   # Douro Valley
    塔華拿華羅沙   # 斗羅河谷

Lafões 拉福斯   *Pinhel*
   皮涅爾

AVEIRO 阿威羅   *Dão* 杜奧   *Castelo Rodrigo*
    羅德里哥堡

VISEU 維薩烏   GUARDA 瓜爾達

Bairrada   # Beira Interior
百拉達   # 貝拉英特拉

Beira Atlântico   # Dão 杜奧
貝拉亞特蘭蒂克

COIMBRA   *Cova da Beira* 貝拉灣
科英布拉

FIGUEIRA DA FOZ 菲蓋拉-達福什   *Sicó* 希柯

POMBAL 蓬巴爾   CASTELO BRANCO 布朗庫堡

Encostas de Aire
英克斯塔艾勒

MARINHA GRANDE 大馬里尼亞○

Lisboa 里斯本   *Tomar* 托馬爾

Tejo 特茹   *Spain* 西班牙

CALDAS DA RAINHA 卡爾達斯達賴尼亞   *Santarém*   *Portalegre*
    聖塔倫   波塔萊格雷

Óbidos   *Chamusca*
奧比杜斯   沙穆什卡   PORTALEGRE 波塔萊格雷

Cartaxo   *Almeirim*
卡爾塔舒   阿爾梅林   # Alentejo 阿連特茹

TORRES VEDRAS 托雷斯韋德拉什   *Coruche*   SANTARÉM
    科魯希   聖塔倫

Bucelas   *Borba* 博爾巴
布塞拉斯

AMADORA 阿馬多拉   *Palmela*   *Redondo* 雷東多
   帕爾梅拉

LISBOA 里斯本   *Évora* 埃武拉

Madeira 馬德拉   SETÚBAL   ÉVORA 埃武拉
    塞圖巴   *Reguengos de Monsaraz*
    雷根古什迪蒙薩拉什

ATLANTIC OCEAN   CAMACHA 卡馬查
大西洋

Porto Santo 聖港島   # Setúbal 塞圖巴   *Vidigueira* 維迪蓋拉

RIBEIRA BRAVA   MACHICO 馬希庫   *Moura* 莫拉
里韋拉布拉瓦

FUNCHAL 豐沙爾   *Deserta Grande*
   德賽塔群島   BEJA 貝雅

0   25   50 km   SINES 錫尼什

Açores 亞述群島

Algarve 阿爾加維

Western   *Graciosa*   *Central Açores*   *Portimão*   *Lagoa*
Açores   格拉西奧薩島   中亞述群島   波爾蒂芒   拉戈阿
西亞述群島   *Biscoitos*
   比什科伊圖什   *Tavira* 塔維拉

Lagos 拉古什

ANGRA 安格拉   LAGOS 拉古什

Pico 皮庫島   PONTA DELGADA   ALBUFEIRA
    蓬塔德爾加達   阿爾布費拉

ATLANTIC OCEAN   FARO 法羅
大西洋

0   100   200 km   *Eastern Açores* 東亞述群島   *Cap Saint-Vincent* 聖文森角

NORD

0   40   80   120 km

葡萄牙

位於歐洲大陸的最西南端，葡萄牙被大西洋抱個滿懷。不過，鑒於其氣候、葡萄種類與土壤的多元性，葡萄牙其實比較像地中海國家。

世界排名（產量）

11

種植公頃

204 000

年產量（百萬公升）

670

紅白葡萄比例

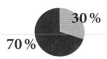

30 %

70 %

採收季節

九月

釀酒歷史開始於

西元前
1000年

受誰影響
腓尼基人

過去

早在現在的國家與疆界形成之前，伊比利半島就隸屬於羅馬帝國。不過很多葡萄酒書籍的作者將葡萄栽種歸功於西元一千年前的腓尼基人。葡萄牙得天獨厚，擁有對外開放的港口，因此能在15至18世紀「地理大發現」時期，率先向全世界進軍。加上後來的葡萄牙殖民地壯聲勢，葡萄牙得以成為當時世界強權之一。

葡萄牙擁有朝全世界開放的港口，在15至18世紀「地理大發現」時期，葡萄牙彷彿搭乘頭等艙向全世界進軍。

葡萄牙以其著名的波特酒（Porto）聞名全世界。在14與15世紀的英法百年戰爭期間，英國不再從法國購買任何葡萄酒。葡萄牙波特酒的需求因此驟然大增，以致葡萄牙酒農專注提高生產量，卻忽略了品質。龐巴爾侯爵（Marquis de Pombal）眼見不妙，決定將波特酒限定於單一產區釀製，並根據品質來區分葡萄園的等級，全世界最古老的葡萄酒產地名稱於1757年於焉誕生。不過，1932至1974年的薩拉查（Salazar）獨裁政權又限制了葡萄牙的釀酒發展。

*譯註：婷培羅茲 Tinta Roriz 為葡萄牙語，即為西班牙語的田帕尼優 Tempranillo。

現在

葡萄牙可以說是一座非凡的葡萄品種博物館。有多不平凡？光是波特酒就可以使用48種不同的葡萄品種！在斗羅河谷有超過50種的葡萄，而全葡萄牙大概有250種。葡萄牙年輕的一代都能理解每個地區有自豪的葡萄品種，而每個葡萄品種也有專屬的風土。對於一個領土只有法國六分之一的小國，其風土與傳統的多元性令人嘖嘖稱奇。

葡萄牙可以說是一座非凡的葡萄品種博物館。

葡萄牙的葡萄酒地圖與義大利大同小異，葡萄產區櫛比鱗次，幾乎覆蓋整個國土。在紅酒方面，田帕尼優（Tempranillo）居天王地位，只是南部稱阿拉哥斯（Aragonez），而北部稱為婷培羅茲（Tinta Roriz）。葡萄牙絕對是過去二十多年來歐洲進步最多的國家！

主要葡萄品種

- Tempranillo 田帕尼優*、Touriga Nacional 國產杜麗嘉、Trincadeira 特林加岱拉、Castelão 卡斯特勞、Touriga franca 杜麗嘉弗蘭卡
- Fernão Pires 費爾南·皮雷斯、Siria 西利雅、Arinto 阿瑞圖

*在葡萄牙當地稱為婷培羅茲（Tinta Roriz）或阿拉哥斯（Aragonez）
當地原生種

5個入門產區

Vinho Verde 綠酒
Madeira 馬德拉
Óbidos 奧比杜斯
Douro 斗羅河
Daõ 杜奧

A | B | C | D

1

PORTALEGRE 波塔萊格雷

Portalegre 波塔萊格雷

阿連特茹

種植公頃
22 000

紅白葡萄比例
20 %
80 %

位於太加斯河（Tagus）與阿爾加維河（Algarve）之間，是葡萄牙陽光最充沛的葡萄園之一。阿連特茹（Alentejo）以完美熟成的紅酒聞名於世。當地的氣候條件促使某些產區採取灌溉方式。像希哈或卡本內蘇維濃等較能耐熱的國際化葡萄品種，在近十年當中逐漸嶄露頭角。

2

Évora 埃武拉

Borba 博爾巴

Redondo 雷東多

ÉVORA 埃武拉

Spain 西班牙

Reguengos de Monsaraz
雷根古什迪蒙薩拉什

Granja-Amareleja
格蘭雅-阿馬雷萊雅

Vidigueira
維迪蓋拉

Moura 莫拉

BEJA 貝雅

● Alicante Bouschet 阿里岡特布歇、
　Tempranillo 田帕尼優*、
　Trincadeira 特林加岱拉
● Siria 西利雅、Encruzado 依克加多

＊當地稱為阿拉哥斯（Aragonez）

葡萄牙原生種

3

0　10　20　30 km

NORD

4

綠酒

Monção 蒙桑

PAREDES DE COURA
帕雷迪什通科拉

Spain 西班牙

Lima 利馬

PONTE DE LIMA 蓬蒂迪利馬

VIANA DO CASTELO
維亞納堡

Ave 亞韋

Cávado
卡瓦杜河

BRAGA 布拉加

RIBEIRA DE PENA 里貝拉迪佩納

GUIMARÃES 基馬拉斯

5

種植公頃
34 000

紅白葡萄比例
10 %
90 %

綠酒是一款白酒，以清新、微酸與低酒精度馳名。微量晶瑩氣泡更添活力。這個產區的白酒驚人的清澈，可與斗羅河谷一較高下，不過必須盡早飲用。

VILA DO CONDE 孔迪鎮

Basto 巴斯圖

Amarente
阿馬蘭蒂

Sousa 蘇沙

PORTO 波多

BAIÃO 巴揚

Douro 斗羅河

● Vinhão 維豪
● Alvarinho 阿瓦里諾、Arinto 阿瑞圖、
　Loureiro 洛雷拉

葡萄牙原生種

Baião 巴揚

0　10　20 km

Paiva 派瓦

NORD

A | B | C | D

斗羅河谷

E F G H

0 10 20 km

MIRANDELA 米蘭德拉

Rio Tua 圖阿河

MURÇA 穆爾薩

Rio Sabor 薩博爾河

VILA REAL
比利亞雷阿爾

Baixo Corgo
下柯爾古河區

ALIJÓ 阿利若

Douro Superior
斗羅河上游

MESÃO FRIO 梅桑弗里烏

PINHÃO 皮尼揚

ARMAMAR 阿馬馬爾

Douro 斗羅河

Tâmega 塔梅加河

Cima Corgo
上柯爾古河區

TORRE DE MONCORVO
托里迪蒙科爾武

Spain 西班牙

NORD

種植公頃
45 500

紅白葡萄比例
10 %

90 %

● Touriga Francesa 杜麗嘉弗蘭卡、
Touriga National 國產杜麗嘉、
Tempranillo 田帕尼優*

● Malvoisie 馬爾瓦希、Viosinho 維歐辛奧、
Gouveio 古維歐

*當地稱為婷培羅茲（Tinta Roriz）
葡萄牙原生種

葡萄牙的「黃金地段」就在這裡！不管是可口的葡萄酒還是明媚的景色，斗羅河谷被列為聯合國教科文組織的世界遺產實在當之無愧。陡峭山壁直伸進河流當中，迫使葡萄農必須以梯田方式種植葡萄並以石牆支撐。

這地區除了有絕佳的紅酒與白酒之外，還有自古以來即享譽盛名的波特酒（Porto）；屬於酒精度約為20%的強化葡萄酒（Fortified Wine），在釀造過程當中加入烈酒以停止發酵，並保留剩餘的糖分。法國人最近超越英國人，成為波特酒的頭號消費者。

里斯本區

昔日舊名為埃斯特拉馬杜雷（Extremadura），這個地區是里斯本人的驕傲。氣候因大西洋的調節而比阿連特茹更為溫和，白葡萄品種也佔大宗。奧比杜什（Óbidos）地區生產極為出色的氣泡酒。

種植公頃
30 741

紅白葡萄比例
40 %

60 %

SOURE 索雷

POMBAL 蓬巴爾

Encostas de Aire
英克斯塔艾勒

LEIRIA 萊里亞

NAZARÉ 納扎雷

FÁTIMA 法蒂瑪

CALDAS DA RAINHA
卡爾達斯達賴尼亞

PENICHE 佩尼謝

Óbidos
奧比杜什

SANTARÉM 聖塔倫

Tagus 太加斯河

Lourinhã 洛里尼揚

TORRES VEDRAS
托雷斯韋德拉什

Alenquer
阿倫克爾

Torres Vedras
托雷斯韋德拉什

Arruda 阿魯達

Colares 科拉雷斯

Bucelas
布塞拉斯

SINTRA 辛特拉

AMADORA 阿馬多拉

ESTORIL 愛斯多尼

□ LISBOA 里斯本

Carcavelos
卡爾卡韋盧什

BARREIRO 巴雷魯

NORD

● Alicante Bouschet 阿里岡特布歇、Castelão 卡斯特勞、
Tempranillo 田帕尼優*

● Arinto 阿瑞圖、Fernão Pires 費爾南·皮雷斯

*當地稱為阿拉哥斯（Aragonez）

葡萄牙原生種

0 10 20 km

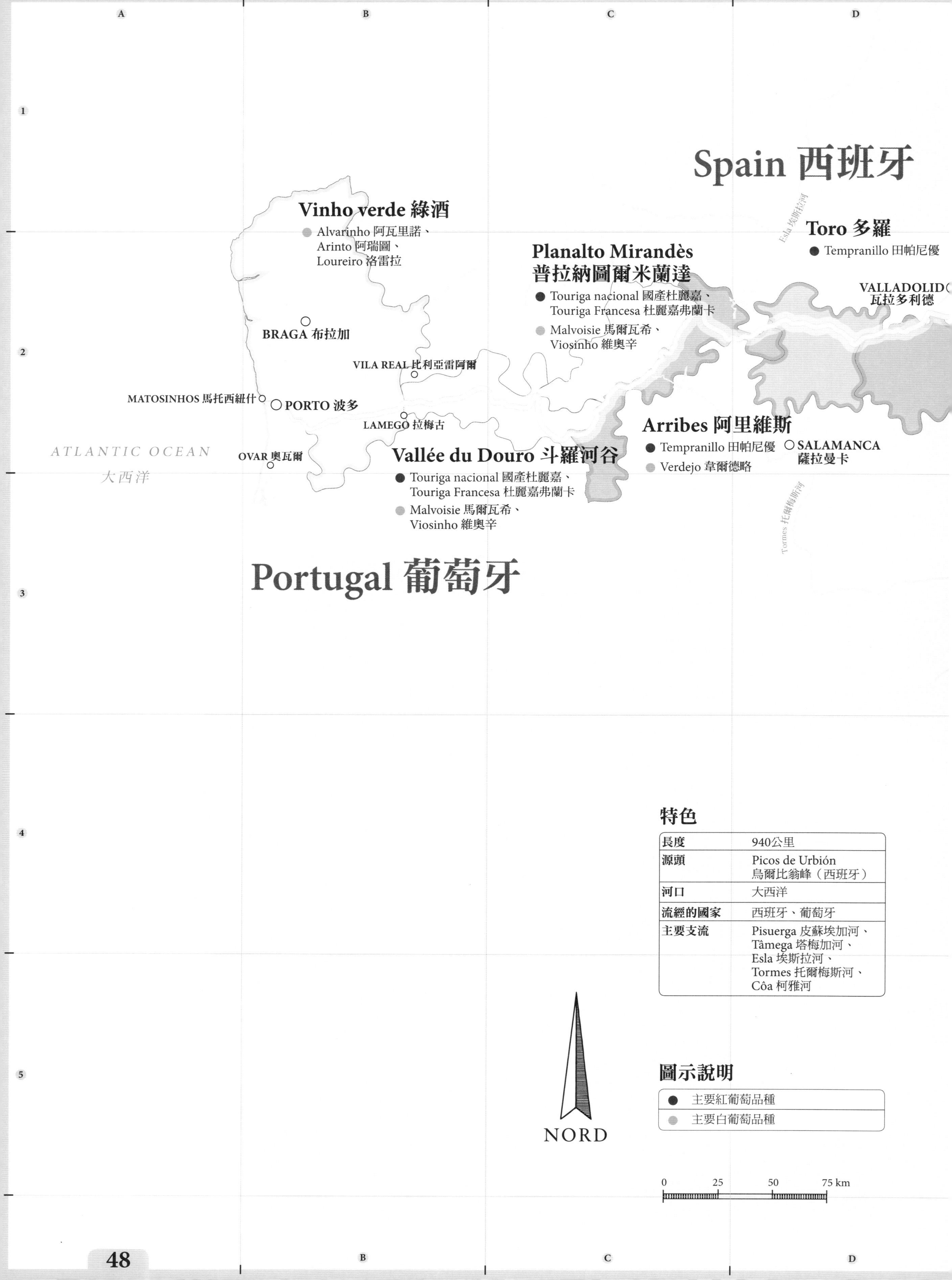

Spain 西班牙

Vinho verde 綠酒
- ● Alvarinho 阿瓦里諾、
  Arinto 阿瑞圖、
  Loureiro 洛雷拉

Planalto Mirandès
普拉納圖爾米蘭達
- ● Touriga nacional 國產杜麗嘉、
  Touriga Francesa 杜麗嘉弗蘭卡
- ● Malvoisie 馬爾瓦希、
  Viosinho 維奧辛

Toro 多羅
- ● Tempranillo 田帕尼優

VALLADOLID ○
瓦拉多利德

BRAGA 布拉加 ○

VILA REAL 比利亞雷阿爾 ○

MATOSINHOS 馬托西紐什 ○ **PORTO** 波多

LAMEGO 拉梅古 ○

Arribes 阿里維斯
- ● Tempranillo 田帕尼優
- ● Verdejo 韋爾德略

○ **SALAMANCA**
薩拉曼卡

ATLANTIC OCEAN
大西洋

OVAR 奧瓦爾 ○

Vallée du Douro 斗羅河谷
- ● Touriga nacional 國產杜麗嘉、
  Touriga Francesa 杜麗嘉弗蘭卡
- ● Malvoisie 馬爾瓦希、
  Viosinho 維奧辛

Portugal 葡萄牙

Esla 埃斯拉河

Tormes 托爾梅斯河

特色

長度	940公里
源頭	Picos de Urbión 烏爾比翁峰（西班牙）
河口	大西洋
流經的國家	西班牙、葡萄牙
主要支流	Pisuerga 皮蘇埃加河、 Tâmega 塔梅加河、 Esla 埃斯拉河、 Tormes 托爾梅斯河、 Côa 柯雅河

NORD

圖示說明

● 主要紅葡萄品種
● 主要白葡萄品種

0   25   50   75 km

BURGOS 布哥斯 ○

Pisuerga 皮蘇埃加河

Picos de Urbión 2160 m
烏爾比翁峰 2160 m
▲

Douro 斗羅河

2

Ribera del Duero
斗羅河岸產區
● Tempranillo 田帕尼優

Rueda 盧埃達
● Verdejo 韋爾德略

MADRID
馬德里
□

斗羅河

伊比利之河

流經兩個國家，因此有兩個不同的名稱：西班牙稱它為 Duero，
而葡萄牙叫它 Douro。在地中海型氣候吹拂下，河岸兩旁除了葡
萄園，也種滿了橄欖與杏仁樹。南國氣息啊⋯

斗羅河的名字本身就可寫一部歷史。有人
認為斗羅來自拉丁文的 Duris（堅硬），
在葡萄牙文是 Duro，因為波瀾壯闊的河水不
怒自威，令人敬畏眾神的威嚴。其他人則偏好
相信是這裡是伊比利半島的黃金樂土，因為
斗羅河畔的石頭金黃小巧，猶如黃金，而黃金
的葡萄牙文正是 Ouro。沒有人知道現在是否
還可以沿著河岸一路撿黃金賺大錢，但我們
可以肯定的是，斗羅河畔已經建立了能賺大
錢的閃亮葡萄園。

為表示以客為尊，斗羅河第一個造訪的流域
以其為名。它從高原上出發，一路所經的頭
115公里被稱為斗羅河岸（Ribera del Duero）
產區。這裡仍是西班牙的中心地帶，屬於海
拔700到850公尺的山地，雖不常見雪，但
少不了冰天凍地，嚴苛的氣候風土也都完整
反映在葡萄酒滋味當中。

隨著地勢逐漸下降，斗羅河來到盧埃達
（Rueda）產區，這裡有85%的葡萄園種著
韋爾德略（Verdejo），在全西班牙擁田帕

尼優（Tempranillo）為王的環境下，盧埃
達此舉可謂反骨。

斗羅河接著在西班牙與葡萄牙邊界游移不
定將近122公里，這才決定投向葡萄牙的懷
抱。來到另一個語言的新國度，當然也改了
新的名字：從 Duero 變成 Douro。斗羅河
也從這裡開始可以讓船隻通航。沿岸雖有葡
萄園，不過還是斗羅河谷（Douro Valley）的
葡萄園景色令人歎為觀止，獨特的梯田式葡
萄園層層疊翠，所收成的葡萄將會用來釀製
鼎鼎大名的波特酒（Porto）。波特酒的名稱
則來自它們乘船入海以行銷世界的港口：波
多（Porto）。

斗羅河上有許多揚著高大船帆的巴爾柯斯
運酒艇（Barcos rabelo），是一種專門用來運
載葡萄酒至其他城市的平底船。斗羅河從炎
熱的波多來到清涼的海邊，最後選擇在生產
清涼有勁白酒的綠酒產區（Vinho Verde）入
海，畫下旅程休止符。

色雷斯
巴爾幹
黑海
多瑙河
索菲亞

保加利亞

在西歐較不為人知,保加利亞其實是東歐國家當中最具地中海特色的。它與著名的托斯卡尼(義大利)及里奧拉(西班牙)位處相同緯度,也擁有豐富多樣的風土。

世界排名(產量)

23

種植公頃

67 000

年產量(百萬公升)

130

紅白葡萄比例

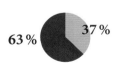

63 %   37 %

採收季節

九月

釀酒歷史開始於

西元前

1100年

受誰影響

色雷斯人

過去

保加利亞人說,上帝造物時,竟然把他們忘記了。上帝為了表示歉意,不僅送給保加利亞人理想的氣候與肥沃的平原,還讓他們緊鄰黑海,並擁有氣勢非凡的葡萄酒。古代的希臘人憑藉著旅程當中所累積的知識,確實建構並改善了保加利亞的葡萄酒。

1908年時,保加利亞成為全球第五大葡萄酒生產國。

1396至1878的鄂圖曼帝國統治時期,在伊斯蘭宗教的反對下,葡萄釀酒業猶如走入荒漠。直到19世紀末,鄂圖曼帝國與俄羅斯簽下聖斯特凡諾條約(San Stefano),也讓保加利亞與葡萄園雙雙重新拿回自治權。

保加利亞葡萄酒業的巔峰時期是1980年,並成為全球第五大葡萄酒生產國。最有名的客戶是溫斯頓邱吉爾爵士。據說這位前英國首相每年都要訂購500升的保加利亞葡萄酒。

Plaine du Danube 多瑙河平原

Romania 羅馬尼亞

Vidin 維丁
VIDIN 維丁

Serbia 塞爾維亞

○ ROUSSE 魯塞

Black Sea 黑海

Pleven 普列文　Lozitsa 洛紀查
PLEVEN 普列文
Pavlikeni 帕夫利凱尼
Lovetch 洛維奇

Rousse 魯塞

DOBRITCH 多布里奇

Novi Pazar 新帕扎爾

CHOUMEN 舒門

Varna 瓦爾納　VARNA 瓦爾納

Lyaskovets 利亞斯科韋茨

VELIKO TARNOVO 大特爾諾沃

Vallée des Roses 玫瑰河谷

SOFIA 索菲亞□

Sliven 斯利文
STARA ZAGORA 舊扎戈拉
SLIVEN 斯利文
Karnobat 卡爾諾巴特
Pomorié 波摩萊

BLACK SEA
黑海

Luda Kamchiya 卡姆奇亞河

Septemvri 塞普泰姆夫里
Plovdiv 普羅夫迪夫
Stara Zagora 舊扎戈拉
Nova Zagora 新扎戈拉
YAMBOL 揚博爾
BURGAS 布爾加斯

PAZARDJIK 帕扎爾吉克

Brestnik 布列斯特尼克

Maritza 馬里查河

Vallée de la Thrace 色雷斯河谷

BLAGOEVGRAD 布拉戈耶夫格勒

Vallée de la Struma 斯特魯馬河谷

PLOVDIV 普羅夫迪夫
HASKOVO 哈斯科沃

Lubiméts 柳比梅茨

Sandanski 桑丹斯基

Ivaïlovgrad 伊瓦伊洛夫格勒

Macedonia 馬其頓

Melnik 梅爾尼克

Turkey 土耳其

Greece 希臘

NORD

現在

保加利亞不僅擁有輝煌過去，未來也充滿希望。葡萄釀酒業自1960年開始就步入軌道，目前劃定五個葡萄產區。此舉有助於指引消費者，也更能與歐洲系統接軌。

不僅擁有輝煌過去，未來也充滿希望。

我們從地圖上可以看到，只有首都索菲亞（Sofia）與接近希臘邊境的地區不屬於任何葡萄產區。越來越多的年輕酒農偏好風土特異的小型葡萄園，也追求與風土同樣另類的葡萄品種。

5個入門產區

Stara Zagora 舊扎戈拉
Nova Zagora 新扎戈拉
Melnik 梅爾尼克
Varna 瓦爾納
Sliven 斯利文

主要葡萄品種

- Merlot 梅洛、Pamid 帕米德、Cabernet Sauvignon 卡本內蘇維濃
- Rkatsiteli 白羽、Dimyat 狄米亞、Muscat Ottonel 奧托奈麝香

當地原生種

義大利

根據神話傳說，正是親愛的酒神戴歐尼修斯（Dionysos，別名巴庫斯 Bacchus）向西西里島上的人類透露了葡萄酒的祕密。義大利的氣候多元，風土多姿，葡萄品種豐富，探索義大利的美酒需要一輩子的時間。

世界排名（產量）

1

種植公頃

682 000

年產量（百萬公升）

4 880

紅白葡萄比例

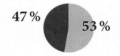

47%　53%

採收季節

八月至十月

釀酒歷史開始於

西元前
800年

受誰影響

伊特拉斯坎人
希臘人

過去

在上古時期，希臘人就暱稱義大利為 Œnotria 葡萄酒之鄉，更確切的說，是指位於義大利如靴子的領土尖端，稱為卡拉布里亞（Calabre）的地區。

似乎天生擅於釀酒的義大利始終為各地釀製葡萄酒，為了佛羅倫斯畫家的品酒之樂，也為了讓兵臨日耳曼城下的羅馬軍隊止渴。最早的葡萄園出現在南部的西西里與卡拉布里亞地區，接著往北部延伸，最後變成全國每一個地區都有葡萄園。

天生擅於釀酒的義大利始終為各地釀製葡萄酒。

由於位居地中海貿易戰略地位的要衝，義大利因而遭遇過數次戰爭與侵略，葡萄酒歷史由光榮歲月（羅馬帝國與文藝復興時期）與黑暗時期（哥德人入侵、麥第奇（Médicis）家族沒落、第二次世界大戰）交織譜寫而成。

現在

義大利20個大區都有葡萄園，從奧斯塔河谷（Aosta）的黏土地質到西西里的火山風土，無一例外。義大利是唯一全國所有地區都產酒的國家。雖然義大利的葡萄酒生產量領先法國與西班牙兩個鄰居，但這三國之間的差距其實不大，因為他們聯手包辦了全世界47%的產量。當然每個地區都有自己的特色，不過還是可以在米蘭與拿坡里之間畫一條對角線，大略區分為兩類風土：與地中海接壤的地區，以及國家中部的亞平寧山脈（Apennins）地區。

跟法國的AOC（原產地命名控制）異曲同工，義大利也有 DOC 制度保護近300個法定產區，每個產區的規定都相當具體。要籠統定義「義大利葡萄酒」是不可能的，因為義大利葡萄酒的豐富性源於不斷發展的罕見多元性。跟法國一樣，葡萄種植的學問在釀酒業當中產生不少辯論，尤其是新舊兩代對於環保與美味的堅持問題。

France 法國

義大利是唯一全國所有地區都產酒的國家。

DOCG	保證法定葡萄酒產區
DOC	法定產區葡萄酒
IGT	地區餐酒
Vino da tavola	日常餐酒

義大利葡萄酒分為4個等級產區。最出名的是DOC與DOCG，佔全國產量的34%。

主要葡萄品種

● Sangiovese 桑嬌維塞、Montepulciano 蒙鐵布奇亞諾、Merlot 梅洛、Barbera 巴貝拉、Nero d'Avola 黑達沃拉

○ Catarratto Bianco 白卡塔拉多、Trebbiano Toscano 托斯卡納崔比亞諾、Chardonnay 夏多內、Glera 格雷拉

<u>當地原生種</u>

Austria 奧地利

1

Liechtenstein 列支敦斯登

Swiss 瑞士

5個入門產區

Etna 埃特納
Barolo 巴羅洛
Amarone della Valpolicella
瓦波里切拉阿瑪羅尼
Brunello di Montalcino
蒙塔奇諾布魯內洛
Taurasi 托萊西

**Trentino-Alto Adige
特倫提諾-上阿迪傑**

TRENTO 特倫托

Frioul 弗留利

Collio Goriziano 戈里奇亞丘陵

Slovenia 斯洛維尼亞

**Aosta Valley
奧斯塔河谷**

**Lombardia
倫巴底**

BRESCIA 布雷西亞

VICENZA 維琴察

TRIESTE 第里雅斯特

NOVARA
諾瓦拉

VÉRONE 維洛那

VENICE
威尼斯

**Piémont
皮埃蒙特**

MILAN 米蘭

Veneto 威尼托

Croatia 克羅埃西亞

2

TURIN 杜林

Gulf of Venice
威尼斯灣

Barbaresco 巴爾巴雷斯科

PARMA 帕爾馬

Lambrusco 藍布思柯

Barolo 巴羅洛

BOLOGNA 波隆那

GENOA 熱那亞

Bosnia and Herzegovina
波士尼亞與赫塞哥維納

Emilia-Romagna 艾米利亞-羅馬涅

Gulf of Genoa
熱那亞灣

Cinque Terre 五漁村

RIMINI 里米尼

San Marino 聖馬利諾

**Liguria
利古里亞**

FIRENZE 佛羅倫斯

Monaco 摩納哥

LIVORNO
利佛諾

ANCONA 安科納

Ligurian Sea
利古里亞海

Toscana 托斯卡尼

Marches 馬凱

Chianti 香緹

Elba 厄爾巴島

**Umbria
溫布利亞**

Abruzzo 阿布魯佐

TERNI 特爾尼

PESCARA 佩斯卡拉

Corse 科西嘉

Trebbiano d'Abruzzo
阿布魯佐崔比亞諾

Adriatic Sea 亞得里亞海

3

ROMA 羅馬

Lazio 拉吉歐

**Molise
莫利塞**

LATINA 拉提娜

FOGGIA 福賈

Puglia 普利亞

Vermentino di Gallura
加魯拉維蒙蒂諾

Castel del Monte
蒙特城堡

Campana 坎帕尼亞

BARI 巴里

SASSARI 薩薩里

NAPOLI 拿坡里

Aglianico del Vulture
烏爾圖雷艾格尼科

Sardinia
薩丁尼亞河

TARANTO 塔蘭托

**Basilicata
巴西利卡塔**

4

Gulf of Taranto
塔蘭托灣

Sardinia 薩丁尼亞島

Tyrrhenian Sea 第勒尼安海

**Calabria
卡拉布里亞**

CAGLIARI 卡利亞里

Cirò 奇羅

Aeolian Islands 埃奧利群島

Aegadian Islands
埃加迪群島

PALERMO
巴勒摩

MESSINA 墨西拿

Contea di Sclafani 斯克拉法尼縣

REGGIO CALABRIA
雷蕉卡拉布里亞

**Sicilla
西西里島**

Marsala 瑪薩拉

Ionian Sea
愛奧尼亞海

5

Sicilla 西西里河

CATANIA 卡塔尼亞

Strait of Sicily 西西里海峽

SYRACUSE 敘拉古

Moscato di Siracusa 錫拉庫薩莫斯卡托

NORD

Tunisia 突尼西亞

0　100　200　300 km

Malta 馬爾他

A B C D

1

Swiss 瑞士

North 北部

Valli Ossolane
瓦力歐索拉納

Lake Maggiore
馬焦雷湖

2

Aosta Valley 奧斯塔河谷

Ghemme 蓋姆梅　Boca 博卡

Bramaterra
布拉馬特拉

Colline Novaresi
諾瓦來茲丘陵

Carema 卡雷馬

BIELLA 比耶拉 ○

Coste della Sesia
賽西亞科斯特

Gattinara
加蒂納拉

Sizzano 西扎諾

Fara 法拉

Lombardia 倫巴底

France 法國

Lessona
萊索納

○NOVARA 諾瓦拉

Turin 杜林

Canavese
坎納維賽

Erbaluce di Caluso
卡盧索厄柏路絲

VERCELLI 韋爾切利 ○

3

Rubinodi Cantavenna
坎特維納魯比諾

Monferrato
蒙菲拉托

Malvasia di
Castelnuovo Don Bosco
鮑思高新堡馬爾維薩

Collina Torinese
托里內斯丘陵

Gabiano 加比亞諾

Valsusa 瓦勒蘇撒

Grignolino del Monferrato Casalese
蒙菲拉托卡薩萊格麗尼奧里諾

Barbera d'Asti
阿斯蒂巴貝拉

TURIN 杜林 ○

Freisa di
Chieri
基耶里弗雷莎

Freisa d'Asti
阿斯蒂弗雷莎

Casorzo
卡索爾佐

Barbera del Monferrato
蒙菲拉托巴貝拉

Pinerolo 皮內羅洛

Albugnano
阿爾布尼亞諾

ASTI 阿斯蒂 ○

Grignolino
d'Asti
阿斯蒂
格麗尼奧里諾

○ALEXANDRIA 亞歷山德里亞

Ruché di Castagnole Monferrato
卡斯塔尼奧蒙菲拉托露詩

Terre Alfieri
阿爾菲耶里

Calosso
卡洛索

Nizza 尼扎

NOVI LIGURE 諾維利古雷 ○

4

Alba 阿爾巴

Roero
羅埃羅

Barbaresco
巴爾巴雷斯科

Strevi 斯特雷維

Gavi
加維

Colli Tortonesi
托多內西丘陵

Colline Saluzzesi
薩魯澤西丘陵

ALBA 阿爾巴 ○

Brachetto d'Acqui
阿奎布拉凱多

Monferrato
蒙菲拉托

Barolo
巴羅洛

Dolcetto d'Acqui
阿奎多爾切托

Ovada
奧瓦達

Alba 阿爾巴

Diano d'Alba
阿爾巴迪亞諾

Dogliani
多利亞尼

Dolcetto d'Asti
阿斯蒂多爾切托

Cortese dell'Alto Monferrato
上蒙菲拉托柯提斯

Loazzolo
洛阿佐洛

Liguria 利古里亞

5

NORD

B C D

皮埃蒙特

阿爾卑斯山的山腳下屹立著義大利最有魅力的地區，皮埃蒙特（Piémont）的地理位置決定了它的名字（Piémont 的意思就是山的腳），也賦予它適合種植葡萄的理想氣候、土壤與地形。

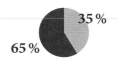

種植公頃

59 000

紅白葡萄比例

35 %
65 %

DOC
42

DOCG
17

皮埃蒙特以高標準出名，整個地區的法定葡萄酒產區數量為全國之冠，但是沒有任何 IGT（地區餐酒）等級以下的葡萄酒。不過在產量方面，皮埃蒙特屈居全國第六。它有點像是義大利的勃艮地：擁有一系列微型風土及小型酒莊，專心致力釀造單一葡萄品種的葡萄酒，並往往能創造奇蹟，釀出絕世美酒。

只不過，皮埃蒙特以當地的葡萄內比奧羅（Nebbiolo）取代黑皮諾（Pinot Noir）。內比奧羅的名字來自於葡萄採收季時籠罩皮埃蒙特丘陵的輕霧，而內比奧羅本身也如翩然起舞的芭蕾舞者，偏好優雅勝於豐盈。皮埃蒙特正是義大利唯一能符合此類高要求葡萄品種的地區。

另外，巴羅洛（Barolo）與巴爾巴雷斯科（Barbaresco）的葡萄酒在全世界數一數二，也是義大利於19世紀時首批以玻璃瓶裝銷售葡萄酒的地區。巴羅洛的名字來自阿爾巴（Alba）以南15公里的村莊，是1980年率先取得 DOCG（保證法定葡萄酒產區）認證的產區。

這兩個產區的風土能讓內比奧羅葡萄盡情展現極致精華，並賦予葡萄酒深不可測

的潛力與壯碩結構，非常適合加長陳釀過程（Riserva「珍藏」標示2至5年），醞釀出無與倫比並具有陳年功力的美酒。這兩個 DOCG 的產量是全義大利最少的，每塊葡萄園面積都不超過兩公頃。事實上，加富爾伯爵（Comte de Cavour，1810-1861）是到過法國之後，才有釀製單一品種葡萄酒的念頭。所謂行萬里路如讀萬卷書，旅行果然能激發靈感呢！

在19世紀末的根瘤蚜蟲浩劫之後，皮埃蒙特的酒農栽種了一些外國品種，如卡本內（Cabernet）或皮諾（Pinot），不過這些很快就被拋諸腦後，拱手讓位給更能完美符合本地風土的原生品種。巴貝拉（Barbera）的單寧比內比奧羅少，容易讓人接受，也因此很受歡迎。巴貝拉因為產量很高，不只在過去相當普及，在今天也是全世界爭相追求的品種。而 DOCG 阿斯蒂的巴貝拉（Barbera d'Asti）生產的傑出葡萄酒讓巴貝拉的聲譽更臻巔峰。

至於氣候，位於義大利最西邊的皮埃蒙特四季分明，尤其受到年份效應（Effet Millésime）的影響，每一年都是獨一無二的年份。

主要葡萄品種

● Nebbiolo 內比奧羅、Barbera 巴貝拉、Dolcetto 多切托

○ Moscato 莫斯卡托、Arneis 阿內斯、Cortese 柯蒂斯

義大利原生種

これは最不像義大利的産區，主要種植國際化葡萄品種並釀製白酒，所生產的葡萄酒絕大部份都銷往德國。

特倫提諾-上阿迪傑

種植公頃
13 700

紅白葡萄比例
40%
60%

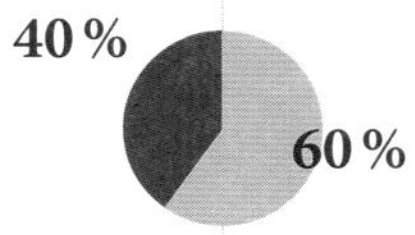

DOC
8

Austria 奧地利

NORD

BRUNICO 布魯尼科

BRESSANONE
布雷薩諾內

Meranese di Collina 梅蘭內西丘

MERANO 梅拉諾
Alto Adige 上阿迪傑
Colli di Bolzano 波札諾丘
Santa Maddalena 聖馬達萊娜
Eisack Valley 艾薩克河谷

Val Venosta 韋諾斯塔谷

Terlano 泰爾拉諾

BOLZANO 波札諾

Bolzano 波札諾

LAIVES 拉伊韋斯

Caldaro
卡爾達羅

Valdadige
阿迪傑山谷

Melissa 梅利薩

Trento 特倫托

TRENTO 特倫托

PERGINE VALSUGANA
佩爾吉內瓦爾蘇加納

Trentino 特倫提諾
Trento 特倫托

Casteller
卡斯泰拉爾

ARCO 阿爾科

ROVERETO 羅韋雷托

RIVA DEL GARDA
里瓦德爾加爾達

Valdadige
阿迪傑山谷

Veneto 威尼托

Terradeiforti
特拉迪佛蒂

Lombardia 倫巴底

Lake Garda
加爾達湖

特倫提諾-上阿迪傑（Trentino-Alto Adige）多山，只有15%的土地適合耕種。這裡的葡萄品種格烏茲塔明那（Gewurztraminer）名字聽起來雖然不怎麼義大利，但它確實來自這個地區，更精確的說，是來自波札諾省（Bolzano）的泰爾梅諾（Termeno）。格烏茲塔明那Gewurztraminer的「Gewurz」是德語「辛辣」的意思；而「Tramin」就是義大利文的泰爾梅諾（Termeno）。

主要葡萄品種

● Schiava 斯奇亞瓦、Lagrein 拉格蘭、
Pinot Noir 黑皮諾

● Pinot Gris 灰皮諾、Chardonnay 夏多內、
Gewurztraminer 格烏茲塔明那

義大利原生種

0   20   40 km

倫巴底跟皮埃蒙特是內比奧羅葡萄最喜歡的地方，夏天陽光普照但氣候溫和。倫巴底葡萄酒也以追求品質為宗旨，50%的葡萄園都屬於DOC（法定產區葡萄酒）跟DOCG（保證法定葡萄酒產區）。

倫巴底

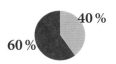

種植公頃

26 300

紅白葡萄比例

40%
60%

DOC **22**

DOCG **5**

這個地區的氣候受到馬焦雷湖（Maggiore）、加爾達湖（Garda）、伊塞奧湖（Iseo）與科莫湖（Como）的調節，屬於溫和大陸性氣候。加上地勢丘巒起伏變化萬千，酒農因而能釀製各類型的葡萄酒：紅酒、白酒、氣泡酒或粉紅酒。不過當然還是拜本地的瓦爾泰利納（Valtellina）紅酒之賜，才讓倫巴底能在全世界美酒家的心裡佔有一席之地。

我們經常會認為普羅賽克（Prosecco）等同「義大利香檳」，但其實並非如此！如果法國最有名的氣泡酒在阿爾卑斯山另一頭有個表親的話，他就在倫巴底，叫做弗朗齊亞柯達（DOCG Franciacorta）。這個產區混和黑皮諾與夏多內葡萄，並遵循香檳標準製程生產非凡的氣泡酒。不過，漢斯（Reims）與米蘭，釀的會是同樣的香檳嗎？

種植公頃

● Nebbiolo 內比奧羅、Pinot Noir 黑皮諾
● Chardonnay 夏多內、Verdicchio 維爾帝奇歐、Pinot Blanc 白皮諾

義大利原生種

Swiss 瑞士

Valtellina 瓦爾泰利納

Valtellina 瓦爾泰利納

SONDRIO 松德里奧

Trentino-Alto Adige
特倫提諾-上阿迪傑

Lake Maggiore
馬焦雪湖

Lake Como
科莫湖

LECCO 萊科

Brescia 布雷西亞

COMO 科莫

Valcalepio 瓦卡雷皮歐

Lago d'Iseo
伊塞奧湖

Garda 加爾達

BERGAMO 貝加莫

Franciacorta
弗朗齊亞柯達

MONZA 蒙扎

Colleoni
科萊奧尼

Cellatica
賽拉提亞

Botticino 博蒂奇諾

Lake Garda 加爾達湖

Veneto 威尼托

LEGNANO
萊尼亞諾

Capriano del Colle
卡普里亞諾德爾科萊

Garda Bresciano Lugana 加爾達布列奇安諾

Garda Colli Mantovani
加爾達柯里曼多維尼盧甘納

MILAN 米蘭

Adda
阿達河

BRESCIA
布雷西亞

Oglio 奧利奧河

Piémont 皮埃蒙特

Pavia 帕維亞

San Colombano al Lambro
聖科隆巴諾阿蘭布羅

MANTOVA 曼切華

PAVIA 帕維亞

CRÉMONE 克雷莫納

Oltrepò pavese
奧特波-帕韋斯

Lambrusco Mantovano 藍布思柯曼托瓦諾

NORD

Mantova 曼切華

0   20   40 km

Emilia-Romagna 艾米利亞-羅馬涅

0 10 20 km

TOLMEZZO 托爾梅佐

Ramandolo 拉曼多羅

MANIAGO 馬尼亞戈

**Udine
烏迪內**

*Colli Orientali del Friuli
Picolit Rosazzo*
東山皮科里特

UDINE
烏迪內

Friuli Grave 弗留利格拉弗

**Gorizia
戈里齊亞**

PORDENONE
波代諾內

Collio 科里奧

Slovenia
斯洛維尼亞

SACILE 薩奇萊

Friuli Isonzo
弗留利伊松佐

Lison 利宗

Friuli Latisana
弗留利拉蒂薩納

Friuli Aquileia
弗留利阿奎利亞

**Trieste
第里雅斯特**

NORD

**Pordenone
波代諾內**

Friuli Annia
弗留利安尼亞

LATISANA
拉蒂薩納

MONFALCONE
蒙法爾科內

Carso
卡索

Veneto 威尼托

Golfe de Trieste
第里雅斯特灣

TRIESTE
第里雅斯特

ADRIATIC SEA
亞得里亞海

佛里烏利-
威尼斯朱利亞

種植公頃

19 000

紅白葡萄比例

23%

77%

DOC
10

DOCG
4

位於奧地利、斯洛維尼亞與亞得里亞海之間的折衝要道，佛里烏利-威尼斯朱利亞（Friuli-Venezia Giulia）地區享有豐富的多元文化，並盡情展現在其飲食與葡萄酒文化當中。

主要葡萄品種

- Merlot 梅洛、Refosco 瑞孚斯科、Cabernet Franc 卡本內佛朗克
- Pinot Gris 灰皮諾、Friulano 弗里那諾、Glera 格雷拉

義大利原生種

根瘤蚜蟲大舉肆虐之前，這個地區原本有多達350種的葡萄！後來篩選葡萄品種時雖然以品質為主，但還是保留了大幅度的多元性，至今仍有將近30種來自其他地區與當地原生的葡萄品種。這裡的灰皮諾是義大利之冠，說不定也是世界之冠？

葡萄農近年來熱衷復育古老葡萄品種，尤其是皮科里特（Picolit）與維多佐（Verduzzo）這兩個曾在奧匈帝國時期受高度賞識的當地原生種。這地區的紅酒長期以來以年輕酒體與奔放果香著稱，近年來利用混釀及大桶陳釀方式成功扭轉形象。

NORD

Trentino-Alto Adige
特倫提諾-上阿迪傑

Friuli-Venezia Giulia
佛里烏利-威尼斯朱利亞

Piave 皮亞韋河

Brenta 布倫塔河

Colli di Conegliano
科奈里阿諾山丘

Prosecco di Conegliano
科奈里阿諾普羅賽克

Valdobbiadene 瓦爾多比亞德內

Trévise
特雷維索

Vérone 維洛那

Breganze
布雷甘澤

Montello et Colli Asolani
蒙泰洛&阿索洛山丘

Vini del Piave
皮亞韋酒

Lison- Pramaggiore
利松普拉馬焦雷

Lessini Durello
樂斯尼杜瑞羅

Vicenza
維琴察

○ **TRÉVISE**
特雷維索

Lake Garda
加爾達湖

Bardolino 巴爾多利諾

Valpolicella
瓦坡里切拉

VICENZA 維琴察

San Martino della Battaglia
聖馬蒂諾德拉巴塔利亞

Soave 索阿韋

Berici Hills
貝里奇山丘

○ **PADOVA**
帕多瓦

● **VENICE 威尼斯**

VÉRONE
維洛那

Bianco di Custoza
卡斯托沙白酒

Euganean Hills
優歌娜丘陵

Gulf of Venice
威尼斯灣

Padova 帕多瓦

Adige 阿迪傑

ADRIATIC SEA
亞得里亞海

Lombardia 倫巴底

Pö 波河

Emilia-Romagna
艾米利亞-羅馬涅

0   20   40 km

威尼托

威尼托（Veneto）以出產義大利最有名的氣泡酒普羅賽克（Prosecco）聞名於世，最近則成為義大利產量最高的葡萄酒產區。

種植公頃
76 900
紅白葡萄比例

40%
60%

DOC **27**
DOCG **14**

普羅賽克氣泡酒的名字來自離斯洛維尼亞僅五公里的同名城市，原本也是此地白葡萄品種的名字。2009年時，義大利政府為了杜絕混淆情形，將釀製普羅賽克氣泡酒的白葡萄品種正名為格雷拉（Glera）。普羅賽克氣泡酒在2013年時首次在外銷全球的數量上超越法國香檳。

威尼托地區還有另一個傲人特產：阿馬羅尼（Amarone）。這款紅酒的特殊之處在於採用獨一無二的釀製法，也就是「自然乾縮法」（Passerillage）：透過自然乾燥讓葡萄達到過度熟成的狀態。葡萄收成之後，會先在稻草鋪成的「床」上放置三個月，讓葡萄果實中的部份水分散失，糖分則更形濃縮，而後再進行榨汁與發酵。釀成的葡萄酒質地豐腴，酒精度可高達16%。

主要葡萄品種

● Corvina 柯維那、Rondinella 羅帝內拉、Molinara 莫利納拉

● Garganega 卡爾卡耐卡、Glera 格雷拉、Trebbiano di Romagna 羅馬涅崔比亞諾

義大利原生種

越往義大利南下而行，氣候也越暖和。

種植公頃

60 000

紅白葡萄比例

50% ⬤ **50%**

DOC
18

DOCG
2

艾米利亞-羅馬涅（Emilia-Romagna）一如其名，分為艾米利亞與羅馬涅兩個地區。前者以氣泡酒享譽盛名，其中尤以藍布思柯（Lambrusco）這款氣泡甜紅酒最具代表性。而羅馬涅大區則自成一格，不僅有帶著托斯卡尼風味的桑嬌維塞（Sangiovese）葡萄酒，還有最古老的保證法定葡萄酒產區（DOCG）羅馬涅阿巴娜（Albana di Romagna）所產的出色白酒。近來的趨勢則是有不容小覷的國際葡萄品種進駐，如蘇維濃、夏多內或卡本內蘇維濃。

艾米利亞-
羅馬涅

主要葡萄品種

⬤ Sangiovese 桑嬌維塞、
Lambrusco 藍布思柯

⬤ Albana 阿巴娜、Malvoisie 馬爾瓦希、
Trebbiano 崔比亞諾

義大利原生種

NORD

Lombardia 倫巴底

Veneto 威尼托

**Emilia
艾米利亞**

PIACENZA
皮亞琴察

Colli Piacentini
琵雅琴蒂尼山丘

Lambrusco Salamino di Santa Croce
聖克羅切-薩拉米諾-藍布思柯

FIDENZA
菲登扎

Lambrusco di Sorbara
索巴拉-藍布思柯

Bosco Eliceo 博斯柯艾利切歐

PARMA
帕爾馬

REGGIO EMILIA
雷焦艾米利亞

FERRARA
費拉拉

Reggiano 雷吉安諾

MODENA
摩德納

Colli Bolognesi 博洛尼亞丘

COMACCHIO
科瑪姬奧

ADRIATIC SE
亞得里亞海

Liguria 利古里亞

Colli di Parma
帕爾瑪山丘

Lambrusco Grasparossa di Castelvetro
卡斯泰爾韋特羅-
格拉斯巴薩羅-藍布思柯

Reno 雷諾河

BOLOGNA 波隆那

Colli di Scandiano
e di Canossa
斯堪帝諾卡諾薩丘

Colli di Imola 伊莫拉山丘

RAVENNA 拉溫納

FAENZA 法恩沙

Colli di Faenza 法恩沙山丘

Colli di Rimini 里米尼山丘

Romagna 羅馬涅

RIMINI 里米尼

LIGURIAN SEA
利古里亞海

Toscana 托斯卡尼

Romagna 羅馬涅

0 20 40 60 km

Marches 馬凱

San Marino 聖瑪利諾

PESARO 佩薩羅

0   20 km

Colli Pesaresi 佩薩雷希丘

URBINO 烏爾比諾   *Bianchello del Metauro* 梅特魯比楊凱洛

Pesaro e Urbino
佩薩羅和
烏爾比諾省

Lacrima di Morro d'Alba 拉奎瑪·莫羅-阿爾巴

Pergola 佩歌拉

ANCONA 安科納

Esino 埃西諾

Rosso Conero 蔻內兒紅酒

Ancona 安科納

FABRIANO 法布里亞諾

Macerata 馬切拉塔

MACERATA 馬切拉塔

Verdicchio dei Castelli di Jesi 杰西城堡-維爾帝奇歐

Terreni di San Severino 聖賽維里諾之地

Rosso Piceno 皮切諾紅酒

Verdicchio di Matelica 瑪黛莉卡-維爾帝奇歐

Umbria 溫布利亞

San Ginesio 聖吉內肖

OFERMO 費爾莫

Vernaccia di Serrapetrona 瑟拉佩諾娜維娜西卡

Colli Maceratesi 瑪榭拉蒂諾丘

Offida 奧菲達

Falerio dei Colli Ascolani 阿斯柯拉尼丘法樂里奧

ASCOLI PICENO ○阿斯科利皮切諾

Ascoli Piceno-Fermo
阿斯科利皮切諾-費爾莫

Lazio 拉齊奧   Abruzzo 阿布魯佐

圖例

馬凱

這個地區完全不需費心思考該釀製北部的活力白酒或是南部的熱情紅酒，豐富的風土條件與溫和氣候讓他能兩者兼得！

種植公頃
20 000

DOC
15

紅白葡萄比例
40%
60%

DOCG
5

馬凱（Marches）以白酒聞名，其實也是維爾帝奇歐（Verdicchio）葡萄最喜愛的風土環境，已經有600年的栽種歷史。維爾帝奇歐的名字原意是葡萄果實上反射的綠色光澤，在國際品種攻佔義大利之前，維爾帝奇歐曾稱霸義大利，足跡遍及全國。幸好在馬凱地區仍然繼續稱雄，並成為此地的象徵代表。維爾帝奇歐帶有明顯酸度，也非常適合釀製氣泡酒。

阿布魯佐

位於迷人的阿布魯佐（Abruzzo）金黃海岸後面，此地有三分之一是丘陵地，其餘三分之二是高山地形，對於葡萄而言是最理想的生長環境。

終於來到一個不會被眾多產地名稱搞到崩潰的地區，不過即使產地名稱不多，也絲毫無損葡萄酒的細緻品質。經常被低估實力的蒙鐵布奇亞諾葡萄（Montepulciano，別與托斯卡尼的同名城市搞混了）在阿布魯佐地區如魚得水，完美呈現濃郁香氣，也是此地區最具代表性的品種。至於白葡萄品種，則以本地的阿布魯佐崔比亞諾（Trebbiano d'Abruzzo）為主。

NORD

Marches 馬凱

Controguerra 孔特羅圭拉

Umbria 溫布利亞

TERAMO 泰拉莫

Montepulciano d'Abruzzo 阿布魯佐蒙帕賽諾

Colline Teramane 特拉莫丘

ADRIATIC SEA 亞得里亞海

PESCARA 佩斯卡拉

L'AQUILA 拉奎拉

CHIETI 基替   *Ortona* 奧爾托納

Villamagna 維拉馬尼亞

Terre Tollesi o Tullum 圖魯姆托雷斯之地

Montepulciano d'Abruzzo 阿布魯佐蒙帕賽諾

Trebbiano d'Abruzzo 阿布魯佐崔比亞諾

Cerasuolo d'Abruzzo 阿布魯佐切拉索洛

VASTO 瓦斯托

Abruzzo 阿布魯佐

AVEZZANO 阿韋扎諾   SULMONA 蘇爾莫納

Lazio 拉齊奧

Molise 莫利塞

種植公頃
32 000

DOC
8

紅白葡萄比例
40%
60%

DOCG
1

0   20 km

托斯卡尼

托斯卡尼是舉世公認最浪漫的義大利地區，媒體曝光率也最高。這裡的產地名稱制度以嚴謹複雜出名。義大利分布最廣的葡萄品種桑嬌維塞（Sangiovese）只有在托斯卡尼能淋漓盡致地展現所有風味，尤其在奇揚地（Chianti）產區。

種植公頃

85 000

紅白葡萄比例

10 %

90 %

DOC **41**

DOCG **11**

說出「托斯卡尼」這四個字，彷彿即刻踏上迷人旅途。而有幸能親臨托斯卡尼豔陽下的人，也都會同意世人對於托斯卡尼不斷重彈的老調（石牆、夏蟬、橄欖樹）一點也不誇張。

托斯卡尼葡萄園能成為全世界知名葡萄園之一，其實也要歸功於文藝復興的搖籃城市：佛羅倫斯，它不僅是1865至1870年之間義大利王國的首都，也是歷史上托斯卡尼葡萄酒的傳統市場。葡萄酒商業長久以來也一直是佛羅倫斯重要的經濟支柱之一。

奇揚地酒與托斯卡尼如影隨形，常相左右，14世紀時已有史書記載奇揚地白酒。隨後的幾個世紀，酒農專心致力釀製紅酒，並將這款珍貴的義大利國產葡萄酒行銷到歐洲各大首都。18世紀時，佛羅倫斯南邊的幾個城市，如：加奧萊（Gaiole）、卡斯泰利納（Castellina）、拉達（Radda），決定「把酒言和」，共創「奇揚地陣線」，以期嚴格限制奇揚地酒的生產，也減少彼此之間的競爭，這個創舉可說是現代「產區名稱」制度的濫觴之一。托斯卡尼目前是義大利最大的法定葡萄酒產區（DOC），一共分為八個地帶，其中最出色的是經典奇揚地（Chianti Classico）。

1970年代時，這裡的葡萄園曾遭受重大危機，一些酒農因而決定種植卡本內蘇維濃或梅洛等波爾多品種，只是奇揚地酒規定必須以桑嬌維塞釀製，所以釀好的酒不能使用托斯卡尼的產地名稱。

不過，不論卡本內蘇維濃或梅洛所釀出的酒，品質都無懈可擊，酒農不願屈居日常餐酒（Vino de tavola）之列，遂自稱「超級托斯卡尼（Super Toscans）」。多虧了這個別具意義的稱號，雖然不算官方認證，但完美演繹了多元性的葡萄酒文化以及不畏挑戰、勇於更迭的新氣象。也終於在1995年「苦盡甘來」，得到官方頒發「優質地區葡萄酒」（IGT）認證。

桑嬌維塞葡萄是托斯卡尼獨一無二的歷史品種，不僅分布遍及整個義大利，還跨海到科西嘉島（改名為 Nielluccio 涅露秋），甚至橫越大西洋至阿根廷與美國加州落地生根。桑嬌維塞（Sangiovese）名字中的 sang 來自拉丁文的 sangue 血，而 giove 指邱比特，所以是「邱比特之血」的意思。這款葡萄需要高度日照，托斯卡尼平緩的向陽坡正是完美的生長環境。

主要葡萄品種

● Sangiovese 桑嬌維塞、Merlot 梅洛、Cabernet Sauvignon 卡本內蘇維濃
● Trebbiano 崔比亞諾、Vermentino 維蒙蒂諾、Trebbiano Toscano 托斯卡尼崔比亞諾

義大利原生種

1

NORD

Liguria 利古里亞

Emilia-Romagna 艾米利亞-羅馬涅

Colli di Luni 魯尼丘

Candia dei Colli Apuani
玟蒂亞阿普內丘

**Massa- Carrara
瑪薩-卡拉拉**

Lucca 盧卡

Chianti 奇揚地

Colline Lucchesi 魯概斯丘

Montalbano
蒙塔爾巴諾

Chianti Rufina
奇揚地魯納

○ LUCCA 盧卡

Montecarlo 蒙提卡洛

Carmignano
卡爾米尼亞諾

Pomino 波米諾

LIGURIAN SEA
利古里亞海

FIRENZE 佛羅倫斯 ○

Chianti Colli Florentini
奇揚地佛倫提尼丘

Chianti
Colli Arentini
奇揚地阿勒蒂尼丘

2

PISE 比薩 ○

Chianti Colline Pisane
奇揚地比薩那丘

Arno 阿諾河

LIVORNO 利佛諾 ○

Chianti Classico
經典奇揚地

San Gimignano
聖吉米尼亞諾

AREZZO 阿雷佐

Montescudaio
蒙鐵布奇亞諾

SIENA 西恩納 ○

Livorno 利佛諾

Terratico di Bibbona
比博納特拉蒂克

Chianti Colli Senesi
奇揚地席耶納丘

Cortana 科爾塔納

Bolgheri 寶格麗

Montepulciano
蒙特普西安諾

Umbria
溫布利亞

Suvereto
蘇韋雷托

3

Val di Cornia 柯尼亞谷

Montalcino
蒙塔爾奇諾

Monteregio
di Massa Marittima
瑪薩瑪里蒂瑪莫特雷嬌

Capraia 卡普拉亞島

Montecucco 蒙特古柯

**Grosseto
格羅塞托**

Elba 厄爾巴

GROSSETO 格羅塞托 ○

Elba 厄爾巴

Morellino di Scansano
斯堪薩諾莫雷利諾

Arcipelago Toscano 托斯卡尼群島

Sovana 索瓦納

Pianosa
皮亞諾薩島

Parrina 帕琳娜

Capalbio
卡帕爾比奧

4

Ansonica Costa dell'Argentario
阿根塔略海岸安索尼卡

Lazio 拉齊奧

Montecristo
蒙特克里斯托

Giglio 吉廖島

5

0   20   40 km

1 Toscana 托斯卡尼

CITTÀ DI CASTELLO 卡斯泰洛城

Alto Tiberini 上蒂玻里尼

GUBBIO 古比奧

Colli Altotiberini 上蒂玻里尼丘

Marches 馬凱

Trasimeno
特拉西梅諾

CORCIANO 科爾恰諾

PERUGIA 佩魯賈

Assini 阿西尼

ASSISI 阿西西

Lake Trasimeno 特拉西梅諾湖

Torgiano 托爾賈諾

2

Colli del Trasimeno 特拉西梅諾丘

Monts Martani 馬泰尼山

FOLIGNO 福利尼奧

Tiber 台伯河

Orvieto 奧爾維耶托

Montefalco 蒙泰法爾科

Colli Martani 馬泰尼丘

Lake of Corbara 科爾巴拉湖

SPOLETO 斯波萊托

ORVIETO 奧爾維耶托

Orvieto 奧爾維耶托

Abruzzo 阿布魯佐

TERNI 特爾尼

3 Lazio 拉齊奧

NARNI 納爾尼

Colli Amerini 阿莫瑞尼丘

Lazio 拉齊奧

NORD

0   10   20   30 km

溫布利亞

種植公頃

16 500

紅白葡萄比例

50%
50%

DOC
13

DOCG
2

溫布利亞大區（Umbria）深隱於義大利半島的中心地帶，
是義大利少數不與地中海接壤的地區。

4

此區異常炎熱而且缺乏海洋的調節，原本是葡萄的致命煉獄，幸好周邊高山與平緩丘陵彌補了這項缺點。溫布利亞葡萄酒長期以來僅供一般家庭日常餐酒之用，近年來也不斷精益求精，為追求標新立異的葡萄酒愛好者提供不同凡響的美酒。

溫布利亞以奧爾維耶托（Orvieto）樹立名聲，這款混釀的白葡萄酒在過去幾個世紀以來，在海外贏得不少掌聲。這裡的地質多半是石灰岩，對白酒而言相得益彰，不過得到保證法定葡萄酒（DOCG）認證的卻是兩款紅酒：蒙特法柯薩關提諾（Sagrantino di Montefalco）以及托吉亞諾珍藏葡萄酒（Torgiano Rosso Riserva）。

主要葡萄品種

- ● Sangiovese 桑嬌維塞、Sagrantino 薩關提諾、Ciliegiolo 綺麗葉嬌羅
- ● Trebbiano 崔比亞諾*、Grechetto 格雷切多

*當地稱為普羅卡尼可（Procanico）

義大利原生種

5

Lazio 拉齊奧

Molise 莫利塞

Galluccio 加盧喬

Sannio, Falanghina del Sannio
桑尼奧-法蘭吉娜桑尼

Puglia 普利亞

Caserta 卡塞塔

Benevento 貝內文托

Falerno del Massico
馬斯科法拉諾

Casa Vecchia di Pontelatone
蓬泰拉托內卡薩維奇亞

Aglianico del Taburno
塔布爾諾艾格尼柯

CASERTA 卡塞塔 ○

BENEVENTO 貝內文托

Napoli 拿坡里

Aversa 阿韋爾薩

Greco di Tufo
都福格雷克

Taurasi
托拉斯

Avellino 阿韋利諾

○ AVERSA
阿韋爾薩

AVELLINO 阿韋利諾

Irpinia 伊爾皮尼亞

Campi Flegrei
坎皮佛萊格瑞

Fiano di Avellino
阿韋利諾菲安諾

NAPOLI 拿坡里 ○

*Vesuvio,
Lacryma Christi*
維蘇威, 基督的眼淚

POZZUOLI 波佐利 ○

Basilicata 巴西利卡塔

CASTELLAMMARE
DI STABIA
斯塔比亞海堡

SALERNO 薩雷諾

Ischia 伊斯基亞

Golfo di Napoli
拿坡里灣

Amalfi Coast
阿瑪菲海岸

Capri 卡布里島

*Sorrento
Peninsula*
蘇連多半島

BATTIPAGLIA 巴蒂帕利亞

Castel San Lorenzo
卡斯泰爾聖洛倫佐

TYRRHENIAN SEA
第勒尼安海

Salerno 薩雷諾

Cilento 奇倫托

0   15   30 km

坎帕尼亞

除了因歐洲最後一座活火山維蘇威而聞名於世之外，坎帕尼亞也以種植艾格尼科葡萄闖出名號，被譽為南方的內比奧羅。

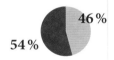

種植公頃

23 000

紅白葡萄比例

46 %
54 %

DOC

14

DOCG

4

坎帕尼亞（Campania）完全是省會拿坡里（Napoli）的翻版，擁有古老深厚歷史，傳統與現代風情兼具，世人對它除了既有的刻板印象，新奇驚豔也一樣不少。此地的葡萄天王艾格尼科（Aglianico）就是最有力的證明，它無疑是義大利南部最古老的品種，也絕對現代性十足。

艾格尼科比內比奧羅更質樸，但同樣細膩，也適合陳釀。阿韋利諾省（Avellino）的一些產地是火山土壤，甚至有傳說根部接觸到維蘇威火山岩漿的葡萄樹品質絕佳。不管真相如何，這裡的火山岩與花崗岩地形富含礦物質，正是葡萄樹夢寐以求的生長環境。

NORD

主要葡萄品種

● Aglianico 艾格尼科

Falanghina 法蘭吉娜、
Malvoisie 馬爾瓦希

義大利原生種

普利亞

義大利國土形如長靴的鞋跟處，一向以風景如畫的村莊與橄欖樹馳名國際，而非其葡萄酒。不過，酒農還未正式一決勝負喔！

主要葡萄品種

- ● Sangiovese 桑嬌維塞、
  Negroamaro 尼格羅阿馬羅、
  Trebbiano 崔比亞諾
- ● Primitivo 普利米迪沃

義大利原生種

普利亞（Puglia）是義大利地勢最平坦，日照也最充足的地區之一，因此農業長期以來偏重生產主義，尤其橄欖油製造佔全國一半產量。當地的葡萄酒文化風土與法國的朗格多克-胡西永（Languedoc-Roussillon）相去無幾：沐浴在陽光下的寬闊土地，生產平淡無奇的混釀葡萄酒。

不過，自1990年代開始，隨著市場需求日益明確，以及新一代酒農的努力，普利亞地區的葡萄酒逐漸凝聚實力，以傑出的品質脫穎而出。與過去不怎麼樣的葡萄酒劃清界線的結果，讓普利亞的普利米迪沃自然甜酒產區（Primitivo di Manduria Dolce Naturale）在2010年首次得到保證法定葡萄酒產區（DOCG）認證。

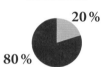

種植公頃
82 000

紅白葡萄比例
20 %
80 %

DOC **28**

DOCG **4**

San Severo 聖塞韋羅

Foggia 福賈

FOGGIA 福賈
Foggia 福賈

Orto Nova 奧爾托諾瓦

Rosso di Cerignola 切里尼奧拉紅酒

BARLETTA 巴列塔

Bari 巴里

A D R I A T I C   S E A 亞得里亞海

Rosso Barletta 巴列塔紅酒
Rosso Canosa 卡諾薩紅酒
Castel del Monte 蒙特城堡
Moscato di Trani 莫斯卡托迪特拉尼

BARI 巴里

Campana 坎帕尼亞

MONOPOLI 莫諾波利

Gravina 格拉維納

Gioia del Colle 焦亞德爾科萊

ALTAMURA 阿爾塔穆拉

Locorotondo 洛科羅通多

Brindisi 布林迪西

Ostuni 奧斯圖尼

Martina Franca 馬丁納弗蘭卡

BRINDISI 布林迪西

Brindisi 布林迪西

Basilicata 巴西利卡塔

Primitivo di Manduria 曼杜里亞金芬黛

TARANTO 塔蘭托

Squinzano 斯昆扎諾

Salice Salento 薩利切薩倫蒂諾

Lizzano 利扎諾

○**LECCE** 雷契

Copertino 科佩爾蒂諾

NORD

Taranto 塔蘭托

Leverano 萊韋拉諾
Nardò 納爾德奧

Lecce 雷契

Galatina 加拉蒂納

Alezio 阿萊齊奧

Gulf of Taranto
塔蘭托灣

Matino 馬蒂諾

0   20   40 km

Calabre 卡拉布里亞

西西里

這個地中海上最大的島嶼，有全義大利最大的葡萄園。西西里島的葡萄園甚至比全世界第七大葡萄酒生產國南非的葡萄園還多！

種植公頃
140 000

紅白葡萄比例
30%
70%

DOC
23

DOCG
1

奧斯塔（Aosta）長年積雪的山坡離這裡很遠…西西里島離義大利首都羅馬也有點遠，反而離非洲的突尼斯比較近。島上的住民先認同自己是西西里島人，而後才是義大利人。對他們來說，島上的埃特納火山（Etna）比義大利本土的羅馬競技場親切多了！

西西里島以瑪薩拉酒（Marsala）著稱，不過跟它的葡萄牙與西班牙表親波特酒與雪莉酒相比，瑪薩拉酒並沒那麼受愛酒人士崇拜。西西里的葡萄酒生產雖然有90%由合作企業主導，小型酒廠的葡萄酒卻也越來越有魅力。

主要葡萄品種

● Nero d'avola 黑達沃拉、
Nerello Mascalese 涅雷羅瑪斯卡雷歇

● Catarratto Bianco 白卡塔拉托、
Trebbiano 崔比亞諾

義大利原生種

Aeolian Islands 埃奧利群島

Malvasia delle Lipari 利帕里瑪爾維薩

MESSINA 美西納

Faro 法羅

PALERMO 巴勒摩

Messina 美西納

TRAPANI 特拉帕尼

Monreale 蒙雷阿萊

Palermo 巴勒摩

Marsala 瑪薩拉

Alcamo 阿爾卡莫

Aegadian Islands
埃加迪群島

Etna 埃特納火山

Delia Nivolelli 戴利亞-尼沃勒利

Contessa Entellina 孔泰薩恩泰利納

MARSALA 瑪薩拉

Contea di Sclafani 斯克拉法尼縣

Santa Margherita di Belice 聖馬爾蓋里塔迪貝利切

Sambuca di Sicilia 西西里桑布卡

CATANIA 卡塔尼亞

Meinfi 門菲

Sciacca 夏卡

CALTANISSETTA 卡爾塔尼塞塔

NORD

Trapani 特拉帕尼

Syracuse 敘拉古

AGRIGENTO 阿格里真托

Moscato di Siracusa 錫拉庫薩莫斯卡托

Cerasuolo di Vittoria 維多利亞瑟拉索羅

GELA 傑拉

Moscato di Noto 諾托莫斯卡托

SYRACUSE 敘拉古

VITTORIA 維多利亞

RAGUSA 拉古薩

AVOLA 阿沃拉

Eloro 艾爾羅

Pantelleria 潘泰萊里亞

0   20   40   60 km

阿爾巴尼亞

Monténégro
蒙特內哥羅（黑山）

世界排名（產量）	紅白葡萄比例	現在

41

40%
60%

現在

種植公頃
10 000

釀酒歷史開始於
**西元前
800年**

年產量（百萬公升）
17,5

受誰影響
**希臘人
羅馬人**

大部份葡萄園都位於海拔300公尺的地方，享有溫和的氣候。阿爾巴尼亞的葡萄園事實上於1912年第一個政府成立之後才重新復育。在這個山區小國，葡萄園不太可能擴大範圍，不過阿爾巴尼亞雖是彈丸之地，卻擁有釀製巴爾幹風情美酒的所有條件。

- ● Merlot 梅洛、Shesh i zi 雪席吉、Cabernet Sauvignon 卡本內蘇維濃、Kallmet 卡樂梅
- ● Shesh i bardhe 雪席巴德、Chardonnay 夏多內

當地原生種

地圖標示：
Drin 德林河
Kosovo 科索沃
Lake Skadar 斯庫台湖
Lake Dejës 德耶湖
Lake Fierzë 費爾澤湖
SHKODËR 斯庫台
Kallmet 卡樂梅
Macedonia 馬其頓
TIRANA 地拉那
DURRËS 都拉斯
Tirana 地拉那
Shesh 薛旭
Lake Ohrid 奧赫里德湖
ELBASAN 愛爾巴桑
Lake Prespa 普蕾斯帕湖
Fier 非夏爾
Seman 塞曼河
FIER 非夏爾
Vlosh 布洛斯
Pulës 普拉
Serina 斯瑞納
KORÇË 科爾察
ADRIATIC SEA 亞得里亞海
VLORË 夫羅勒
Vjosë 維約薩河
Korçë 科爾察
Përmet 佩爾梅特
Leskovik 萊斯科維克
Greece 希臘
Corfu 克基拉島
Mer Ionienne 愛奧尼亞海

0   40   80 km

阿爾巴尼亞
蒙特內哥羅

採收季節
**八月
九月**

這兩個國家與其他巴爾幹半島國家擁有近似的歷史發展，都曾接二連三接受地中海偉大文明的洗禮。阿爾巴尼亞與蒙特內哥羅地區早在羅馬人來臨之前就開始生產葡萄酒。不過還是要歸功於羅馬人，葡萄園才開始有完整的組織架構，葡萄酒也開始商業化。西元23至79年的智者老普林尼（Pliny the Elder）曾讚譽此地的葡萄酒「甜美可口」。

鄂圖曼帝國佔領這個地區之後，以伊斯蘭宗教的名義禁止葡萄酒釀製，達五百年之久。直到20世紀，葡萄酒文化的回歸才重露曙光。而許多流亡者在1992年共產政府垮台之後，也紛紛回到此地重操釀製葡萄酒的舊業。

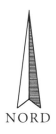

NORD

NORD

Bosnia-Herzegovina
波士尼亞-赫塞哥維納

Serbia 塞爾維亞

PLJEVLJA 普列夫利亞

Lake Plav
普拉夫湖

Tara 塔拉河

Komarnica 寇馬尼查

BIJELO POLJE 比耶洛波列

MOJKOVAC 莫伊科瓦茨

ROZAJE 羅扎伊

BERANE 貝拉內

NIKSIC 尼克希奇

Savina 薩維納

DANILOVGRAD
達尼洛夫格勒

Podgorica
波德里查

Lake Piva
皮瓦湖

PLAV 普拉夫

Kosovo
科索沃

HERCEG-NOVI
新海爾采格

TIVAT 蒂瓦特

KOTOR
科托爾

CETINJE
采蒂涅

PODGORICA 波德里查

Lake Skadar 斯庫台湖

Albania 阿爾巴尼亞

BUDVA 布德瓦

Crmnica 茨勒尼查

ADRIATIC SEA
亞得里亞海

BAR 巴爾

Lake Skadar
斯庫台湖

Ulcinj
烏爾齊尼

ULCINJ
烏爾齊尼

世界排名（產量）

43

種植公頃

4 400

年產量（百萬公升）

16

紅白葡萄比例

25 %

75 %

0   20   40   60 km

現在

於 2006年取得獨立，不但是歐洲最後成立的國家，也是本書中最年輕的釀酒國家，其葡萄酒生產卻完全不容小覷。2007年設計的葡萄酒之路，完全展現了蒙特內哥羅政府意圖發展葡萄酒觀光業的雄心壯志，意欲將其迷人風土展現在世人眼前。很多家庭有自釀葡萄酒，僅供私人享用，因此無酒標也不標價。

蒙特內哥羅

釀酒歷史開始於

西元前
200年

受誰影響

羅馬人

- ● Vranac 威爾娜、Zinfandel 金芬黛*、
  Cabernet Sauvignon 卡本內蘇維濃
- ◐ Krstac 克勒斯塔齊、Chardonnay 夏多內

＊當地稱為克拉托斯佳（Kratošija）

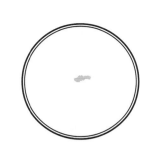

斯洛伐克

世界排名（產量）

36

種植公頃

15 000

年產量（百萬公升）

31

紅白葡萄比例

40 %
60 %

採收季節

九月

釀酒歷史開始於

西元前 600年

斯洛伐克的葡萄園在20年當中消失了大半，幸好致力追求品質的努力也開花結果。

過去

每個葡萄品種在荏苒時光與歲月長河中都找到自己專屬的生長天地。白葡萄喜歡東部多石的土壤，南部炎熱的土地則是紅葡萄熱愛的溫床。而被喀爾巴阡山脈盤據的北部不利葡萄生長，比較適合滑雪。

斯洛伐克在1993年與捷克共和國分家獨立之後，決定採取保護主義政策，並參考法國與德國的制度，從而發展出屬於自己的葡萄酒認證：斯洛伐克原產地保護制度（DSC，Districtus Slovakia Controllatus）。

現在

如同大多數東歐國家，這兩類葡萄酒生產者的區別相當重要，一類是大型生產企業，專事收購葡萄並外銷；另一類則是數量成百的家庭式酒農，只生產個人或親朋好友需要的葡萄酒。只有在巴爾幹半島國家才保留了葡萄酒的這項農業傳統。

主要葡萄品種

- ● Cabernet Sauvignon 卡本內蘇維濃
- ● Grüner Veltliner 綠菲特麗娜、Riesling 麗絲玲、Sylvaner 希爾瓦那、Welschriesling 威爾許麗絲玲

Poland 波蘭

Eastern Slovakia 斯洛伐克東部

Little Carpathians 小喀爾巴阡山脈

ŽILINA 日利納

Topl'a 托普拉河

Váh 瓦赫河

MARTIN 馬丁

POPRAD 波普拉德

Hornád 霍爾納德河

PREŠOV 普雷紹夫

TRENČÍN 特倫欽

PRIEVIDZA 普列維扎

BANSKÁ BYSTRICA 班斯卡-比斯特里察

Hron 赫龍河

KOŠICE 科希策

Central Slovakia 斯洛伐克中部

Morava 摩拉瓦河

Nitra 尼特拉

TRNAVA 特爾納瓦

NITRA 尼特拉

Nitra 尼特拉河

Ukraine 烏克蘭

BRATISLAVA 布拉提斯拉瓦

Váh 瓦赫河

Tokaj 托凱伊

Austria 奧地利

Danube 多瑙河

Hungary 匈牙利

Southern Slovakia 斯洛伐克南部

0   50   100 km

NORD

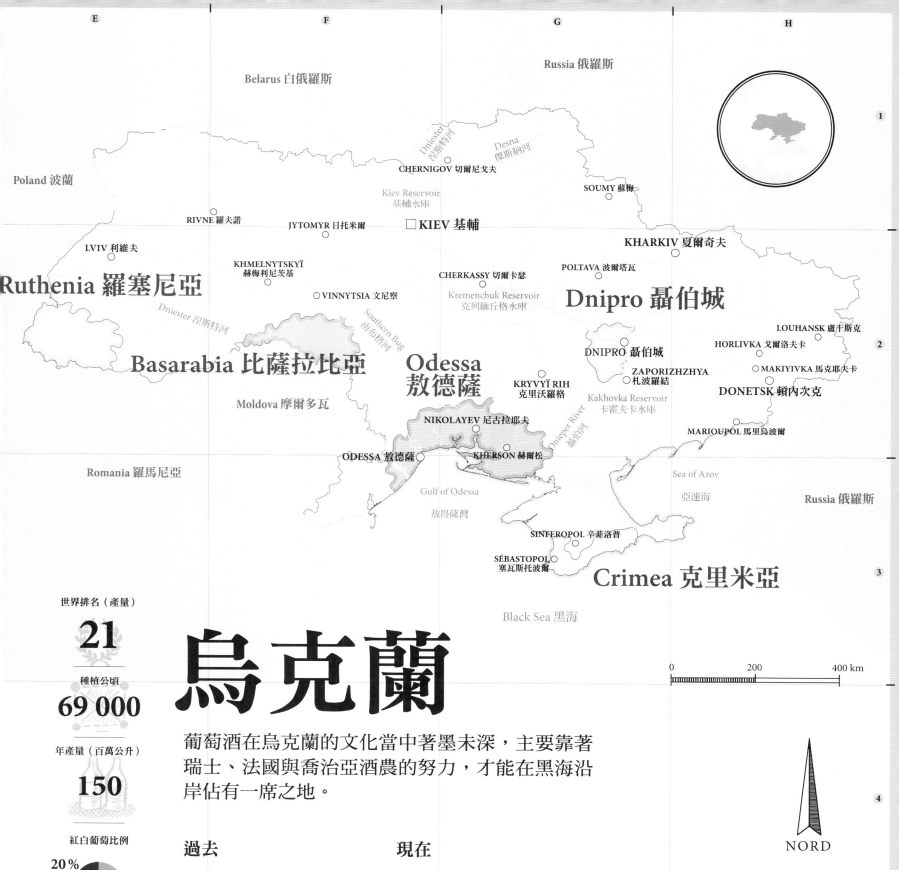

E | F | G | H

Russia 俄羅斯

Belarus 白俄羅斯

Dniester 涅斯特河
Desna 傑斯納河

CHERNIGOV 切爾尼戈夫

SOUMY 蘇梅

Poland 波蘭

Kiev Reservoir 基輔水庫

RIVNE 羅夫諾

JYTOMYR 日托米爾

□ KIEV 基輔

KHARKIV 夏爾奇夫

LVIV 利維夫

KHMELNYTSKYÏ 赫梅利尼茨基

CHERKASSY 切爾卡瑟

POLTAVA 波爾塔瓦

Ruthenia 羅塞尼亞

VINNYTSIA 文尼察

Kremenchuk Reservoir 克列緬丘格格水庫

Dnipro 聶伯城

Dniester 涅斯特河

Southern Bug 南布格河

LOUHANSK 盧干斯克

Basarabia 比薩拉比亞

DNIPRO 聶伯城

HORLIVKA 戈爾洛夫卡

MAKIYIVKA 馬克耶夫卡

Odessa 敖德薩

ZAPORIZHZHYA 札波羅結

Moldova 摩爾多瓦

KRYVYÏ RIH 克里沃羅格

Kakhovka Reservoir 卡霍夫卡水庫

DONETSK 頓內次克

NIKOLAYEV 尼古拉耶夫

Dnieper River 聶伯河

MARIOUPOL 馬里烏波爾

Romania 羅馬尼亞

ODESSA 敖德薩

KHERSON 赫爾松

Sea of Azov 亞速海

Russia 俄羅斯

Gulf of Odessa 放得薩灣

SINFEROPOL 辛菲洛普

SÉBASTOPOL 塞瓦斯托波爾

Crimea 克里米亞

Black Sea 黑海

0　　200　　400 km

NORD

世界排名（產量）
21

種植公頃
69 000

年產量（百萬公升）
150

紅白葡萄比例
20%
80%

採收季節
九月

釀酒歷史開始於
西元前 700年

受誰影響
希臘人

烏克蘭

葡萄酒在烏克蘭的文化當中著墨未深，主要靠著瑞士、法國與喬治亞酒農的努力，才能在黑海沿岸佔有一席之地。

過去

在烏克蘭發現的葡萄酒壓榨機，證明此處在古世紀已經開始生產葡萄酒。1985至1987年之間，烏克蘭與所有前蘇聯國家同遭戈巴契夫政府禁酒政策之苦，絕大多數葡萄園都被連根拔起。擁有烏克蘭最佳風土並以觀光度假村聞名的克里米亞（Crimea），率先掀起第一波葡萄酒革命浪潮。

現在

在所有前蘇聯國家當中，烏克蘭最具活力，不僅於當地種植葡萄並致力生產優質葡萄酒，還制定了看起來簡單但非常有遠景的原產地認證制度。而克里米亞半島是俄羅斯與烏克蘭政治緊張局勢的核心，讓此地葡萄酒平添國籍爭論之火藥味。

主要葡萄品種

● Cabernet Sauvignon 卡本內蘇維濃、Merlot 梅洛

○ Rkatsiteli 白羽、Chardonnay 夏多內、Aligoté 阿里哥蝶、Sauvignon Blanc 白蘇維濃

法國

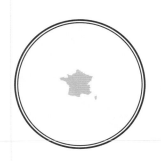

法國葡萄酒的歷史可謂與河川如影隨形。每一片葡萄園都能藉由河流將佳釀運送至盧泰西亞（Lutèce，巴黎的舊名）、羅馬，甚至英國。法國在世界各地都被譽為葡萄酒之鄉，絕大部份的土地與氣候提供了豐富多樣的出色風土。

BREST 布列斯特

QUIMPER 坎佩爾

世界排名（產量）
2

種植公頃
786 000

年產量（百萬公升）
4 556

紅白葡萄比例
36 %
64%

採收季節
九月

釀酒歷史開始於
西元前
600年

受誰影響
羅馬人

過去

大部份的法國人可能對於喬治亞跟埃及比他們還要早開始釀酒的事實感到不可思議。雖然將葡萄引進

法國葡萄酒的發展與宗教有非常緊密的關聯。

馬賽地區的是西元前600年的希臘人，不過幾乎全部的法國葡萄都是羅馬人種的。羅馬派駐法國的軍團醉心於亞爾薩斯的麗絲玲，而安頓於教皇新堡（Châteauneuf-du-Pape）的羅馬修士也對隆河的葡萄酒讚不絕口，甚至拒絕返回梵蒂岡。法國葡萄酒的發展與宗教有非常緊密的關聯。15世紀末時的教堂都擁有自己的葡萄園，而戰爭與十字軍東征運動如火如荼之際，也由僧侶守護延續葡萄酒的文化傳統。

19世紀中期，根瘤蚜蟲嚴重肆虐法國葡萄園這種蚜蟲極微小，在所有地區造成的災難卻極重大。因此法國後來選擇能抵抗根瘤蚜蟲的美國葡萄品種，新型葡萄園於焉誕生。

現在

法國的「微型風土」（Micro-Terroirs）極為出名。舉個比較具體的例子：勃艮地擁有的葡萄酒產地名稱就比西班牙全國還多，而西班牙可是全世界第三大葡萄酒生產國。此外，Terroir（風土）這個詞，在其他語言當中都找不到傳統的對等詞。

Terroir（風土）這個詞，在其他語言當中都找不到傳統的對等詞。

1936年通過的「原產地法定區域管制餐酒制度」（AOC），不僅保護每個產地的釀酒知識與技藝，更將葡萄酒專業提升到另一個層次。而法國目前所面臨的挑戰在於適應葡萄酒新市場的同時，能繼續穩坐盟主寶座。由於法國各地迷人的風景相當吸引觀光客，也讓法國一馬當先，成為歐洲的葡萄酒旅遊先鋒。

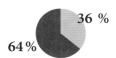

5個入門產區

Gigondas 吉貢達
Saint-Julien 聖朱利安
Meursault 默爾索爾
Chinon 希儂
Pic Saint-Loup 聖盧峰

主要葡萄品種

● Cabernet Sauvignon 卡本內蘇維濃、Pinot Noir 黑皮諾、Gamay 加美、Merlot 梅洛、Grenache 格那希、Syrah 希哈

● Chardonnay 夏多內、Sauvignon Blanc 白蘇維濃、Chenin Blanc 白梢楠、Ugni Blanc 白玉霓

當地原生種

United Kingdom 英國

Nederland 荷蘭

Pas de Calais 加來海峽

English Channel (La Manche) 英吉利海峽

NORD

Belgium 比利時

Germany 德國

DUNKERQUE 敦克爾克
CALAIS 加萊
LILLE 里爾

AMIENS 亞眠

Guernsey 根西島

LE HAVRE 利哈佛
ROUEN 盧昂

Champagne 香檳區

Jersey 澤西

CAEN 康城

REIMS 漢斯
Montagne de Reims 漢斯山
Côte des Blancs 白丘

METZ 梅茲

Lorraine 洛林

STRASBOURG
史特拉斯堡

SAINT-MALO 聖馬洛

PARIS 巴黎

NANCY 南錫

Seine 塞納河

NANTERRE 楠泰爾
VERSAILLES 凡爾賽

Alsace 亞爾薩斯

TROYES 特魯瓦

Seine 塞納河

RENNES 雷恩

Loire
羅亞爾河

COLMAR 柯爾瑪

Mayenne 馬恩河

Chablisien
夏布利產區

MULHOUSE 米盧斯

ANNES 瓦訥

LE MANS 勒芒

ORLÉANS
奧爾良

Bourgogne 勃艮地

Île-Île 勒島

ANGERS 翁傑

TOURS 杜爾

Loire 羅亞爾河

DIJON 第戎

BESANÇON 貝藏松

NANTES 南特

Touraine 都漢

Swiss 瑞士

Anjou-
Saumur
安茹-索米爾產區

Chinon 希儂

BOURGES
布爾日

Côte de Nuits 夜丘

Noirmoutier
努瓦爾穆捷

Muscadet
密斯卡岱

Côtes de Beaune 伯恩丘

Lake Geneva
蕾夢湖

Yeu 厄島

Indre 安德爾河

Côte Chalonnaise 夏隆內丘

Jura 汝拉

POITIERS 普瓦捷

Mâconnais 馬貢產區

Bugey 布傑

Ré 雷島

NIORT 尼奧爾

Loire 羅亞爾河

Cher 雪河

LA ROCHELLE 拉羅謝爾

Creuse 克勒茲河

Beaujolais 薄酒萊

ANNECY 安錫

Oléron 奧雷龍島

LIMOGES 里摩日

Savoie 薩瓦

Bordelais 波爾多產區

CLERMONT-FERRAND
克雷蒙費宏

LYON 里昂

Médoc 梅鐸克

SAINT-ÉTIENNE
聖太田

Libournais 利布爾訥產區

Dordogne
多爾多涅河

Italy 義大利

BORDEAUX 波爾多

GRENOBLE 格勒諾柏

Graves 格拉夫

Bergerac 貝傑哈克

Rhône 隆河

VALENCE 瓦朗斯

Sauternais 蘇玳產區

Cahors 卡奧爾

Rhône 隆河

Bay of Biscay
比斯開灣

Buzet 拜斯

Lot 洛特河

Sud-Ouest 西南區

MONTAUBAN
蒙托邦

Durance 迪朗斯河

Gaillac 加亞克

Tarn 塔恩

NÎMES 尼姆

AVIGNON 亞維儂

NICE 尼斯

Faugères 富爾

ARLES 亞爾

AIX-EN-PROVENCE
普羅旺斯地區艾克斯

Madiran 馬帝宏

TOULOUSE 土魯斯

MONTPELLIER 蒙佩利爾

CANNES 坎城

PAU 波城

Gers 熱爾河

Minervois 米內瓦

MARSEILLE 馬賽

Provence 普羅旺斯

Jurançon 橘杭松

Corbières 柯爾比埃

TOULON 土倫

Rhône 隆河

Gulf of Lion 利翁灣

PERPIGNAN 佩皮尼昂

Languedoc-Roussillonx
朗格多克-胡西永

Patrimonio
帕特利莫尼歐

Andorre 安道爾

Spain 西班牙

MEDITERRANEAN SEA
地中海

Corse 科西嘉

AJACCIO 阿佳修

0   100   200 km

73

WISSEMBOURG 威森堡

NORD

Bruche 布胥河

MARLENHEIM 馬爾勒南

TRAENHEIM 特南姆

AVOLSHEIM 阿沃爾桑

MOLSHEIM 莫爾塞姆

OTTROT 奧特羅特　OBERNAI 奧貝爾奈

Giessen 吉森河

BARR 巴赫

ANDLAU 昂德洛

DAMBACH-LA-VILLE 東巴克拉維勒

SAINTE-MARIE-AUX-MINES 聖瑪麗歐米納

SÉLÉSTAT 塞勒斯塔

KINTZHEIM 康采姆

BERGHEIM 貝海姆

RIBEAUVILLÉ 里博維萊

RIQUEWIHR 希克維爾

KAYSERBERG 凱塞爾斯貝爾

TURCKHEIM 蒂爾凱姆

COLMAR 柯爾瑪

OEGUISHEIM 埃吉桑

GUEBERSCHWIHR 蓋貝爾斯克維

ROUFFACH 胡伐克

GUEBWILLER 蓋布維萊

Rhin 萊茵河

THANN 唐訥　　CERNAY 塞爾奈

MULHOUSE 米盧斯

Thur 圖爾河

Germany 德國

0　　5　　10 km

亞爾薩斯

亞爾薩斯徜徉在萊茵河與佛日山麓之間，是舉世聞名的頂尖白酒產區。

亞爾薩斯 51個特級園

3　Altenberg de Bergbieten 貝比頓艾騰堡
17　Altenberg de Bergheim 貝海姆艾騰堡
4　Altenberg de Wolxheim 沃爾克森
35　Brand 貝蘭德
5　Bruderthal 布魯德哈
39　Eichberg 艾奇堡
2　Engelberg 英格堡
33　Florimont 佛羅西蒙
13　Frankstein 佛蘭肯
23　Froehn 佛洛因
27　Furstentum 福斯坦登
20　Geisberg 蓋茲堡
15　Gloeckelberg 格羅克堡
41　Goldert 戈爾德
40　Hatschbourg 哈奇堡
36　Hengst 亨斯特
31　Kaefferkopf 卡弗寇夫
16　Kanzlerberg 坎茲勒堡
9　Kastelberg 卡司特爾堡
47　Kessler 凱斯勒
6　Kirchberg de Barr 巴爾奇堡
19　Kirchberg de Ribeauvillé 利伯維列奇斯堡
49　Kitterlé 吉特雷
30　Mambourg 芒堡
26　Mandelberg 曼德爾堡
29　Marckrain 馬克杭
10　Moenchberg 摩恩西堡
11　Muenchberg 慕恩西堡
50　Ollwiller 威勒
18　Osterberg 奧斯特堡
38　Pfersigberg 普菲席貝堡
45　Pfingstberg 普芬斯特堡
14　Praelatenberg 普萊登堡
51　Rangen 杭讓
21　Rosacker 后莎克爾
48　Særing 撒翰
28　Schlossberg 施洛斯堡
22　Schoenenbourg 修南堡
34　Sommerberg 誦墨堡
24　Sonnenglanz 誦南堡
46　Spiegel 斯畢格
25　Sporen 思博恆
42　Steinert 斯泰內
37　Steingrübler 斯坦格魯伯勒
1　Steinklotz 斯科勒
44　Vorbourg 佛何堡
8　Wiebelsberg 維貝斯堡
32　Wineck-Schlossberg 維尼克施洛斯堡
12　Winzenberg 維森堡
43　Zinnkoepflé 森科弗雷
7　Zotzenberg 索珍堡

佛日山脈在幾百萬年之前坍塌了一部份，造成了今日亞爾薩斯風土的絕佳豐富性。亞爾薩斯令人垂涎的地理位置，不僅讓它在歷史上長期飽受戰亂蹂躪，其文化、人文與葡萄酒傳統也深受法國與德國雙重的影響。

亞爾薩斯特級園的「原產地法定區域」（AOC）於1975年創立，目前共有51個特級園（Grand Cru）。亞爾薩斯的 AOC 制度與波爾多地區大相逕庭，並非依據地理領域劃定，而是根據地質與氣候標準所精心區分的風土條件。亞爾薩斯也是法國唯一以葡萄品種為酒命名的地區。

主要葡萄種

● Pinot Noir 黑皮諾

● Riesling 麗絲玲、Pinot Gris 灰皮諾、Gewurztraminer 格烏茲塔明娜、Sylvaner 希爾瓦那、Pinot Blanc 白皮諾、Muscat 蜜思嘉麝香

法國原生種

種植公頃

15 600

紅白葡萄比例

10%

90%

AOC

53

5個入門產區

Saint-Amour 聖愛慕
Morgon 摩恭
Juliénas 朱里耶那
Brouilly 布魯依
Moulin-à-Vent 風車磨坊

種植公頃
17 300

紅白葡萄比例
3 %
97 %

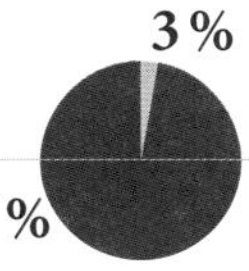

AOC
12

薄酒萊

Juliénas
朱里耶那

Saint-Amour
聖愛慕

Chénas 樹娜

Fleurie
符樂莉（薄酒萊之花）

Moulin-à-Vent
風車磨坊

Chiroubles 希露薄

Morgon 摩恭

Régnié 黑尼耶

Côte-de-Brouilly 布魯依丘

○BELLEVILLE
貝勒維勒

Brouilly 布魯依

Beaujolais Villages 薄酒萊村莊

VILLEFRANCHE-SUR-SAÔNE
索恩河畔自由城
○

Beaujolais 薄酒萊

加美葡萄（Gamay）的天堂，遠離都市塵囂，
保有綠意盎然如詩歌般的田園風光。

加美葡萄來自勃艮地，以醇厚果香及柔和順
口的特質見長。勃艮地公爵菲利普二世
（Philippe le Hardi）禁止勃艮地種植加美葡萄，
它只好離鄉背井來到薄酒萊地區落地生根，並廣
受歡迎。

如果所有的葡萄酒都不適合在剛釀好的新鮮狀態
品飲，加美則恰恰相反。從1950年代開始，里昂
地區的人在每年11月的第三個週四歡慶新薄酒萊
上市（le Beaujolais Nouveau）。新薄酒萊是甫釀
好即裝瓶的葡萄酒，而且最好在裝瓶後一週之內
享用。新薄酒萊上市的活動獲得極大迴響，現在
每一年都在裝瓶後的短短兩星期內，就銷售到全
球110個國家。

雖然這是一個非常成功的行銷，卻難免有不肖後
生玷辱前人門風的遺憾。薄酒萊的10個產區事實
上生產的是層次豐富並非常適合陳年的傑出葡萄
酒，與流行的新薄酒萊給我們的印象完全相左。

主要葡萄品種

● Gamay 加美

● Chardonnay 夏多內

法國原生種

NORD

0   5   10 km

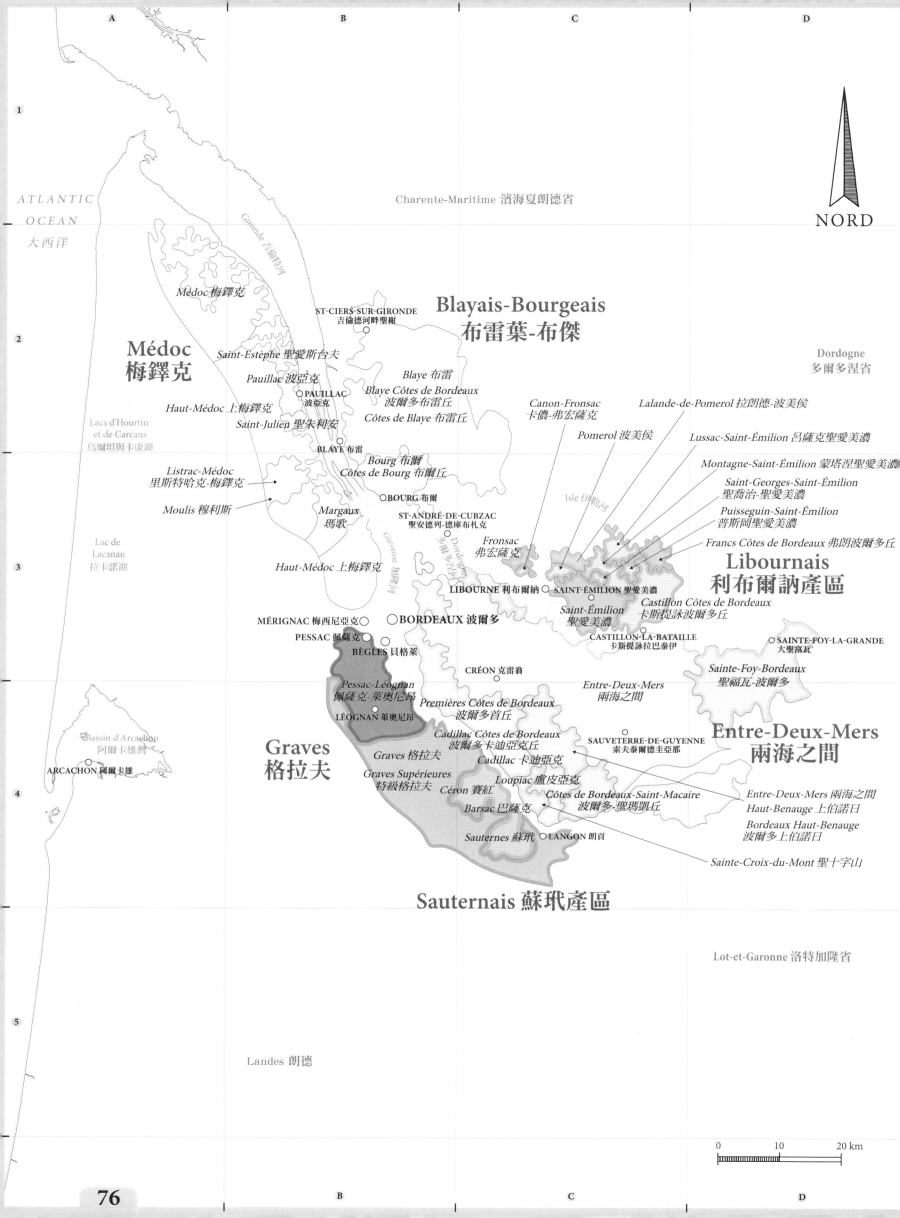

ATLANTIC
OCEAN
大西洋

Gironde 卡倫德特伊

Charente-Maritime 濱海夏朗德省

NORD

Dordogne
多爾多涅省

Médoc 梅鐸克

ST-CIERS-SUR-GIRONDE
吉倫德河畔聖榭

Blayais-Bourgeais
布雷葉-布傑

**Médoc
梅鐸克**

Saint-Estèphe 聖愛斯台夫

Pauillac 波亞克

○ PAUILLAC
波亞克

Blaye 布雷

*Blaye Côtes de Bordeaux
波爾多布雷丘*

Canon-Fronsac
卡儂-弗宏薩克

Lalande-de-Pomerol 拉朗德-波美侯

Haut-Médoc 上梅鐸克

Saint-Julien 聖朱利安

Côtes de Blaye 布雷丘

Pomerol 波美侯

Lussac-Saint-Émilion 呂薩克聖愛美濃

Lacs d'Hourtin
et de Carcans
烏爾坦與卡康湖

BLAYE 布雷

Bourg 布爾

Montagne-Saint-Émilion 蒙塔涅聖愛美濃

*Listrac-Médoc
里斯特哈克-梅鐸克*

Côtes de Bourg 布爾丘

Isle 伊勒河

Saint-Georges-Saint-Émilion
聖喬治-聖愛美濃

Lac de
Lacanau
拉卡諾湖

Moulis 穆利斯

○ **BOURG 布爾**

*Fronsac
弗宏薩克*

Puisseguin-Saint-Émilion
普斯岡聖愛美濃

*Margaux
瑪歌*

ST-ANDRÉ-DE-CUBZAC
聖安德列-德庫布札克

Francs Côtes de Bordeaux 弗朗波爾多丘

**Libournais
利布爾訥產區**

Haut-Médoc 上梅鐸克

Garonne 加隆河
Dordogne 多爾多涅河

LIBOURNE 利布爾納 ○ **SAINT-ÉMILION 聖愛美濃**

*Saint-Émilion
聖愛美濃*

Castillon Côtes de Bordeaux
卡斯提詠波爾多丘

MÉRIGNAC 梅西尼亞克 ○

○ **BORDEAUX 波爾多**

○ SAINTE-FOY-LA-GRANDE
大聖富瓦

PESSAC 佩薩克 ○

CASTILLON-LA-BATAILLE
卡斯提詠拉巴泰伊

BÈGLES 貝格萊

CRÉON 克雷翁

*Entre-Deux-Mers
兩海之間*

*Sainte-Foy-Bordeaux
聖福瓦-波爾多*

*Pessac-Léognan
佩薩克-萊奧尼昂*

*Premières Côtes de Bordeaux
波爾多首丘*

**Entre-Deux-Mers
兩海之間**

LÉOGNAN 萊奧尼昂 ○

*Cadillac Côtes de Bordeaux
波爾多卡迪亞克丘*

SAUVETERRE-DE-GUYENNE
索夫泰爾德圭亞那

**Graves
格拉夫**

Graves 格拉夫

Cadillac 卡迪亞克

Bassin d'Arcachon
阿爾卡雄灣

*Graves Supérieures
特級格拉夫*

Loupiac 盧皮亞克

Entre-Deux-Mers 兩海之間
Haut-Benauge 上伯諾日

ARCACHON 阿爾卡雄

Céron 賽紅

*Côtes de Bordeaux-Saint-Macaire
波爾多-聖瑪凱丘*

Bordeaux Haut-Benauge
波爾多上伯諾日

Barsac 巴薩克

Sauternes 蘇玳 ○ LANGON 朗貢

Sainte-Croix-du-Mont 聖十字山

Sauternais 蘇玳產區

Lot-et-Garonne 洛特加隆省

Landes 朗德

0   10   20 km

波爾多

歷史上許多偉大高貴的葡萄酒都來自波爾多，這地區也是全世界最大的「原產地法定區域管制餐酒制度」（AOC）葡萄園。

種植公頃

119 000

紅白葡萄比例

10%

90%

AOC

60

波爾多是法國非常重要的港口，曾隸屬於英國王室治下達三個世紀之久，也因此葡萄酒的需求與流通也大幅增加。

除了朗德地區（Forêt Landaise）是森林之外，波爾多地區幾乎全境被葡萄園攻佔。而且受到任性而反覆無常的海洋型氣候影響，葡萄的品質很少每年一模一樣，因此這裡的葡萄園無疑最具年份效果，這也是波爾多葡萄酒採混釀方式的原因之一。釀酒師會根據當年葡萄的收成與計畫追求的風格，來決定每個葡萄品種的精確比例。

19世紀的巴黎萬國博覽會登場之際，拿破崙三世指示建立波爾多酒莊的分級制度。眾多葡萄酒經紀人銜命品飲各大特級園佳釀並將其分級，知名的1855年分級制度於焉誕生，時至今日仍令眾人津津樂道。

波爾多左岸，指的是位於加倫河（Garonne）以西的葡萄產區，河水涓涓潺潺流數千年，也在河床沿岸堆積了數噸礫石。礫石能在白天吸收熱量，於夜晚釋放，葡萄樹可藉以取暖。

這個現象不僅讓卡本內蘇維濃葡萄的成熟期更長，也能解釋梅鐸克（Médoc）與格拉夫（Graves）等特級園都在河流旁的原因。另外，讓我們衷心感謝都市規劃，讓現在的佩薩克（Pessac）與塔朗斯（Talence）區域能有幸位於昔日格拉夫最好的產地之一。

不過，全世界最是有名的甜白酒蘇玳（Sauternes）卻醞釀於波爾多南部以紅酒稱霸的地區。在秋風送爽的季節，來自朗德地區錫隆河（Ciron）的凜冽河水與溫暖的加倫河水相遇，氤氳霧氣蔓延而上，直至山坡上的葡萄園，有利葡萄上的菌菇——灰色葡萄孢菌——生長。灰色葡萄孢菌會讓葡萄果實更乾縮起皺，並沉浸在陽光下濃縮糖分。這就是「貴腐」現象，賦予蘇玳甜酒完美濃度，獨特香氣和無與倫比的陳年潛力。

波爾多右岸，只需要跨越多爾多涅河（Dordogne）與加倫河，葡萄園的景色與氣候即有天壤之別。這裡是梅洛葡萄的天下，梅洛比卡本內蘇維濃更具果香味，也較不酸澀，釀成的葡萄酒即使年輕也相當順口，隨著歲月累積也能展現高貴不凡的口感。聖愛美濃（Saint-Émilion）產區有自己的分級制度，而且每十年修定一次。

主要葡萄品種

- Merlot 梅洛、Cabernet Sauvignon 卡本內蘇維濃、Cabernet Franc 卡本內弗朗
- Sauvignon Blanc 白蘇維濃、Sémillon 樹密雍

法國原生種

5 個入門產區

Saint-Estèphe 聖愛斯台夫
Pessac-Léognan 佩薩克–萊奧尼昂
Fronsac 弗宏薩克
Loupiac 盧皮亞克
Moulis-en-Médoc 慕利桑梅鐸克

Châtillonnais 夏蒂詠產區

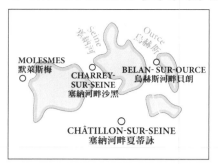

MOLESMES
默萊斯梅

CHARREY-
SUR-SEINE
塞納河畔沙黑

BELAN- SUR-OURCE
烏赫斯河畔貝朗

CHÂTILLON-SUR-SEINE
塞納河畔夏蒂詠

Chablis 夏布利 & Grand Auxerrois 大歐塞瓦

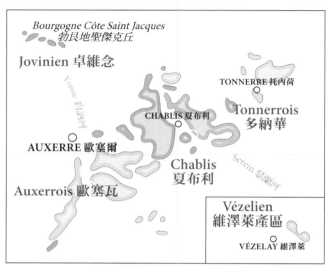

Bourgogne Côte Saint Jacques
勃艮地聖傑克丘

Jovinien 卓維念

TONNERRE 托內荷

CHABLIS 夏布利

Tonnerrois
多納華

AUXERRE 歐塞爾

Chablis
夏布利

Auxerrois 歐塞瓦

Vézelien
維澤萊產區

VÉZELAY 維澤萊

Bourgogne 勃艮地—綜覽

Yonne 約訥河

AUXERRE 歐塞爾

Châtillonnais 夏蒂詠產區

Chablis 夏布利

côte- d'or
金丘

DIJON 第戎

Côte de Nuits 夜丘

Nièvre 涅夫勒

Côte de Beaune 伯恩丘

Côte Chalonnaise
夏隆內丘

saône- et- loire
索恩與羅亞爾

MÂCON 馬貢

Mâconnais 馬貢產區

DIJON 第戎

Côte de Nuits 夜丘

Marsannay-la-Côte
馬爾桑奈拉科特

Fixin 菲克桑

Gevrey-Chambertin 傑夫黑尚貝爾坦

Morey-St-Denis 莫黑聖德尼

Chambolle-Musigny 尚博爾米西尼

Vougeot 梧玖

Vosne-Romanée 沃斯恩侯馬內

HAUTES CÔTES DE NUITS
上夜丘

NUIT-ST-GEORGES
努伊聖喬治

Pernand-Vergelesses 佩爾南維爾傑萊斯

Savigny-lès-Beaune 薩維尼萊伯恩 Ladoix-Serrigny 拉杜瓦塞西尼

Aloxe-Corton 阿洛克斯科爾通

HAUTES CÔTES DE BEAUNE
上伯恩丘

Pommard 玻瑪 BEAUNE 伯恩

St-Romain 聖羅瑪 Volnay 沃爾內

Auxey-Duresses Monthélie 蒙泰利耶
歐克賽 杜黑斯 Meursault 默爾索爾

St-Aubin 聖歐班 Puligny- Montrachet
普里尼-蒙哈榭

Chassagne-Montrachet 夏瑟尼-蒙哈榭

Santenay 桑特內

Sampigny-lès-Maranges
桑琵尼雷瑪宏橘

CHAGNY 沙尼

Bouzeron 布哲宏

Côte de Beaune 伯恩丘

Doubs 杜河

Saône 索恩河

Rully 胡利

Mercurey 梅庫黑

CHALON-SUR-SAÔNE
索恩河畔沙隆

Givry 吉芙里

Côte Chalonnaise 夏隆內丘

Canal du Centre 中央運河

Montagny-lès-Buxy 蒙塔尼-雷-比克斯

Saône 索恩河

Mâconnais 馬貢產區

Mancey 夢榭

TOURNUS 圖爾尼

Bray 布黑

Chardonnay 夏多內

Uchizy 余希紀

Lugny 呂尼

Viré 維黑

Péronne 佩宏

Cluny 克呂尼

Clessé 克雷榭

Senozan 瑟諾讚

Berzé-la-Ville 貝傑拉維勒

Bussières 布希葉 Hurigny 余希尼

Prissé 普賽

Vergisson 維吉松

Serrières 榭希葉 MÂCON 馬貢

Chasselas 莎斯拉 Pouilly-Fuissé 普依-富塞

Loché 羅榭

St-Vérand 聖維宏 Vinzelles 凡澤爾

Romanèche-Thorins 侯瑪內煦托函

NORD

0   5   10   15 km

勃艮地

結合微型氣候與祖先釀酒智慧結晶兩大優勢，讓勃艮地成為史無前例的葡萄樂土，更是眾多專家心目中揮灑釀酒才華的唯一天堂。

勃艮地地底沿著地質斷層帶，導致此區的沉積礦床特別集中。而葡萄園的面積多半零碎不整，每個產區平均不超過七公頃。這是拿破崙法典的「恩澤」，為了讓後代子孫能公平享有先人遺產而特地訂下的法律。

勃艮地即使葡萄品種不多，絕對還是最難以理解的葡萄酒產區。「原產地法定區域管制餐酒制度」（AOC）指的是以附近城鎮命名的產區，只是一種身分的區別，並非葡萄酒的品質保證。所以勃艮地建立了另一套制度，依照土壤與方位來幫屬於同一產地名稱的不同葡萄園分級。而根據葡萄來源與釀酒方式，勃艮地葡萄酒可區分為村莊級（Village）、一級園（Premier Cru）或最高級別：特級園（Grand Cru）。

提到勃艮地，就不可能不談到它的「Climat」*。這個詞彙剛被聯合國教科文組織列入世界文化遺產名錄的「文化景觀」類別，用來形容一塊以獨一無二的風土來精心劃分的葡萄園。一塊「Climat」通常由許多酒農共同經營，面積從數公畝到數十公頃都有可能。勃艮地的「Climat」大約有1500個，而且跟特級園一樣，大部份都集中在夜丘（Côte de Nuits）與伯恩丘（Côte de Beaune）。

夏多內是全世界種植最多的葡萄品種，但是只有在它的家鄉勃艮地才能展現無法超越的潛力，尤其在夏布利（Chablis）、

伯恩丘與馬貢產區（Mâconnais）。

被譽為「勃艮地黃金大門」的夏布利產區，有很長一段時間以平淡的葡萄酒進貢巴黎王室而自滿。不過自從鐵路被發明之後，地中海產區的葡萄酒也能直送首都巴黎。失去獨佔市場的約訥省（Yonne）夏布利酒農只好重整旗鼓，以提高葡萄酒品質為目標。

1443年成立的伯恩濟貧院（Hospices de Beaune）是現代公立醫院的前身，旨在照護無法負擔診療費用的病患。而一些康復痊癒的酒農則回贈一小塊葡萄園給濟貧院，以示感激其仁心仁術。幾個世紀下來，伯恩濟貧院擁有勃艮地絕佳風土所組成的出類拔萃葡萄園，而所生產的葡萄酒佳釀則透過慈善拍賣方式，以籌款供濟貧院運作開銷之用：也就是每年世界政商名流與皇室皆熱衷與會的「伯恩濟貧院拍賣會」（Vente des hospices de Beaune）。

馬貢產區揚棄加美葡萄，擁抱夏多內，並為其提供絕佳發揮舞台，佔全部產區的90%。普依-富塞（Pouilly-Fuissé）產地名稱已經成為馬貢的註冊商標。

即使用科學方式來解釋勃艮地千變萬化的「微型風土」與葡萄酒之間的關聯，迷霧仍然揮之不去。不過，魔法之奧妙莫不是因為謎之難解嗎？

種植公頃

28 800

紅白葡萄比例

40%　60%

AOC

100

主要葡萄品種

● Pinot Noir 黑皮諾
○ Chardonnay 夏多內

法國原生種

5 個入門產區

Chablis 夏布利
Gevrey-Chambertin 哲維瑞香貝丹
Pommard 玻瑪
Pouilly-Fuissé 普依-富塞
Savigny-lès-Beaune 薩維尼伯恩

*譯註：Climat 中文尚未有統一翻譯，少數人譯為「莊園」。

Vesle 韋勒河

Massif de Saint-Thierry 聖堤耶希高地

Vallée de l'Ardre 阿德河谷

○ REIMS
漢斯

Montagne de Reims 漢斯山丘

NORD

Vallée de la Marne 馬恩河谷

CHÂTILLON-SUR-MARNE
馬恩河畔夏蒂詠

Vesle 韋勒河

CHÂTEAU-THIERRY
堤耶希城堡

ÉPERNAY
埃佩爾奈

CHÂLONS-
EN-CHAMPAGNE
香檳沙隆

Vitry-le-François 維特里勒弗朗索瓦

Marne 馬恩河

Côte des Blancs 白丘

○ VITRY-LE-FRANÇOIS
維特里勒弗朗索瓦

主要葡萄品種

- ● Pinot Noir 黑皮諾、
  Pinot Meunier 皮諾莫尼耶
- ● Chardonnay 夏多內

法國原生種

Côte de Sézanne 西棧丘

Aube 奧布河

Seine 塞納河

Lac du Der-Chantecoq
德伺特寇克湖

Seine 塞納河

Montgueux 蒙格厄

Lac d'Auzon-Temple
歐宗桐普勒湖

Lac d'Amance
亞曼斯湖

Lac d'Orient 歐西湖

○ TROYES 特魯瓦

BAR-SUR-AUBE 奧布河畔巴爾

Côte des Bar 巴爾山丘

五湖四海各大盛事最不可或缺的閃亮嘉賓，一定是來自法國最晶瑩動人的氣泡酒產區。全世界每一分鐘就有578瓶香檳被開瓶暢飲。

BAR-SUR-SEINE
塞納河畔巴爾

Aube 奧布河

香檳區雖遠離海岸，卻因無高山阻隔，海洋氣流可長驅直入，帶來豐沛雨量。地底下的白堊土層則以能吸收多餘水分及保存熱度的雙重優點著稱，冷冽的秋季則讓葡萄能緩慢成熟，香檳區的葡萄因而酸度完美，符合釀製傑出氣泡酒的所有條件。

在17世紀之前，瓶裝氣泡酒時常在酒窖或餐桌上發生爆裂意外，直到皮耶爾培里儂（Pierre Pérignon），也就是僧侶唐培里儂（Dom Pérignon）發明香檳這款高貴的氣泡酒之後才改善，因為他首先開始採用強化玻璃瓶與軟木塞來存放香檳。

香檳嚴格來說並不算是風土孕育的葡萄酒。釀製香檳的葡萄來自香檳區的不同區塊，而且通常不是同一年的收成。與眾人想像的截然相反，大部份香檳其實由紅葡萄釀製，只是釀酒過程當中不使用會產生顏色的葡萄皮，因此能成功釀出白酒。

0   10   20   30 km

種植公頃

34 500

紅白葡萄比例

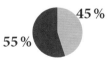

45 %

55 %

AOC

3

香檳區

朗格多克-胡西永

面對遼闊大海與未知命運，這塊法國最大的葡萄園志在非常遠的遠方。

朗格多克-胡西永（Languedoc-Roussillon）明明屬於地中海區域，但西部的葡萄園卻能受到大西洋海風的吹拂。這特殊的自然現象讓朗格多克-胡西永成為全世界最古老氣泡酒里莫布朗克特（Blanquette de Limoux）的產區。

這裡的葡萄酒文化可追溯至羅馬時期，不過要完整了解這個產區的話，必須從近代談起。港口的開發，米迪運河（Canal du Midi）的開鑿，以及通往首都巴黎的鐵路開通，讓朗格多克-胡西永地區的葡萄酒能銷往法國全境，即使只是相當普通的葡萄酒。

第二次世界大戰之後，法國的葡萄酒工業低迷至谷底，以高產量葡萄品種著稱的朗格多克-胡西永地區趁機一躍成為法國餐酒的正式生產者。

雖然這裡的葡萄酒現今已經脫胎換骨，但是要與過去「廉價劣質紅酒」的形象劃清界線並非易事。在80年代末期，藉由產地名稱制度的出現，高貴葡萄品種也開始落地生根，再加上年輕一代釀酒師的努力，將朗格多克-胡西永地區打造成為法國最有活力，也最有潛力的產區。

種植公頃

228 000

紅白葡萄比例

20 %
80 %

AOC
26

主要葡萄品種

- Carignan 佳利釀、Grenache 格那希、Syrah 希哈、Mourvèdre 慕維得爾
- Roussanne 胡珊、Marsanne 馬珊、Viognier 維歐尼耶、Grenache Blanc 白格那希

法國原生種

Sommières 索米耶爾　　NÎMES 尼姆
Hérault 埃羅
Pic Saint-Loup 聖盧峰
Terrasses du Larzac 拉赫扎克台地
Grès de Montpellier 蒙佩利爾砂岩
LODÈVE 洛代夫

Clairette du Languedoc 朗格多克克萊雷特
Grès de Montpellier 蒙佩利爾砂岩
Faugères 富爵
Pézénas 佩澤納斯
MONTPELLIER 蒙佩利爾

Languedoc 朗格多克

St-Chinian 聖希尼昂
Picpoul de Pinet 皮納特匹格普勒
étang de Thau 拓湖
SÈTE 塞特

Cabardès 卡巴爾戴
BÉZIERS 貝濟耶
Terrasses de Béziers 貝濟耶台地
Minervois 米內瓦
La Clape 拉克拉普
AGDE 阿格德

Malepère 馬勒佩爾
CARCASSONNE 卡爾卡松
NARBONNE 拿邦
Corbières 柯爾比埃
Quatourze 格圖斯

Canal du Midi 米迪運河
Gulf of Lion 利翁灣

Limoux 利穆
LIMOUX 利穆

MEDITERRANEAN SEA
地中海

Fitou 菲土

Roussillon 胡西永

Côtes-du-Roussillon 胡西永丘
PERPIGNAN 佩皮尼昂

Côtes du Roussillon Villages 胡西永村庄丘

COLLIOURE 科利烏爾
Collioure 科利烏爾
Banyuls 巴尼於爾

5 個入門產區
Saint-Chinian 聖西尼昂
Faugères 富爵
Minervois 米內瓦
Banyuls 班努斯
Pic Saint-Loup 聖盧峰

NORD

0　　20　　40 km

Spain 西班牙

羅亞爾河谷

只需沿著法國最長的河溯游而上，即能看到密斯卡岱（Muscadet）與桑塞爾（Sancerre）葡萄園，也穿越悠悠時光與歷代風格。

種植公頃
72 000

紅白葡萄比例
44% ◐ 56%

AOC
86

5 個入門產區

Sancerre 桑塞爾
Montlouis 蒙路易斯
Bourgueil 布爾格伊
Jasnières 佳斯涅爾
Muscadet 密斯卡岱

羅亞爾河谷素有「法國花園」美譽，此地與法國大部份產酒區截然不同，葡萄園並非唯一的景色，而是與河谷的山光水色草木蒼翠相互爭豔。自法國大革命以降，葡萄園被零碎分割，範圍很少超過15公頃。

三個場景，三種風情。羅亞爾河谷西部含有鹽分的霧氣讓「勃艮地香瓜（Melon de Bourgogne）」葡萄充滿無與倫比的活力，並在密斯卡岱地區稱王。而尊貴的金童玉女白梢楠（Chenin Blanc）與卡本內弗朗（Cabernet Franc），在中部的安茹（Anjou）、索米爾（Saumur）與都漢（Touraine）產區備受呵護。至於白蘇維濃（Sauvignon Blanc）則在桑塞爾附近的產地如魚得水。法國王室在羅亞爾河谷建立城堡的動機其實昭然若揭…

主要葡萄品種

- ● Cabernet Franc 卡本內弗朗、Gamay 加美、Pinot Noir 黑皮諾
- ● Chenin Blanc 白梢楠、Sauvignon Blanc 白蘇維濃、Melon de Bourgogne 勃艮地香瓜

法國原生種

NORD

Coteaux-du-Vendômois 旺多摩丘

ORLÉANS 奧爾良

Jasnières 佳斯涅爾

La Coulée de Serrant 賽洪河坡

Savennières 薩韋涅爾

Coteaux-du-Loir 盧瓦丘

VENDÔME 旺多姆

Orléanais 奧爾良產區

GIEN 吉安

Coteaux-du-Giennois 吉恩瓦丘

Loir 盧瓦河

Pays Nantais 南特產區

Coteaux d'Ancenis 安塞尼斯丘

ANGERS 昂熱

Coteaux-de-l'Aubance 奧本斯丘

Saint-Nicolas de-Bourgueil 聖尼可拉德 布爾格伊

BLOIS 布洛瓦

Vouvray 武夫雷

Mesland 梅斯朗

Cour Cheverny 庫謝韋爾尼

Centre 中央區

Loir 羅亞爾河

ST-NAZAIRE 聖納澤爾

NANTES 南特市

ANCENIS 安塞尼斯

Quarts-de-Chaume 休姆卡德

Amboise 昂布瓦斯

Cheverny 謝韋爾尼

Sancerre 桑塞爾

TOURS 杜爾

AMBOISE 昂布瓦斯

Menetou-Salon 默內圖薩隆

Gros-Plant du-Pays-Nantais 南特區大普隆

Muscadet 密斯卡岱

Anjou 安茹

Bonnezeaux 琫尼舒

Bourgueil 布爾格伊

Montlouis 蒙路易斯

Touraine 都漢

Quincy 甘希

Pouilly-Fumé 普伊美

Île de Noirmoutier 努瓦爾穆捷島

Coteaux-du-Layon 萊昂丘

Saumur 索米爾

Chinon 希儂

Azay-le-Rideau 愛澤樂麗多

Valençay 瓦朗賽

Reuilly 賀伊

Pouilly-sur-Loire 羅亞爾河畔普伊

BOURGES 布爾日

Île d'Yeu 利勒迪厄島

LA ROCHE-SUR-YON 永河畔拉羅什

Vins du Thouarsais 圖雅賽酒

Saumur Champigny 索米爾-香比尼

Touraine 都漢

CHÂTEAUROUX 夏托魯

Cher 雪河

Anjou & Saumur 安茹&索米爾產區

Haut-Poitou 上普瓦圖

Vienne 維央訥河

Châteaumeillant 沙托梅揚

Indre 安德爾河

Fiefs Vendéens 旺代封地

POITIERS 普瓦捷

Sèvre Nantaise 塞夫爾楠特河

ATLANTIC OCEAN
大西洋

0 20 40 60 km

Italy 義大利

Languedoc 朗格多克

Rhône 隆河

Haute-Provence 上普羅旺斯

Verdon 威爾東

Var 瓦河

Côtes de Provence 普羅旺斯丘

Bouches-du-Rhône 隆河河口省

Coteaux de Pierrevert 皮埃爾凡丘

Durance 迪朗斯河

Bellet 貝萊

Les Baux-de-Provence 玻-普羅旺斯

Coteaux d'Aix-en-Provence 普羅旺斯地區艾克斯山丘

Coteaux Varois 瓦爾丘

Var 瓦河省

Monaco 摩納哥

SALON-DE-PROVENCE

ARLES 亞爾

GRASSE 格拉斯

NICE 尼斯

AIX-EN-PROVENCE 普羅旺斯地區艾克斯

ISTRES 伊斯特

CANNES 坎城

Camargue 卡馬格

Côte d'Azur 蔚藍沿岸

Palette 帕雷特

Étang de Berre 貝爾湖

Côtes de Provence Sainte-Victoire 普羅旺斯丘聖維克多

FRÉJUS 弗雷瑞斯

Côtes de Provence 普羅旺斯丘

Côtes de Provence Fréjus 普羅旺斯丘弗雷瑞斯

Gulf of Lion 利翁灣

MARSEILLE 馬賽

PIERREFEU-DU-VAR 皮耶爾雷弗迪瓦

Cassis 卡西斯

TOULON 土倫

Côtes de Provence La Londe 普羅旺斯丘拉龍德

Bandol 邦多勒

0 20 40 km

Côtes de Provence Pierrefeu 普羅旺斯丘皮耶爾芙

Porquerolles 波克羅勒島

Îles du Levant 勒旺島

MEDITERRANEAN SEA 地中海

Îles d'Hyères 耶爾群島

普羅旺斯

一望無際的薰衣草田，仲夏唧唧不歇的蟬鳴，陽光氾濫的普羅旺斯，醞釀全世界最好喝的粉紅酒。

種植公頃
26 000

紅白葡萄比例
4%
96%

AOC
8

自從第一批雙耳尖底酒壺從馬賽港出發之後，普羅旺斯已經度過2600個葡萄收成季，準備歡慶2600歲生日了。至於由誰來吹熄生日蛋糕上的蠟燭？普羅旺斯的密斯特拉風（Mistral）當仁不讓！雖然普羅旺斯腹地有不少丘陵，卻阻擋不了乾燥的密斯特拉風颼颼撼動葡萄園，據說這股狂風足以吹得讓人精神錯亂。不過，至少我們可以肯定，密斯特拉風可以保護葡萄免於潮濕方面的病害。

被高山與大海包夾的普羅旺斯葡萄園，四季並無太大的溫差。此地生產的粉紅酒活力充沛，紅酒濃郁芳香，白酒清爽順口。這就對了，我們在風光明媚的地中海沿岸！

5 個入門產區
Bandol 邦多勒
Cassis 卡西斯
Baux-de-Provence 玻-普羅旺斯
Bellet 貝萊
Palette 帕雷特

NORD

主要葡萄品種

● Syrah 希哈、Grenache 格那希、Cinsault 仙梭、Mourvèdre 慕維得爾

◉ Ugni Blanc 白玉霓、Rolle 侯爾、Grenache Blanc 白格那希、Clairette 克萊雷特

法國原生種

Pays Nantais南特產區
- ● Gamay 加美
- ● Melon de Bourgogne 勃艮地香瓜

ST-NAZAIRE
聖納澤爾

NANTES
南特

ANCENIS
安塞尼斯

ANGERS 昂熱

SAUMUR 索米爾

TOURS 杜爾

ATLANTIC OCEAN
大西洋

Loir 盧瓦河

Île de Noirmoutier
努瓦爾穆捷島

Île d'Yeu 利勒迪厄島

Sèvre Nantaise 塞卡爾訥特河

Vienne 維恩訥河

Anjou-Saumur
安茹-索米爾產區
- ● Cabernet Franc 卡本內弗朗
- ● Chenin Blanc 白梢楠

羅亞爾河

皇家之河

羅亞爾河雖然經過整治，卻仍然野性十足，在過去很長一段時間裡，曾是由南往北最便利的通道。

這條法國最長的河流發源於中央高地，從布列塔尼的港口之間投向大西洋的懷抱。豐沛富饒的羅亞爾河也大方滋養比鄰的葡萄酒產區：朗格多克、薄酒萊與勃艮地。布理阿爾（Briare）與奧爾良（Orléans）運河於17世紀開通後，不僅可以連結塞納河與羅亞爾河，也讓首都巴黎向全國各地葡萄酒敞開歡迎大門。從奧弗涅（Auvergne）往北，經過夏洛萊（Charolais）、貝里（Berry）、都漢（Touraine）、安茹（Anjou），一直到布列塔尼南邊，這絕對是全世界最美味的一條路線。西元2000年時，羅亞爾河成為第一條被列入聯合國教科文組織世文文化遺產的河川。

河流從聖太田（Saint-Étienne）一直奔流到聖納澤爾（Saint-Nazaire），多麼風光旖旎的偉大冒險！沿岸首批葡萄園出現在羅阿訥（Roanne）西邊的瑪德蓮山腳（des monts de la Madeleine），加美葡萄在此稱霸。阿列河（Allier）在尼維爾（Nevers）匯入羅亞爾河，讓水量更豐沛也更強勁。河水悠悠，繼續來到羅亞爾河畔普伊（Pouilly-sur-Loire），此處可瞥

見雄踞於310公尺高岩頂的桑塞爾（Sancerre）城鎮。

旅程至此來到中途，但真正的葡萄酒之路才剛啟程。這裡的白蘇維濃與黑皮諾以清爽明晰的口感令人稱道。河水繞過布洛瓦（Blois）之後，沿岸洋溢富裕時代的美好回憶，也就是文藝復興時代，法國王權巔峰時期，當時羅亞爾河邊興建城堡蔚為風氣，如水邊花朵一一綻放。紹蒙（Chaumont）、香波（Chambord）、昂布瓦斯（Amboise）、維朗德麗（Villandry）…而王室當然也有互相匹配且無可取代的尊貴葡萄品種白梢楠（Chenin Blanc），甜與不甜，同等絕妙；索米爾（Saumur）或武夫雷氣泡酒（Vouvray），各擅勝場。

羅亞爾河繼續流往旅途終點，向布列塔尼公爵的城堡致意，這也是羅亞爾河流域最尾端的城堡。在投往海洋懷抱之前，羅亞爾河向密斯卡岱（Muscadet）產區以及其白葡萄「勃艮地香瓜（Melon de Bourgogne）」獻上香吻。總而言之，羅亞爾河的葡萄酒，是最能象徵法蘭西精神的葡萄酒。

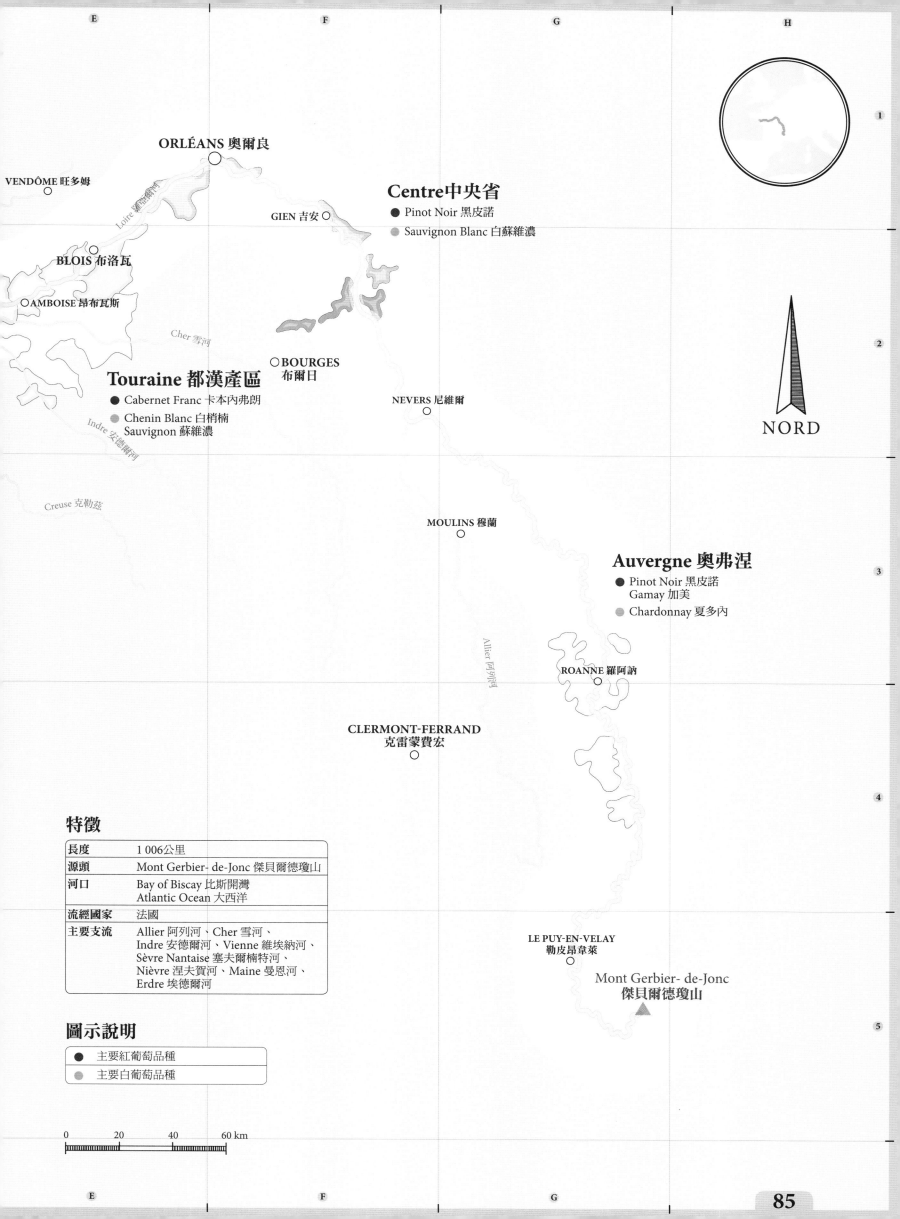

ORLÉANS 奧爾良

VENDÔME 旺多姆

BLOIS 布洛瓦

○AMBOISE 昂布瓦斯

GIEN 吉安 ○

Loire 羅亞爾河

Cher 雪河

Indre 安德爾河

Creuse 克勒茲

Touraine 都漢產區
- Cabernet Franc 卡本內弗朗
- Chenin Blanc 白梢楠
  Sauvignon 蘇維濃

○BOURGES
布爾日

Centre中央省
- Pinot Noir 黑皮諾
- Sauvignon Blanc 白蘇維濃

NEVERS 尼維爾

MOULINS 穆蘭
○

NORD

Allier 阿列河

Auvergne 奧弗涅
- Pinot Noir 黑皮諾
  Gamay 加美
- Chardonnay 夏多內

ROANNE 羅阿訥 ○

CLERMONT-FERRAND
克雷蒙費宏
○

LE PUY-EN-VELAY
勒皮昂韋萊
○

Mont Gerbier- de-Jonc
傑貝爾德瓊山 ▲

特徵

長度	1 006公里
源頭	Mont Gerbier- de-Jonc 傑貝爾德瓊山
河口	Bay of Biscay 比斯開灣 Atlantic Ocean 大西洋
流經國家	法國
主要支流	Allier 阿列河、Cher 雪河、 Indre 安德爾河、Vienne 維埃納河、 Sèvre Nantaise 塞夫爾楠特河、 Nièvre 涅夫賀河、Maine 曼恩河、 Erdre 埃德爾河

圖示說明

●	主要紅葡萄品種
●	主要白葡萄品種

0   20   40   60 km

科西嘉

地中海上最多山的島嶼，自豪其多元文化遺產，
更造就不同凡響的葡萄品種。

種植公頃

7 000

紅白葡萄比例

20 %

80 %

AOC

9

希臘人首先在此殖民，接著由義大利行省接管，最後於1768年的凡爾賽合約將科西嘉島拱手讓給法國。科西嘉島的夏天火傘高張，若沒有幽靜涼爽的山巒以及海洋的調節，不可能出現葡萄園。

科西嘉島的葡萄酒雖非鳳毛麟角，卻是法國最不常品嚐的產區，因為只有四分之一的產量銷往島外。所以直接到當地喝最省事！位於科西嘉岬角下方的帕特利莫尼歐（Patrimonio）產區生產科西嘉最負盛名的AOC（原產地法定區域管制餐酒制度）葡萄酒。此地的紅酒至臻飽滿，口感馥郁，展現極強大的陳年潛力。

主要葡萄品種

- ● Sangiovese 桑嬌維塞* 、Sciacarellu 夏卡雷魯、Grenache 格那希
- ● Vermentino 維蒙蒂諾**

* 當地稱為涅露秋（Niellucciu）
** 也稱為科西嘉的馬爾瓦希（Malvoisie de Corse）

法國原生種

Cap corse 科西嘉角

Muscat du Cap Corse
科西嘉角蜜思嘉酒

Coteaux-du-Cap-Corse 科西嘉角丘

Golfe de St-Florent
聖佛洛杭灣

Patrimonio 帕特利莫尼歐　　BASTIA 巴斯蒂亞

L'ÎLE ROUSSE 盧斯島　　SAINT-FLORENT
聖佛洛杭

CALVI 卡爾維

Haute-Corse 上科西嘉

Calvi
卡爾維產區

Vin de Corse 科西嘉葡萄酒

Golo 戈洛河

CORTE 科爾泰　　Vin de Corse
科西嘉葡萄酒

Tavignano 塔維尼亞諾河

ALÉRIA 阿萊里亞

Ajaccio 阿佳修產區

AJACCIO 阿佳修

**Corse-du-Sud
南科西嘉**

Golfe d'Ajaccio
阿佳修灣

Porto-Vecchio
韋基奧港產區

PROPRIANO
普羅普里亞諾

SARTÈNE 薩爾泰訥　　PORTO-VECCHIO
韋基奧港

Sartène
薩爾泰訥產區

Figari
費加里產區

FIGARI 費加里

BONIFACIO 博尼法喬

NORD

0　　10　　20 km

Bouches de Bonifacio 博尼法喬海峽

法國西南區

波爾多產區的光芒下，隱藏著一片多彩多姿的開心葡萄園。

昔日孔波斯特拉之路（Chemins de Compostelle）的朝聖者總會在此歇腳，而葡萄園的開闢正是為了讓眾多修道院及寺院所接待的朝聖者解渴之用，朝聖者也扮演著將葡萄品種傳遞到不同地區的重要角色。

西南區的葡萄園錯落散置，從大西洋岸連綿到地中海門戶，共種有將近300個葡萄種，生態多元性令人嘖嘖稱奇，其中有120個是當地原生種，以卡本內弗朗（Cabernet Franc）與梅洛（Merlot）為代表。1960年代時，由阿爾及利亞回到法國的黑腳族群（Pieds-Noirs）*開闢了葡萄園，但19世紀的根瘤蚜蟲危機的陰影依然揮之不去。

主要葡萄品種

● Malbec 馬爾貝克*、Tannat 塔那、Négrette 格瑞特、Fer Servadou 費爾塞瓦多

● Colombard 可倫巴爾、Petit Maseng 小滿勝、Gros Maseng 大滿勝、Mauzac 莫札克

＊當地稱為柯特（Côt）

法國原生種

5 個入門產區

Cahors 卡奧爾
Gaillac 加亞克
Monbazillac 蒙巴吉亞克
Madiran 馬帝宏
Fronton 弗隆東

＊譯註：黑腳（Pieds-Noirs）指1956年前生活在法屬突尼西亞和摩洛哥的法國公民。

Dordogne/Bergerac 多爾多涅河/貝傑哈克

Aveyron 阿韋龍省

ATLANTIC OCEAN 大西洋

Dordogne 多爾多涅河

Garonne 加隆河

Rosette 侯澤特
Montravel 蒙哈維
Pécharmant 佩夏蒙
Bergerac 貝傑哈克
Saussignac 梭西釀
BERGERAC 貝傑哈克
Monbazilla 蒙巴茲雅克
Côtes de Duras 莒哈絲丘

BORDEAUX 波爾多

Entraygues-Le Fel 昂特賴格-勒費爾
Marcillac 馬爾西亞克
Estaing 埃斯坦

RODEZ 羅德茲

Côtes du Marmandais 馬蒙地丘

Lot 洛特

Cahors 卡奧爾
CAHORS 卡奧爾

Garonne 加隆河

Coteaux du Quercy 蓋爾西丘

MILLAU 米約
Côtes de Millau 米約丘

Buzet 拜斯
AGEN 阿讓
Lavilledieu 拉維萊迪厄
Brulhois 布魯瓦
MONTAUBAN 蒙托邦
Gaillac 加亞克
ALBI 阿爾比
Saint-Sardos 聖薩爾多
Fronton 弗隆東
GAILLAC 加亞克

Tar 搭爾河

MONT-DE-MARSAN 蒙德馬桑

Côtes de Saint-Mont 聖蒙丘
AUCH 歐什
TOULOUSE 土魯斯

Tursan 圖爾桑

Madiran 馬帝宏

BAYONNE 巴約訥
Béarn 貝亞恩
Irouléguy 依湖雷吉
PAU 波城
Jurançon 橘杭松
TARBES 塔布

Gascogne 加斯科涅

Béarn/Pays Basque 貝亞恩/巴斯克地區

0 25 50 km

Spain 西班牙

NORD

VIENNE 維恩

Côte-Rôtie 羅第丘

Château Grillet 格里葉堡

Condrieu 恭得里奧

Saint Joseph 聖約瑟夫

Côtes du Rhône 隆河谷地

Hermitage 埃米塔日

Crozes-Hermitage 克澤埃米塔日

Isère 伊澤爾河

Cornas 科爾納斯

VALENCE 瓦朗斯

Saint Péray 聖佩賴

Côtes du Rhône 隆河谷地

Diois 迪瓦

Rhône septentrional 北隆河

Clairette de Die 克萊雷特氣泡酒

CREST 克雷斯特

Coteaux de Die 迪埃丘

Châtillon en Diois 迪瓦地區沙蒂隆

MONTÉLIMAR 蒙特利馬爾

Grignan-les-Adhémar 格利尼昂雷阿德瑪爾

Ardèche 阿爾代什河

Côtes du Vivarais 維瓦萊斯丘

Grignan-les-Adhémar 格利尼昂雷阿德瑪爾

Aigue 艾格河

Côtes du Rhône Village 隆河丘村莊

Côtes du Rhône Village 隆河丘村莊

Ouvèze 烏韋茲河

Vinsobres 萬索布雷

Rasteau 哈斯托

Côtes du Rhône Village 隆河丘村莊

ORANGE 奧蘭治

Gigondas 吉貢達

Vacqueyras 瓦科哈

Beaumes de Venise 博默德弗尼瑟

Châteauneuf-du-Pape 教皇新堡

CARPENTRAS 卡龐特拉

Côtes du Rhône 隆河谷地

Lirac 利拉克

Ventoux 旺度山

Tavel 塔維爾

Duché d'Uzès 於澤斯公爵領地

Côtes du Rhône Village 隆河丘村莊

AVIGNON 亞維儂

NÎMES 尼姆

CAVAILLON 卡瓦永

Clairette de Bellegarde 貝勒嘉德-克萊雷特

Luberon 盧貝隆

Durance 迪朗斯河

Costières-de-Nîmes 尼姆丘

Rhône méridional 南隆河

ARLES 亞爾

Rhône 隆河

MEDITERRANEAN SEA
地中海

NORD

0   20   40 km

隆河河谷

隆河河谷險峻斜坡上的青翠葡萄園，是法國極有名的產地與景色。

種植公頃

79 000

紅白葡萄比例

20 %

80 %

AOC

32

現今遍布全世界的希哈（Syrah）與維歐尼耶（Viognier）葡萄，就是在隆河谷地萌生出第一片嫩葉。除了埃米塔日酒莊（Hermitage），隆河以北所有的葡萄園都位於能充分享受東邊日照的河右岸，是葡萄種植的最佳環境。勃艮地公爵甚至在1446年禁止隆河葡萄酒在勃艮地銷售，就怕隆河葡萄酒搶走勃艮地葡萄酒的寶座，成為首都巴黎人的最愛。葡萄酒的利益遊說關說，早就開始了！

恭得里奧（Condrieu）AOC 法定產區只以絕世無雙的維歐尼耶葡萄釀製白酒，酒之芳香如煙花燦爛奔放。維歐尼耶可以說是一款劫後餘生的葡萄，僥倖逃過根瘤蚜蟲危機與第一次世界大戰的蕭條。1960年代後期，恭得里奧產區僅餘二十多公頃維歐尼耶葡萄園，靠著酒農的鍥而不捨，釀出精緻葡萄酒驚豔眾生，才讓此品種不至於成為滄海遺珠。維歐尼耶目前在全世界種有6300公頃，其中150公頃在與它最情投意合的恭得里奧產區。

隆河以南生產的葡萄酒佔全區的90%，與隆河以北的地區雖只以一河相隔，卻大異其趣。這裡屬於混釀酒，地勢較不崎嶇，而且是地中海型氣候，但絲毫無損於其美麗的風土。由於隆河直接通往大海，也讓隆河的葡萄酒能佔地利之便，銷往地中海的廣大市場。

教皇新堡（Châteauneuf-du-Pape）產區在躋身世界知名葡萄酒俱樂部之前，原本只是沃克呂茲省（Vaucluse）的小村莊。教宗克萊孟五世（pape Clément V）於15世紀的到訪，不只改寫了村莊的名字（舊名為 Castro Novo），也改變了這裡的歷史與未來。教皇發掘了一個名不見經傳的風土產區，數世紀以來始終殫心竭慮生產佳釀，並於1936年獲得教皇新堡法定產區的認證。這也是法國首次通過官方規範來保護葡萄園並為其下定義。

教皇新堡產地名稱規定可以使用13種葡萄來混釀：格那希（Grenache）、慕維得爾（Mourvèdre）、希哈（Syrah）、仙梭（Cinsault）、蜜絲卡丹（Muscardin）、古諾日（Counoise）、克萊雷特（Clairette）、布布蘭克（Bourboulenc）、胡珊（Roussanne）、匹格普勒（Picpoul）、琵卡丹（Picardan）、瓦卡賀斯（Vaccarèse）及黑鐵烈（Terret Noir）。排列組合的可能性無限大。教皇新堡產區的80名釀酒師巧手釀製的葡萄酒，比隆河北邊地區全部加起來還多。

主要葡萄品種

● Syrah 希哈、Grenache 格那希、Carignan 佳利釀、Mourvèdre 慕維得爾、Cinsault 仙梭

● Viognier 維歐尼耶、Roussanne 胡珊、Marsanne 馬珊

法國原生種

5個入門產區

Saint Joseph 聖約瑟夫
Cornas 科爾納斯
Châteauneuf-du-Pape 教皇新堡
Clairette de Die 克萊雷特德迪
Costières-de-Nîmes 尼姆丘

Vaud 佛德
- ● Pinot Noir 黑皮諾、Gamay 加美
- ● Chasselas 莎斯拉

Bugey 布傑
- ● Mondeuse 蒙德茲、
  Gamay 加美
- ● Chardonnay 夏多內、
  Aligoté 阿里歌蝶、
  Altesse 阿爾提斯

Geneva 日內瓦
- ● Gamay 加美
- ● Chasselas 莎斯拉

LAUSANNE 洛桑

Lac Léman （Lake Geneva）
蕾夢湖（日內瓦湖）

○**MONTREUX 蒙特勒**

○**GENEVA 日內瓦**

SION 錫永 ○

Savoie 薩瓦
- ● Mondeuse 蒙德茲、
  Gamay 加美
- ● Jacquère 賈給爾、Altesse 阿爾提斯、
  Chasselas 莎斯拉

Swiss 瑞士

Coteaux-du-lyonnais 里昂山丘
- ● Gamay 加美
- ● Chardonnay 夏多內

LYON 里昂 ○

Rhône 隆河

○**VIENNE 維恩**

Rhône septentrional 北隆河
- ● Syrah 希哈
- ● Roussanne 胡珊、Marsanne 馬珊、
  Viognier 維歐尼耶

Isère 伊澤爾河

○**VALENCE 瓦朗斯**

CREST 克雷斯特
○

France 法國

MONTÉLIMAR
蒙特利馬爾
○

Ardèche 阿爾代什河

Aigue 艾格河

Ouvèze 烏韋茲河

Rhône méridional 南隆河
- ● Grenache 格那希、Syrah 希哈、
  Mourvèdre 慕維得爾、Cinsault 仙梭
- ● Roussanne 胡珊、Marsanne 馬珊、
  Viognier 維歐尼耶、Clairette 克萊雷特、
  Bourboulenc 布布蘭克

ORANGE 奧蘭治
○

CARPENTRAS
卡龐特拉

○

AVIGNON
亞維儂
○

NÎMES 尼姆 ○

CAVAILLON
卡瓦永

Durance 迪朗斯河

○**ARLES 亞爾**

Delta du Rhône
隆河三角洲

NORD

MARSEILLE 馬賽
○

MEDITERRANEAN SEA
地中海

0   20   40   60 km

Glacier du Rhône
隆河冰河

Rhône 隆河

Valais 瓦萊
● Pinot Noir 黑皮諾、
　Gamay 加美
◐ Chasselas 莎斯拉

隆河

古羅馬的河川

葡萄園一路跟著隆河，從蕾夢湖（Lac Léman）＊直到卡馬格（Camargue），源源不絕奔往大海的方向。

高盧人雖然認識葡萄酒，但還是比較喜歡蜂蜜酒跟啤酒。所以隆河地區釀製的第一批葡萄酒都運往羅馬，在那裡，葡萄酒愛好者眾，完全不擔心沒有銷路。

為了維持羅馬的商業，也讓里昂地區的人及教皇能解渴，運酒船絡繹不絕，亞維儂橋下潺潺流動的不只是隆河的河水。拜蒸汽船發明之賜，船隻更容易溯河而上，隆河船運因而在19世紀初期達到巔峰。連結巴黎、里昂與馬賽的鐵路於1856年落成，稍後高速道路時代也悄然而至，河流運輸因而風光不再，但從未走入歷史。

瑞士人可以說居高臨下俯瞰隆河。首先是因為隆河發源自瑞士的富爾卡冰川（Furka），海拔高達1900公尺；其次因山坡極為陡峭，坐落於洛桑高地（Lausanne）的葡萄農幾乎能一覽葡萄園在蕾夢湖面的倒影。

隆河穿越汝拉山（Jura）的水勢甚為湍急，船隻也難以通行。一直來到里昂之後，索恩河（la Saône）匯入，才趨碧水微瀾，河面也順勢寬廣，在美食之都美麗的橋樑與河堤映照下更顯神采奕奕。

緊接著來到隆河谷地，由阿爾卑斯山與中央高地之間的地塊沉陷而造成的地塹。隆河以北的壯麗山坡擁有豐富多元的土壤與最佳的日照，也容納眾多大型葡萄園：恭得里奧（Condrieu）、羅第丘（Côte-Rôtie）、科爾納斯（Cornas）、格里業堡（Château Grillet）…而隆河以南則敞開雙手擁抱卡馬格（Camargue）三角洲，也迎來地中海型氣候。

葡萄園沿著河流盡情伸展，從普羅旺斯的丘陵直延伸到朗格多克（Languedoc）腳下。

特徵

長度	812 公里
源頭	Glacier du Rhône 隆河冰河（瑞士）
河口	Gulf of Lion 利翁灣 Mediterranean Sea 地中海
流經國家	瑞士、法國
主要支流	Isère 伊澤爾河、Durance 迪朗斯河、Drôme 德羅姆河、Ain 安河、Saône 索恩河、Ardèche 阿爾代什河、Gardon 加爾東河

圖示說明

●	主要紅葡萄品種
◐	主要白葡萄品種

＊譯註：蕾夢湖（Lac Léman）瑞士稱日內瓦湖（Lake Geneva）。

馬格里布

摩洛哥、阿爾及利亞、突尼西亞

葡萄酒世界一貫的真理是消費者也往往是生產者，但馬格里布地區（Maghreb）例外。因為在北非或其他阿拉伯世界，可蘭經教義禁止信徒飲用發酵的飲料。不過，從古世紀開始，葡萄種植從未絕跡。

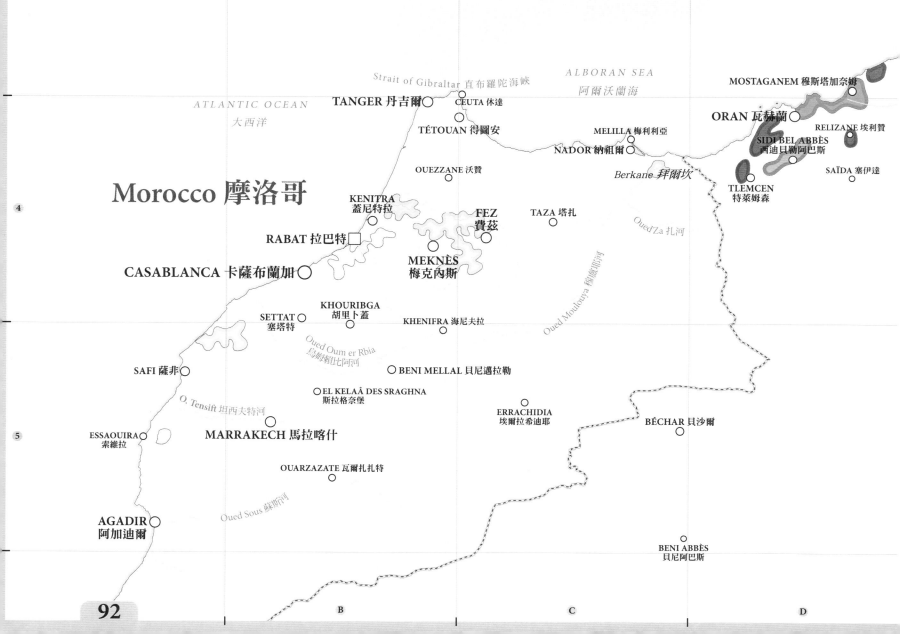

Spain 西班牙

ALBORAN SEA 阿爾沃蘭海

Strait of Gibraltar 直布羅陀海峽

MOSTAGANEM 穆斯塔加奈姆

ATLANTIC OCEAN 大西洋

TANGER 丹吉爾

CEUTA 休達

ORAN 瓦赫蘭

RELIZANE 埃利贊

TÉTOUAN 得圖安

MELILLA 梅利利亞

SIDI BEL ABBÈS 西迪貝勒阿巴斯

NADOR 納祖爾

SAÏDA 塞伊達

OUEZZANE 沃贊

Berkane 拜爾坎

Morocco 摩洛哥

KENITRA 蓋尼特拉

TLEMCEN 特萊姆森

FEZ 費茲

TAZA 塔扎

Oued Za 扎河

RABAT 拉巴特

MEKNÈS 梅克內斯

CASABLANCA 卡薩布蘭加

KHOURIBGA 胡里卜蓋

SETTAT 塞塔特

KHENIFRA 海尼夫拉

Oued Moulouya 穆盧維亞河

Oued Oum er Rbia 烏姆賴比阿河

SAFI 薩非

BENI MELLAL 貝尼邁拉勒

EL KELAÂ DES SRAGHNA 斯拉格奈堡

O. Tensift 坦西夫特河

ERRACHIDIA 埃爾拉希迪耶

BÉCHAR 貝沙爾

ESSAOUIRA 索維拉

MARRAKECH 馬拉喀什

OUARZAZATE 瓦爾扎扎特

AGADIR 阿加迪爾

Oued Sous 蘇斯河

BENI ABBÈS 貝尼阿巴斯

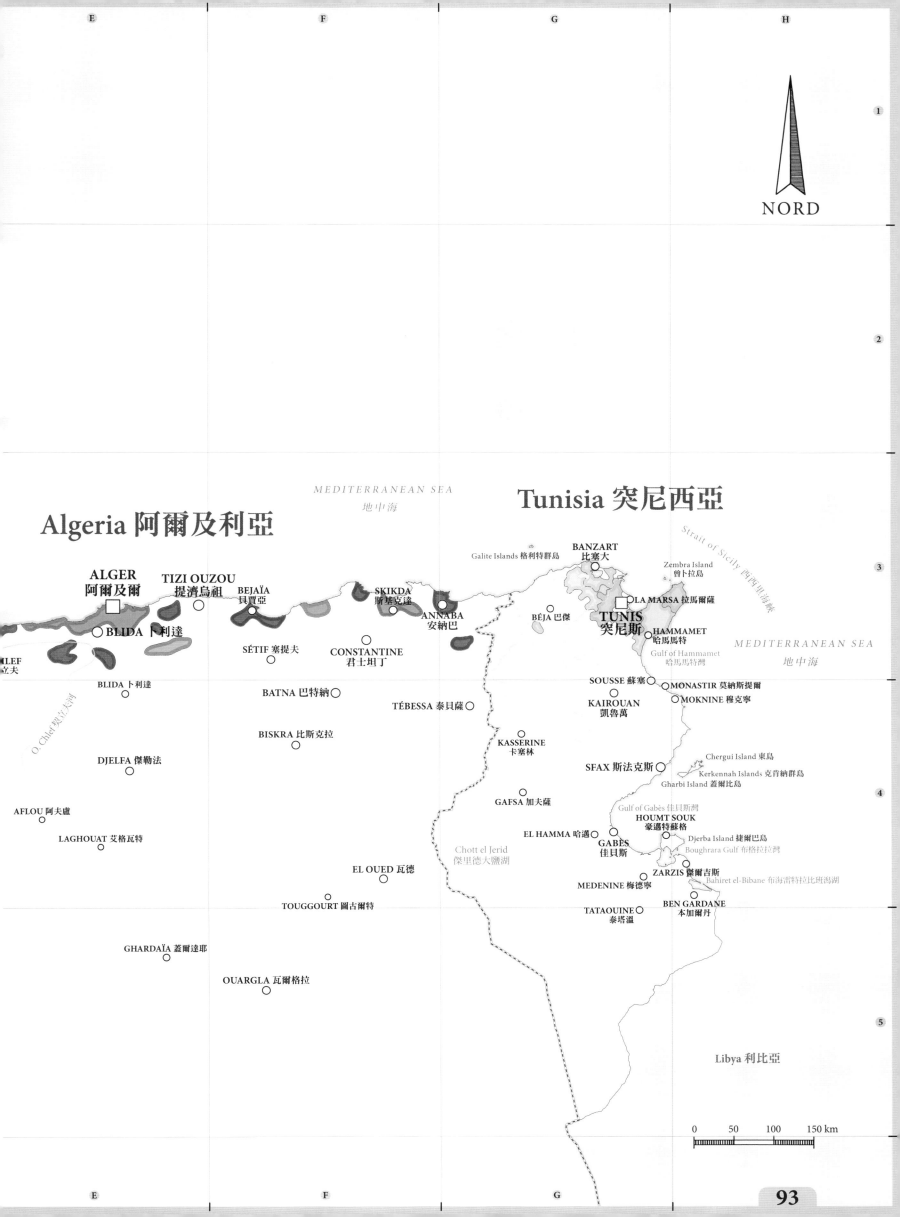

NORD

MEDITERRANEAN SEA 地中海

Tunisia 突尼西亞

Algeria 阿爾及利亞

Strait of Sicily 西西里海峽

Galite Islands 格利特群島

BANZART 比塞大

Zembra Island 曾卜拉島

ALGER 阿爾及爾

TIZI OUZOU 提濟烏祖

BEJAÏA 貝賈亞

SKIKDA 斯基克達

LA MARSA 拉馬爾薩

BLIDA 卜利達

ANNABA 安納巴

BÉJA 巴傑

TUNIS 突尼斯

HAMMAMET 哈馬馬特

MEDITERRANEAN SEA 地中海

MLEF 立夫

O. Chief 戈拉夫大河

SÉTIF 塞提夫

CONSTANTINE 君士坦丁

Gulf of Hammamet 哈馬特灣

BLIDA 卜利達

BATNA 巴特納

TÉBESSA 泰貝薩

SOUSSE 蘇塞

MONASTIR 莫納斯提爾

KAIROUAN 凱魯萬

MOKNINE 穆克寧

O. Chief 戈拉夫大河

BISKRA 比斯克拉

KASSERINE 卡塞林

DJELFA 傑勒法

SFAX 斯法克斯

Chergui Island 東島

Kerkennah Islands 克肯納群島

Gharbi Island 蓋爾比島

AFLOU 阿夫盧

GAFSA 加夫薩

Gulf of Gabès 佳貝斯灣

LAGHOUAT 艾格瓦特

EL HAMMA 哈邁

HOUMT SOUK 豪邁特蘇格

GABÈS 佳貝斯

Djerba Island 捷爾巴島

Chott el Jerid 傑里德大鹽湖

Boughrara Gulf 布格拉拉灣

EL OUED 瓦德

ZARZIS 傑爾吉斯

Bahiret el-Bibane 布海雷特拉比比班潟湖

MEDENINE 梅德寧

BEN GARDANE 本加爾丹

TOUGGOURT 圖古爾特

TATAOUINE 泰塔溫

GHARDAÏA 蓋爾達耶

Libya 利比亞

OUARGLA 瓦爾格拉

0   50   100   150 km

Portugal 葡萄牙

Spain 西班牙

MEDITERRANEAN SEA

地中海

Strait of Gibraltar 直布羅陀海峽

○ CEUTA 休達

TANGER
丹吉爾

○ TÉTOUAN
得圖安

**L'Oriental
東部大區**

NADOR
納祖爾

OUEZZANE
沃贊

Gharb 蓋爾比

Berkane 拜爾坎
Angad 安佳得

○ OUJDA 烏季達

KENITRA
蓋尼特拉

Meknès 梅克內斯

NORD

Guerrouane 告朗尼

Oued Za 扎河

Guerrouane 告朗尼

○ TAZA 塔扎

Benslimane 本蘇萊曼

□ RABAT
拉巴特

MEKNÈS
梅克內斯

FEZ 費茲

Coteaux de l'Atlas 阿特拉斯山區

Zare 扎爾

KHEMISSET
海米薩特

Beni M'tir 貝尼姆提

CASABLANCA
卡薩布蘭加

Zenata 澤娜塔

Guerrouane 告朗尼

AZROU 艾茲魯

EL JADIDA
傑迪代

SETTAT
塞塔特

Oued Moulouya 穆盧亞河

ATLANTIC OCEAN

○ KHOURIBGA
胡里卜蓋

KHENIFRA
海尼夫拉

大西洋

Oued Oum er-Rbia 烏姆特拉比阿河

Doukkala 杜卡拉

SAFI 薩非

Boulaouane 布勞娜

**Doukkala-Abda
杜卡拉阿卜達**

○ BENI MELLAL 貝尼邁拉勒

Oued el Abid
阿比德河

ERRACHIDIA
埃爾拉希迪耶

O. Tensift 坦西夫特河

ESSAOUIRA 索維拉

MARRAKECH 馬拉喀什

Oued Dades 達
代
斯
河

Algeria 阿爾及利亞

Val d'Argan 雅甘河谷

OUARZAZATE
瓦爾扎扎特

Essaouira 索維拉

Oued Sous 蘇斯河

Oued Draa 德拉河

AGADIR ○
阿加迪爾

GUELMIM 蓋勒敏 ○

TAN-TAN 坦坦 ○

Oued Draa 德拉河

0   75   150   225   300 km

梅克內斯
告朗尼
馬格里布
阿特拉斯山區

摩洛哥

葡萄園沿著沿海的平原蜿蜒，徜徉在婆娑橄欖樹與挺拔椰棗樹之間。仗其優越地形與受大西洋調節的溫帶氣候，摩洛哥成為馬格里布最有前景的葡萄酒生產國。

過去

野生葡萄在腓尼基人來到此地之前已枝繁葉茂，寄生攀附在樹木上；柏柏人會先將葡萄曬乾再食用。古世紀時期的葡萄主要集中在瓦盧比利斯（Volubilis）左近，即今天的梅克內斯地區（Meknès）。

野生葡萄在腓尼基人來到此地之前就已經枝繁葉茂。

摩洛哥北部曾隸屬羅馬帝國的非洲行省，當時稱為廷吉塔納茅利塔尼亞（Maurétanie Tingitane），古羅馬人在此有系統地種植葡萄園，並為了將葡萄酒運回首都羅馬，開展了此地葡萄酒貿易之濫觴。穆斯林征服摩洛哥之後，葡萄優先做為鮮食水果，但是葡萄酒文化並未就此消失。

現在

摩洛哥政府在1990年代為了重振葡萄酒產業，以土地贈與及金融利益吸引法國酒莊，鼓勵他們跨海投資。這項計畫成效十足，成功讓摩洛哥葡萄園更具規模，設備也煥然一新。

自1977年以來，原產地名稱保障制度（Appellation d'origine garantie）能保護土壤和葡萄品種，並控制每公頃的產量。近幾年來，政策潮流趨向提高當地消費市場的稅收以遏止摩洛哥人飲用葡萄酒。而摩洛哥葡萄酒的外銷量並不多，由此可見大多數葡萄酒都被來到摩洛哥的觀光客喝掉了！酒不用踏出國門就能令外國人開懷暢飲，能說這酒不厲害嗎？

大多數葡萄酒都被來到摩洛哥的觀光客喝掉了。

雖然摩洛哥葡萄酒的銷售情況獨樹一格，但是前景一片看好，因為摩洛哥是觀光客最多的非洲國家。

世界排名（產量）

35

種植公頃

49 000

年產量（百萬公升）

40

紅白葡萄比例

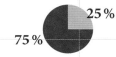

25 %

75 %

採收季節

八月
九月

釀酒歷史開始於

西元前
500年

受誰影響

腓尼基人
羅馬人

主要葡萄品種

- ● Cinsault 仙梭、Carignan 佳利釀、Alicante Bouschet 阿利坎特布歇
- ● Grenache Blanc 白格那希、Clairette 克萊雷特、Muscat 麝香

5 個入門產區

Coteaux de l'Atlas 阿特拉斯山區
Guerrouane 告朗尼
Beni M'Tir 貝尼姆提
Zare 扎爾
Doukkala 杜卡拉

地圖標記

NORD

MEDITERRANEAN SEA
地中海

Algérois 阿爾及爾區

Constantine 君士坦丁區

Oranie 瓦赫蘭區

ALGER 阿爾及爾
TIZI OUZOU 提濟烏祖
SKIKDA 斯基克達
ANNABA 安納巴
BEJAÏA 貝賈亞
Dahra 達拉
BLIDA 卜利達
CHLEF 契立夫
Zaccar 札卡
Médéa 麥迪亞
Aïn Bessem Boussal 埃貝桑布薩爾
CONSTANTINE 君士坦丁
SÉTIF 塞提夫
MOSTAGANEM 穆斯塔加奈姆
ORAN 瓦赫蘭
Coteaux de Mascara 馬斯卡拉莊園
Tessalah 泰撒拉
ORELIZANE 埃利贊
BIRIN 比里尼
BATNA 巴特納
SIDI BEL ABBÈS 西迪貝勒阿巴斯
Coteaux de Tlemcen 特萊姆森丘
SAÏDA 塞伊達
DJELFA 傑勒法
BISKRA 比斯克拉
TLEMCEN 特萊姆森
Morocco 摩洛哥
AFLOU 阿夫盧
Q. Chlef 契立夫河
Tunisia 突尼西亞

0 100 200 300 km

阿爾及利亞
突尼西亞

採收季節
八月
九月

釀酒歷史開始於
西元前
1100年

受誰影響
腓尼基人
希臘人
羅馬人

19世紀的根瘤蚜蟲災害讓歐洲葡萄園潰不成軍，也逼迫法國不得不轉戰其他陣線。為了滿足國內對葡萄酒穩若磐石的需求，法國積極開發離本土最近的殖民地葡萄園，並大費周章動用稱為 Pinardier（運酒船）的船來運送散裝的葡萄酒，堪稱世紀大手筆！幾千萬公升的葡萄酒搭船來到法國，準備與體弱乏味的法國葡萄酒摻合，為法國葡萄酒注入生氣。1930年時的葡萄酒商業市場幾乎全數由政府負責管理，而阿爾及利亞則成為當時世界上重要的產酒國之一。

突尼西亞與阿爾及利亞於1956及1962分別擺脫殖民身分，重獲獨立，因此20世紀末的葡萄酒受到黑腳（Pieds-Noirs）＊遷回法國本土以及伊斯蘭教義回歸的影響而風光不再。

阿爾及利亞

世界排名（產量）
30

種植公頃
77 000

年產量（百萬公升）
62

紅白葡萄比例

35 %
65 %

現在

1967年歐洲共同體簽訂羅馬條約，禁止歐盟境內的葡萄酒摻合來自國外的葡萄酒。阿爾及利亞受此條約以及1962年重拾獨立的影響，失去了80%的葡萄園，但仍然是非洲第二大產酒國，僅次於南非。品質最好的佳釀都在阿爾及爾（Alger）與瓦赫蘭（Oran）附近。阿爾及利亞葡萄酒的前途仍然模稜兩可，幸好旅遊業在多年慘淡歲月之後終於撥雲見日，重新找回笑容。事實上，阿爾及利亞目前是觀光客最多的非洲國家前五名之一，是否扭轉葡萄酒頹勢的大好時機已經來臨？

● Carignan 佳利釀、Cinsault 仙梭、Grenache 格那希
● Clairette 克萊雷特、Ugni Blanc 白玉霓、Aligoté 阿里歌蝶

3個入門產區
Coteaux de Mascara 馬斯卡拉莊園
Coteaux de Tlemcen 特萊姆森丘
Dahra 達拉

＊譯註：黑腳（Pieds-Noirs）指1956年前生活在法屬突尼西亞和摩洛哥的法國公民。

突尼西亞

世界排名（產量）

39

種植公頃

21 000

年產量（百萬公升）

24

紅白葡萄比例

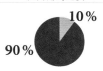

10%

90%

現在

1975 年時，突尼西亞有五個法定認證產區，目前是七個。這個馬格里布國家，將大部份收成的葡萄用來釀酒。葡萄酒工業由兩個合作企業與一個私人公司聯手壟斷，負責生產全國97%的葡萄酒，其中一半外銷到海外。突尼西亞除了曾被法國殖民，義大利移民也來此生活了幾個世紀，因此葡萄酒文化除了有法國的薰陶，也有義大利移民的知識傳承。

● Carignan 佳利釀、Cinsault 仙梭、Mourvèdre 慕維得爾

● Muscat 麝香、Chardonnay 夏多內、Pedro Ximenez 佩德羅希梅內斯

3 個入門產區

Coteaux d'Utique 烏提卡丘
Grand Cru Mornag 摩爾納格特級園
Sidi Salem 西迪塞勒

Galite Islands 格利特群島

Bizerte 比塞特

BIZERTE 比塞特

MENZEL BOURGUIBA 布爾吉巴營 *Coteaux d'Utique* 烏提卡丘

Zembra Island 曾卜拉島

MATEUR 馬特爾

Coteaux de Tebourba 特布爾巴丘

Gulf of Tunis 突尼斯灣

Cap Bon 卡本

NORD

TABARKA 塔巴卡

Kelibia 古萊比耶

L'ARIANA 艾爾亞奈

TUNIS 突尼斯

Tunis 突尼斯

LA GOULETTE 拉古萊特

KELIBIA 古萊比耶

BÉJA 巴傑

LE BARDO 巴爾杜

BEN AROUS 本阿魯斯

HAMMAN-LIF 哈馬姆利夫

Mornag 摩爾納格

KORBA 古爾拜

Grand cru Mornag 摩爾納格特級園

Sidi Salem 西迪塞勒

JENDOUBA 堅杜巴

Thibar 提巴爾

○TABURSUQ 泰布爾蘇格

NABEUL 納布勒

BéjajendouBa 巴傑堅杜巴

○EL FAHS 埃爾法斯

HAMMAMET 哈馬馬特

LE KEF 卡夫

SILIANA 錫勒亞奈

Gulf of Hammamet 哈馬馬特灣

MEDITERRANEAN SEA 地中海

HARQALAH 海爾蓋萊

TAJEROUINE 塔如印

MAKTAR 邁克塔爾

SOUSSE 蘇塞

0   25   50   75 km

MONASTIR 莫納斯提爾

KAIROUAN 凱魯萬

MSAKEN 姆薩肯

西元500年
誰開始釀酒？

羅馬帝國全盛時期，葡萄園攻克全歐洲與其文明。羅馬軍團派駐各地時，總不忘特意帶著葡萄株，而且他們也是最先知道如何為葡萄找到適當風土的人。

-700　　　　　　-500　　　　　　-300　　　　　　-100

•摩洛哥
•阿爾及利亞
•突尼西亞
•克羅埃西亞
•斯洛維尼亞

奧地利•
烏茲別克•

•波士尼亞與赫塞哥維納
•蒙特內哥羅
•瑞士
•中國

•羅馬開始出征

•釀酒桶取代雙耳尖底酒壺

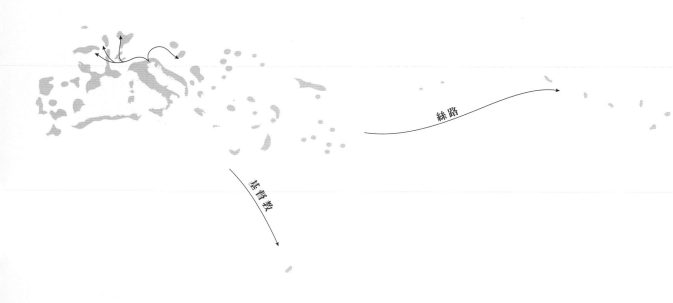

絲路

基督教

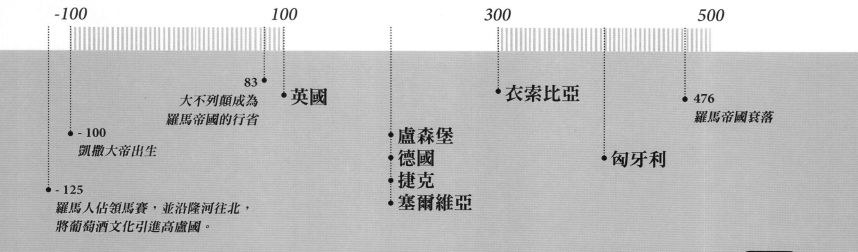

-100   100   300   500

83
大不列顛成為
羅馬帝國的行省   •英國   •衣索比亞   •476
                                                    羅馬帝國衰落

•-100   •盧森堡
凱撒大帝出生   •德國   •匈牙利

                          •捷克

•-125   •塞爾維亞
羅馬人佔領馬賽，並沿隆河往北，
將葡萄酒文化引進高盧國。

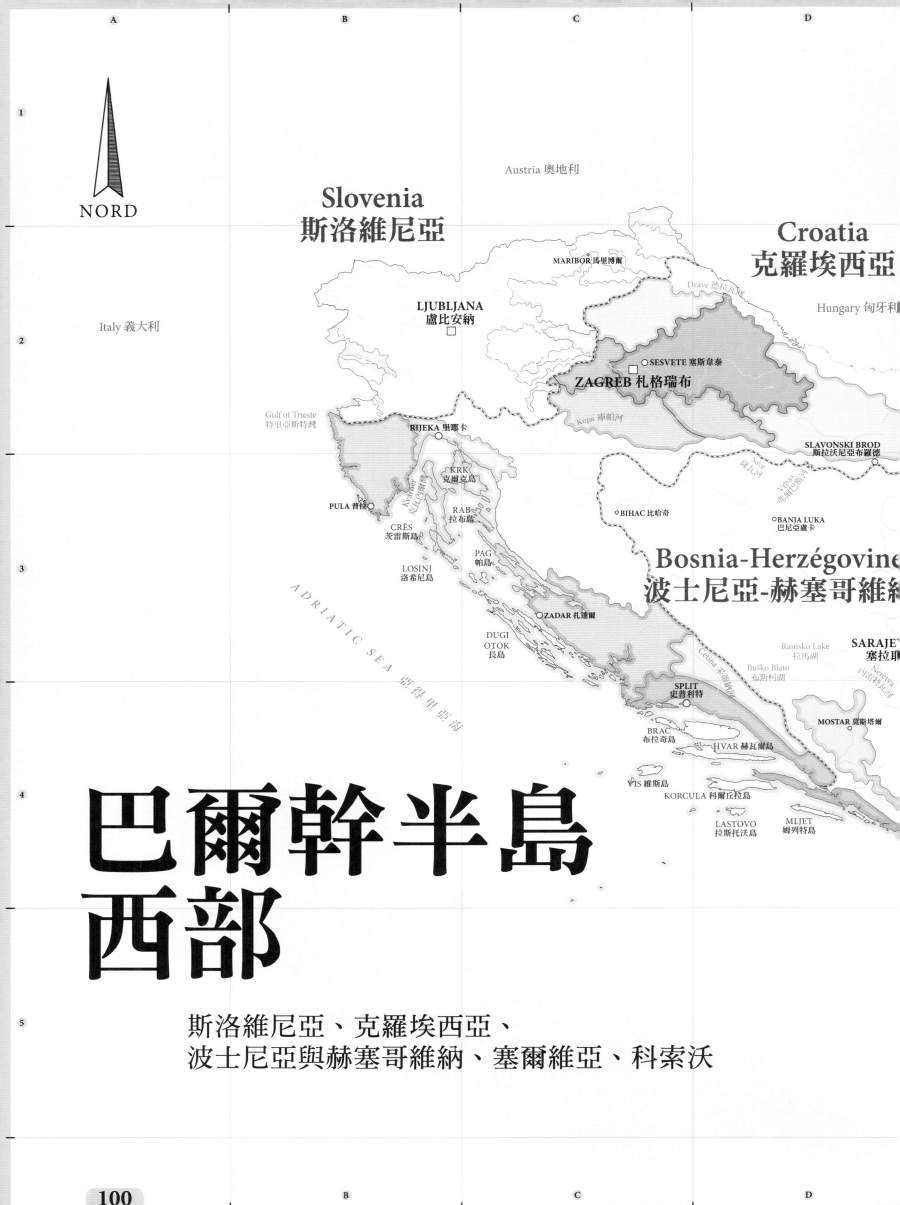

NORD

Italy 義大利

Austria 奧地利

Slovenia 斯洛維尼亞

MARIBOR 馬里博爾

Drave 德拉瓦爾

Croatia 克羅埃西亞

Hungary 匈牙利

LJUBLJANA 盧比安納

SESVETE 塞斯韋泰

ZAGREB 札格瑞布

Gulf of Trieste 特里亞斯特灣

Kupa 庫帕河

Save 隆瓦河

RIJEKA 里耶卡

SLAVONSKI BROD 斯拉沃尼亞布羅德

KRK 克爾克島

PULA 普拉

RAB 拉布島

BIHAC 比哈奇

Vrbas 弗爾巴斯河

BANJA LUKA 巴尼亞盧卡

CRÈS 茨雷斯島

PAG 帕島

Bosnia-Herzégovine 波士尼亞-赫塞哥維納

LOSINJ 洛希尼島

ZADAR 扎達爾

ADRIATIC SEA 亞得里亞海

DUGI OTOK 長島

Cetina 采蒂納河

Ramsko Lake 拉馬湖

SARAJE 塞拉耶

Buško Blato 布斯柯湖

Neretva 內雷特瓦河

SPLIT 史普利特

BRAC 布拉奇島

HVAR 赫瓦爾島

MOSTAR 莫斯塔爾

VIS 維斯島

KORCULA 科爾丘拉島

LASTOVO 拉斯托沃島

MLJET 姆列特島

巴爾幹半島 西部

斯洛維尼亞、克羅埃西亞、
波士尼亞與赫塞哥維納、塞爾維亞、科索沃

歐洲的東南部歷經兩次世界大戰摧殘與共產政權
荼毒，土地與人民都哀鴻遍野。西元2000年之
後，巴爾幹半島的國家逐一加入歐洲聯盟，葡萄
種植也重新恢復活力。

SUBOTICA
蘇博蒂察

SOMBOR
松博爾

Romania 羅馬尼亞

OSIJEK
奧西耶克

ZRENJANIN
茲雷尼亞寧

NOVI SAD 諾威薩

Tisa 蒂薩河

Danube 多瑙河

Serbia 塞爾維亞

Sava 薩瓦河

BELGRADE
貝爾格勒

PANCEVO
潘切沃

ŠABAC 沙巴茨

Danube 多瑙河

ZLA
拉

SMEDEREVO
斯梅代雷沃

VALJEVO
瓦列沃

KRAGUJEVAC
克拉古耶瓦茨

CACAK
查查克

KRALJEVO
克拉列沃

UŽICE
烏日策

Rasina 拉辛納河

KRUŠEVAC
克魯舍瓦茨

Uvac 烏瓦茨河

NIŠ 尼什

Bulgaria 保加利亞

Toplica 托普利采

NOVI PAZAR
新帕扎爾

Kosovo 科索沃

PODUJEVO
波杜耶沃

Južna Morava 南摩拉瓦河

PRISTINA
普里斯提納

Monténégro
蒙特內哥羅（黑山）

PEJË 佩奇

UROSEVAC
烏羅舍瓦茨

VRANJE
弗拉涅

PRIZREN
普里茲倫

Albania 阿爾巴尼亞

Greece 希臘

0   50   100 km

斯洛維尼亞

世界排名（產量）

33

種植公頃

16 000

年產量（百萬公升）

54

紅白葡萄比例

30 %

70 %

採收季節

七月至十月

釀酒歷史開始於

西元前 **500年**

受誰影響

塞爾特人

這裡一直是各民族往來要道，也是眾多文化的交流站，希臘、塞爾特（Celte）、羅馬、伊特魯里亞（Etruria）等民族都在此留下遺跡。斯洛維尼亞是第一個取得獨立的前南斯拉夫共和國成員，也率先重建期葡萄園。

斯洛維尼亞擁有陽光普照的大地，以及峰巒起伏的山坡，為葡萄園提供最佳的生長條件。不過這裡的葡萄園非常零碎，因為全國16000公頃的葡萄園被分割給29000個酒農。斯洛維尼亞沿海地區（Primorska）位於最西邊，主要受到地中海氣候影響，生產充滿陽光風味的飽滿紅葡萄；而波德拉夫（Podravje）則靠近阿爾卑斯山，涼爽氣候有利於白葡萄生長。

主要葡萄品種

● Refosco 瑞弗斯可*、Merlot 梅洛、Zametovka 詹托福卡

◐ Welschriesling 威爾許麗絲玲**、Chardonnay 夏多內、Sauvignon Blanc 白蘇維濃

* 當地稱為萊弗斯柯（Refošk）
** 當地稱為拉斯基瑞茲琳（Laški rizling）

當地原生種

Austria 奧地利

Hungary 匈牙利

Prekmurje 普雷克穆列

○ MURSKA SOBOTA 穆爾斯卡索博塔

Drava 德拉瓦河

● MARIBOR 馬里博爾

Mura 穆爾河

JESENICE 耶塞尼采

Podravje 波德拉夫

PTUJ 普圖伊

VELENJE 韋萊涅

Savinja 薩維尼亞河

Štajerska Slovenija 下史泰利亞

KRANJ 克拉尼

KAMNIK 卡姆尼克

TRBOVLJE 特爾伯夫列

○ CELJE 采列

Primorska
斯洛維尼亞沿海地區

SKOFJA LOKA 什科菲亞洛卡

DOMŽALE 多姆扎萊

Sava 薩瓦河

Goriška Brda 歌里察博達

□ LJUBLJANA 盧比安納

NOVA GORICA 新戈里察

Bizeljsko-Sremic 比傑利斯柯-斯瑞米克

Italy 義大利

Vipavska Dolina 維帕瓦谷多利娜

Dolenjska 下卡尼奧拉

Kras 克萊斯

○ NOVO MESTO 新梅斯托

Posavje 波薩維

Gulf of Trieste 特里亞斯特灣

KOPER 科佩爾

Bela Krajina 貝拉克拉伊納

IZOLA 伊佐拉

Slovenska Istra 伊斯特里亞半島

Croatia 克羅埃西亞

Kolpa 庫帕河

ADRIATIC SEA
亞得里亞海

NORD

0   20   40   60 km

Austria 奧地利

Slovakia 斯洛伐克

Zagorje-Medimurje
扎歌列-梅迪穆列

Drave 德拉瓦河

Hungary 匈牙利

1

Inland Croatia 克羅埃西亞內陸

Plešivica
普裡特維采

SESVETE 塞斯韋泰

**Istra-Kvarner
伊斯特里亞-克瓦內爾**

ZAGREB
札格瑞布

Prigorje-Bilogora
普里歌吉比洛哥拉

Slavonija
斯拉沃尼亞

OSIJEK 奧西耶克

RIJEKA 里耶卡

Kupa 庫帕河

Moslavina
莫斯拉維娜

**Slavonija & Danube
斯拉沃尼亞&多瑙河**

Danube 多瑙河

Istra
伊斯特里亞半島

Northern Littoral 北部沿海

Prokuplje
普羅庫普列

Save 薩瓦河

SLAVONSKI BROD
斯拉沃尼亞布羅德

Podunavlje
波杜納瓦

KRK
克爾克島

PULA 普拉

CRÈS 茨雷斯島

RAB
拉布島

PAG 帕島

Kvarner 克瓦內爾灣

LOSINJ
洛希尼島

Bosnia-Herzégovine 波士尼亞-赫塞哥維納

ZADAR
扎達爾

North Dalmatie
達爾馬提亞北部

**Dalmatie
達爾馬提亞**

A D R I A T I C S E A 亞得里亞海

DUGI OTOR
長島

Dalmate Hinterland
達爾馬提亞腹地

Celina 策蒂納河

ŠIBENIK
希貝尼克

SPLIT 史普利特

世界排名（產量）
31

BRAC 布拉奇島

HVAR
赫瓦爾島

Dalmatie central & south
達爾馬提亞中部與南部

Monténégro
蒙特內哥羅（黑山）

種植公頃
30 000

VIS 維斯島

KORCULA 科爾丘拉島

DUBROVNIK
杜布羅夫尼克

LASTOVO 拉斯托沃島

MLJET
姆列特島

年產量（百萬公升）
60

克羅埃西亞

NORD

紅白葡萄比例
35 %
65 %

仗其多元性與現代性，克羅埃西亞很可能是巴爾
幹半島前途最無可限量的國家。

過去

現在

採收季節
**九月至
十月**

醸酒歷史開始於
**西元前
500年**

受誰影響
希臘人

克羅埃西亞是巴爾幹半島地
區最年輕的國家，與鄰國
擁有近似的歷史與發展。1991年
獨立之後，隨之而來的內戰長達
四年，大幅削弱了克羅埃西亞的
國力。後來採取大規模的國有企
業私營化政策，為數眾多的個人
企業紛紛取回原本隸屬於國家的
土地，葡萄園也因而獲得新生。

　克羅埃西亞的小島也如同大多
數的島嶼，保存了大量在歐洲大
陸幾乎已銷聲匿跡的葡萄原生
種。而克羅埃西亞的葡萄酒可區
分為兩部份：亞得里亞海沿岸的
葡萄酒以多元著稱，而處於較內
陸的葡萄酒則較中規中矩。酒農
也將推廣葡萄酒的希望寄託在遊
客身上：每年前來科羅埃西亞旅
遊的人數將近科羅埃西亞人口的
兩倍。

主要葡萄品種

● Plavac Mali 普拉瓦茨馬里、
Merlot 梅洛、Cabernet Sauvignon
卡本內蘇維濃

● Welschriesling 威爾許麗絲玲*、
Malvasia Istriana 伊斯的利亞-
瑪爾維薩、Chardonnay 夏多內

＊當地稱為格拉塞維納（Graševina）

當地原生種

世界排名（產量）

17

種植公頃

43 540

年產量（百萬公升）

230

紅白葡萄比例

35%

65%

採收季節

八月至十月

釀酒歷史開始於

西元前

300年

受誰影響

塞爾特人羅馬人

優質葡萄酒
多瑙河
綠維特林納
維也納

奧地利

最古老的利口酒蹤跡出現在奧地利。16世紀時就知道晚摘葡萄的美味。60%的葡萄酒來自下奧地利邦（Lower Austria），並以綠維特林納（Grüner Veltliner，德國麗絲玲的表親）成為奧地利的驕傲。

過去

塞爾特人在此地種下第一批葡萄，不過，讓葡萄園擴張普及的功臣還是非羅馬人莫屬。在多瑙河沿岸的葡萄園並非如長河般寂靜無波，歷經接二連三入侵與根瘤蚜蟲災害，奧地利葡萄園從死裡逃生，也有長足的成就。

在1980年代，惡劣的氣候條件讓酒農無法釀製自豪的利口酒。為了因應德國市場強烈的需求，一些奧地利酒商靈機一動，在葡萄酒裡添入二甘醇（diéthylène glycol，亦即防凍劑），讓葡萄酒呈現想要的飽滿度與甜度。這個華麗

在多瑙河沿岸的葡萄園並非如長河般寂靜無波。

的詐騙行為隨後在1985年由奧地利政府揭發，讓奧地利一躍成為葡萄酒歷史上最轟動醜聞的主角，眾多國家紛紛抵制來自奧地利的酒，外銷量在短短幾星期之內就流失了90%。

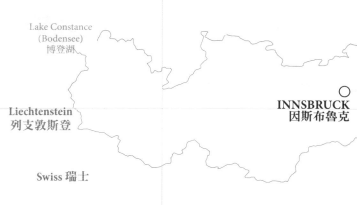

Lake Constance
(Bodensee)
博登湖

Liechtenstein
列支敦斯登

Swiss 瑞士

INNSBRUCK
因斯布魯克

Italy 義大利

現在

受到摻防凍劑的黑心葡萄酒醜聞衝擊之後，奧地利政府勵精圖治，全面建構一套極為嚴格的產地名稱制度，以大規模管控葡萄園的品質。而這份苦心耕耘也有了收穫，葡萄農齊心追求品質，奧地利也重新回到歐洲最佳葡萄酒生產國的舞台。奧地利的酒標上除了標示產地與葡萄品種，還添註了葡萄酒的甜度：Trocken（乾）、Halbtrocken（半乾）、Halbsüss（半甜）、Süss（甜）。

另一個有趣的現象是，維也納肯定是全世界唯一在市區擁有700公頃葡萄園的大城市。

NORD

Czech Republic 捷克

Slovakia 斯洛伐克

Germany 德國

Lower Austria 下奧地利

Kamptal 玖普谷
Weinviertel
維納韋埃德爾

Kremstal 克雷姆斯谷
Wachau 瓦豪 *Wagram* 瓦格拉姆

LINZ 林茲

Danube 多瑙河

Traisental 特萊森

Vienna 維也納

WELS 韋爾斯

VIENNA 維也納

Inn 因河

Salzach
薩爾察赫河

Carnuntum 卡農頓

Thermenregion 溫泉帶

Lake Neusiedl 新錫德爾湖

SALZBURG 薩爾斯堡

Leithaberg 萊塔山

Lake
Neusiedl
新錫德爾湖

**Steiermark
史泰爾馬克邦**

Enns 恩斯河

Mittelburgenland 米特布根蘭

Inn 因河

Salzach 薩爾察赫河

Mur 穆爾河

Burgenland 布根蘭

*Vulkanland-
Steiermark*
福康藍-史泰爾馬克

Eisenberg 艾森柏格

GRAZ 格拉茲

Weststeiermark 西史泰爾馬克

Drave 德拉瓦河

Hungary 匈牙利

KLAGENFURT
克拉根福

Südsteiermark
南史泰爾馬克

VILLACH 菲拉赫

Drave 德拉瓦河

Slovenia 斯洛維尼亞

| 0 | 50 | 100 | 150 km |

主要葡萄品種

● Zweigelt 茨威格、Blaufränkisch 藍佛朗克、
Blauer Portugieser 葡萄牙藍

● Grüner Veltliner 綠維特林納、Riesling 麗絲玲、
Welschriesling 威爾許麗絲玲

當地原生種

105

世界排名（產量）

37

種植公頃

127 000

年產量（百萬公升）

30

採收季節

九月
十月

釀酒歷史開始於

西元前
300年

Aral Sea 鹹海

KOUNGRAD 坤格拉

NUKUS 努庫斯

BERUNI 別魯尼

TURTKUL 圖爾特庫爾

URGENCH 烏爾根奇

Turkmenistan 土庫曼

NORD

過去

這個地區在古世紀時，曾被波斯統治了很久，但是波斯人並不以釀酒見長。史書很少記載中亞葡萄酒的文化起源，不過我們可以發現，中亞葡萄酒的出現與史上最偉大的貿易路線——絲路——的開通時機相符合。這條聯繫東方與西方的道路，原本是為了運送中國祕傳的珍貴

希臘與羅馬人利用絲路運送葡萄酒。

絲綢，在過去近兩千年的歲月裡，十多個民族靠此要道維生，直到發現了新大陸。西元7世紀的時候，隨著阿拉伯的侵城掠地，葡萄園也被宣告只能生產鮮食葡萄。

現在

俄羅斯於19世紀入侵之後，葡萄酒重見天日，不過仍然僅有一小部份葡萄用於釀酒，而且烏茲別克的葡萄酒產量也持續不斷減少。

這裡是典型的大陸性氣候，四季溫差分明，因此在冬季必須覆蓋大部份的葡萄園，以免被冰封雪凍。

主要葡萄品種

- ● Aleatico 阿利蒂克、Mourvèdre 慕維得爾、Saperavi 薩博維
- ● Riesling 麗絲玲、Rkatsiteli 白羽

Kazakhstan 哈薩克

Tashkent 塔什干

ZARAFSHAN
扎拉夫尚
○

Kyrgyzstan 吉爾吉斯

TCHIRTCHIK 奇爾奇克
○

TASHKENT □
塔什干

ANGREN
安格連
○

NAMANGAN
納曼干

ANDIJAN 安集延

Amou Darya 阿姆河

Aydar Kul Lake
艾達爾湖

Samarkand 撒馬爾罕

ALMALYK
阿爾馬雷克
○

MARGILAN
馬爾吉蘭
○

ASAKA 阿薩卡
○

GULISTAN
古利斯坦
○

KOKAND
浩罕
○

Syr Darya 錫爾河

FERGANA 費爾干納
○

NAVOÏ 納沃伊
○

BEKABAD 貝科博德
○

BUKHARA 布哈拉
○

KATTAKOURGAN
卡塔庫爾干
○

DJIZAK
吉扎克
○

Fergana Valley
費爾干納盆地

Zeravshan 澤拉夫尚河

KAGAN
卡甘
○

SAMARKAND 撒馬爾罕
○

KASSAN 卡桑
○

SHAKHRISABZ
沙赫里薩布茲
○

Tajikistan 塔吉克斯坦

KARCHI 卡爾希
○

Sherobod 謝羅伯德河

DENAOU
德娜烏
○

0   100   200   300 km

TERMEZ 泰爾梅茲
○

Afghanistan 阿富汗

烏茲別克

位於絲綢之路，看盡絡繹不絕的商賈與雙耳
間底酒壺…

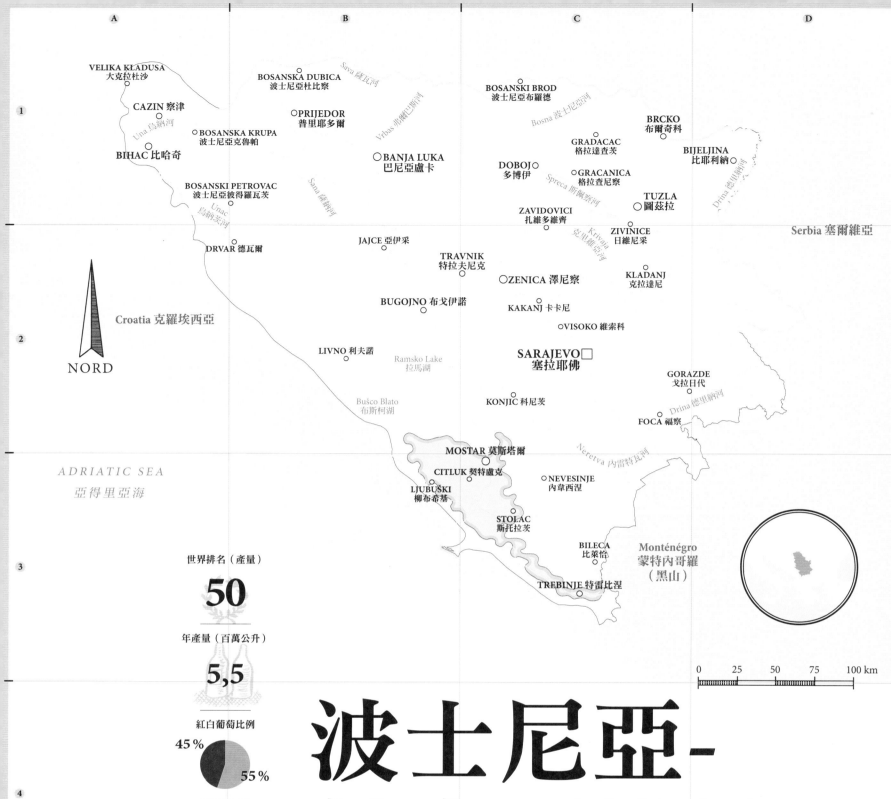

A B C D

1

VELIKA KLADUSA
大克拉杜沙

CAZIN 察津

BOSANSKA DUBICA
波士尼亞杜比察

Sava 薩瓦河

PRIJEDOR
普里耶多爾

BOSANSKI BROD
波士尼亞布羅德

Bosna 波士尼亞河

BRCKO
布爾奇科

BOSANSKA KRUPA
波士尼亞克魯帕

Vrbas 弗爾巴斯河

GRADACAC
格拉達查茨

BIJELJINA
比耶利納

BIHAC 比哈奇

DOBOJ
多博伊

GRACANICA
格拉查尼察

Una 烏納河

BANJA LUKA
巴尼亞盧卡

Spreca 斯佩察河

TUZLA
圖茲拉

BOSANSKI PETROVAC
波士尼亞彼得羅瓦茨

Sana 薩那河

ZAVIDOVICI
扎維多維齊

Drina 德里納河

Unac 烏納次河

Serbia 塞爾維亞

DRVAR 德瓦爾

JAJCE 亞伊采

Krivaja 克里維亞河

ZIVINICE
日維尼采

TRAVNIK
特拉夫尼克

KLADANJ
克拉達尼

Croatia 克羅埃西亞

ZENICA 澤尼察

NORD

BUGOJNO 布戈伊諾

KAKANJ 卡卡尼

2

LIVNO 利夫諾

Ramsko Lake
拉馬湖

VISOKO 維索科

SARAJEVO□
塞拉耶佛

GORAZDE
戈拉日代

Bušco Blato
布斯柯湖

KONJIC 科尼茨

Drina 德里納河

FOCA 福察

ADRIATIC SEA
亞得里亞海

MOSTAR 莫斯塔爾

Neretva 內雷特瓦河

CITLUK 契特盧克

NEVESINJE
內韋西涅

LJUBUŠKI
柳布希基

STOLAC
斯托拉茨

BILECA
比萊恰

Monténégro
蒙特內哥羅
（黑山）

3

世界排名（產量）

50

年產量（百萬公升）

5,5

TREBINJE 特雷比涅

0　25　50　75　100 km

紅白葡萄比例

45 %

55 %

波士尼亞-赫塞哥維納

4

採收季節
七月至十月

釀酒歷史開始於

西元前 200年

在 十九世紀末被奧匈帝國吞併之前，波士尼亞與赫塞哥維納原先受鄂圖曼帝國統治。酒類以伊斯蘭宗教之名被禁止，所有葡萄酒產業也幾乎消失殆盡。而前南斯拉夫瓦解後引發的內戰更摧毀了大部份的葡萄園。

5

E | F | G | H

Hungary 匈牙利

SUBOTICA 蘇博蒂察

Subotica-Horgos 蘇博蒂察-霍爾戈什
SOMBOR 松博爾

Romania 羅馬尼亞

NORD

Voïvodine
佛伊弗迪納

Croatia 克羅埃西亞

Srem 斯雷姆

○ZRENJANIN 茲雷尼亞寧

NOVI SAD 諾維薩

Danube 多瑙河

Sava 薩瓦河

Banat 巴納特

BELGRADE
貝爾格勒

○PANCEVO 潘切沃

ŠABAC ○
沙巴茨

Pocerina
波切利納

SMEDEREVO
斯梅代雷沃

Danube 多瑙河

Sumadija 舒馬迪亞

Serbia Central
塞爾維亞中部

VALJEVO
瓦列沃

Bosnia-Herzégovine
波士尼亞-赫塞哥維納

UŽICE
烏日策

CACAK
查查克

KRAGUJEVAC
克拉古耶瓦茨

Timok
蒂莫克河

KRALJEVO 克拉列沃

KRUŠEVAC
克魯舍瓦茨

Rasina
拉辛納河

Ouest Moravie
西摩拉維亞

NIŠ 尼什

Uvac 烏瓦茨河

NOVI PAZAR
新帕扎爾

Nišava
尼沙瓦河

PODUJEVO
波杜耶沃

Toplica
托普利采

Južna Morava 南摩拉瓦河

Monténégro 蒙特內哥羅（黑山）

Kosovo
科索沃

PRISTINA 普里斯提納

Bulgaria 保加利亞

PEĆ 佩奇

UROSEVAC
烏羅舍瓦茨

VRANJE
弗拉涅

○PRIZREN
普里茲倫

Macedonia 馬其頓

0   50   100   150 km

塞爾維亞

世界排名（產量）
16
種植公頃
69 000

塞爾維亞的葡萄園與波爾多及隆河谷地位於相同緯度，共分為9個地區，並為當地的葡萄品種留下相當精彩的舞台。

年產量（百萬公升）
230

紅白葡萄比例
35%
65%

採收季節
七月至十月

釀酒歷史開始於
西元前 200年

受誰影響
羅馬人

過去

 書記載羅馬皇帝普羅布斯（Probus）在塞爾曼（Sirmium）周遭種植葡萄，並更名為斯雷姆斯卡米特羅維察（Sremska Mitrovica）。跟波士尼亞的命運如出一轍，穆斯林土

葡萄園的黃金時期是奧匈帝國統治期間。

耳其人試圖剷除此地的葡萄園，而葡萄園的黃金時期是奧匈帝國統治期間，直到陷入烽火連天的南斯拉夫內戰為止。

兩個世紀以來，塞爾維亞的葡萄酒不僅越過邊境，更渡過大西洋彼岸。塞爾維亞北部釀製的柏爾梅特餐後甜酒（Bermet）就曾被列在著名的悲情鐵達尼號的菜單上。

現在

塞爾維亞不靠海，因此全靠多瑙河來調節氣候，才能種植葡萄。為數眾多的小型家庭酒莊相當追求葡萄酒的品質，也讓塞爾維亞的葡萄酒希望再現。

受到共產政權時期的負面影響，塞爾維亞力求在國際市場佔有一席之地，目前僅有5%的葡萄酒生產出口。

主要葡萄品種

- Prokupac 普羅庫帕茨、Vranac 威爾娜、Cabernet Sauvignon 卡本內蘇維濃
- Welschriesling 威爾許麗絲玲、Chasselas 莎斯拉

當地原生種

中國

東方巨龍的葡萄酒文化超過2000年歷史，雖然以產酒國之姿登上世界舞台的消息還不太為人所知，然而中國正在成為領先世界的頭號產酒國。

世界排名（產量）

6

種植公頃

847 000

年產量（百萬公升）

1 140

紅白葡萄比例

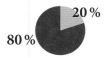

20 %
80 %

採收季節

七月至十月

釀酒歷史開始於

西元前 200年

過去

近期的研究發現，中國是人類首批發酵飲料的搖籃，根據啤酒和穀物酒的遺跡推測，可追溯到六千多年前。而中國最有名的史書「史記」當中記載，第一批以釀酒葡萄為原料的葡萄酒出現在2000年前。書中指出，張騫將軍於西元

據信第一批以釀酒葡萄為原料的葡萄酒出現在2000年前。

前126年出使西域（中亞），並從波斯帝國的某個地區帶回了葡萄株，據信就是今天的烏茲別克。

中國的葡萄酒歷史一向屬於外傳野史，並未深耕於文化當中。不過1949年中華人民共和國宣布成立之後，不僅結束了長久的內戰，也將全面改寫中國的歷史，葡萄酒歷史亦然。

現在

1992年經濟開放之後，中國人被視為大方闊氣的葡萄酒買家。不過，他們最近成為非同小可的葡萄酒生產者，後來居上的葡萄酒品質也令專家驚歎。2000年時，中國的葡萄酒產量佔全世界的4%，時至今日已經成長了三倍。

中國的領土面積是法國的17倍，擁有對葡萄酒越來越感興趣的人民，在葡萄酒方面的長足進步也方興未艾。如同所有的新興葡萄園，中國也非常了解他們需要一個標誌性的葡萄品種來領航，而雀屏中選的可能會是卡本內吉尼希（Cabernet Gernischt，中國稱為蛇龍珠）。

長久以來被認為是卡本內弗朗的變種，科學家後來證明卡本內吉尼希的DNA與佳美娜（Carménère）一致。佳美娜是在法國被拋諸腦後的法國品種，後來成為智利葡萄酒的象徵⋯

主要葡萄品種

- Cabernet Sauvignon 卡本內蘇維濃、Merlot 梅洛、Cabernet Gernischt 卡本內吉尼希
- Œil de Dragon 龍眼葡萄、Chardonnay 夏多內

當地原生種

Kyrgyzstan 吉爾吉斯

YINING 伊

KASHI 喀什

India 印度

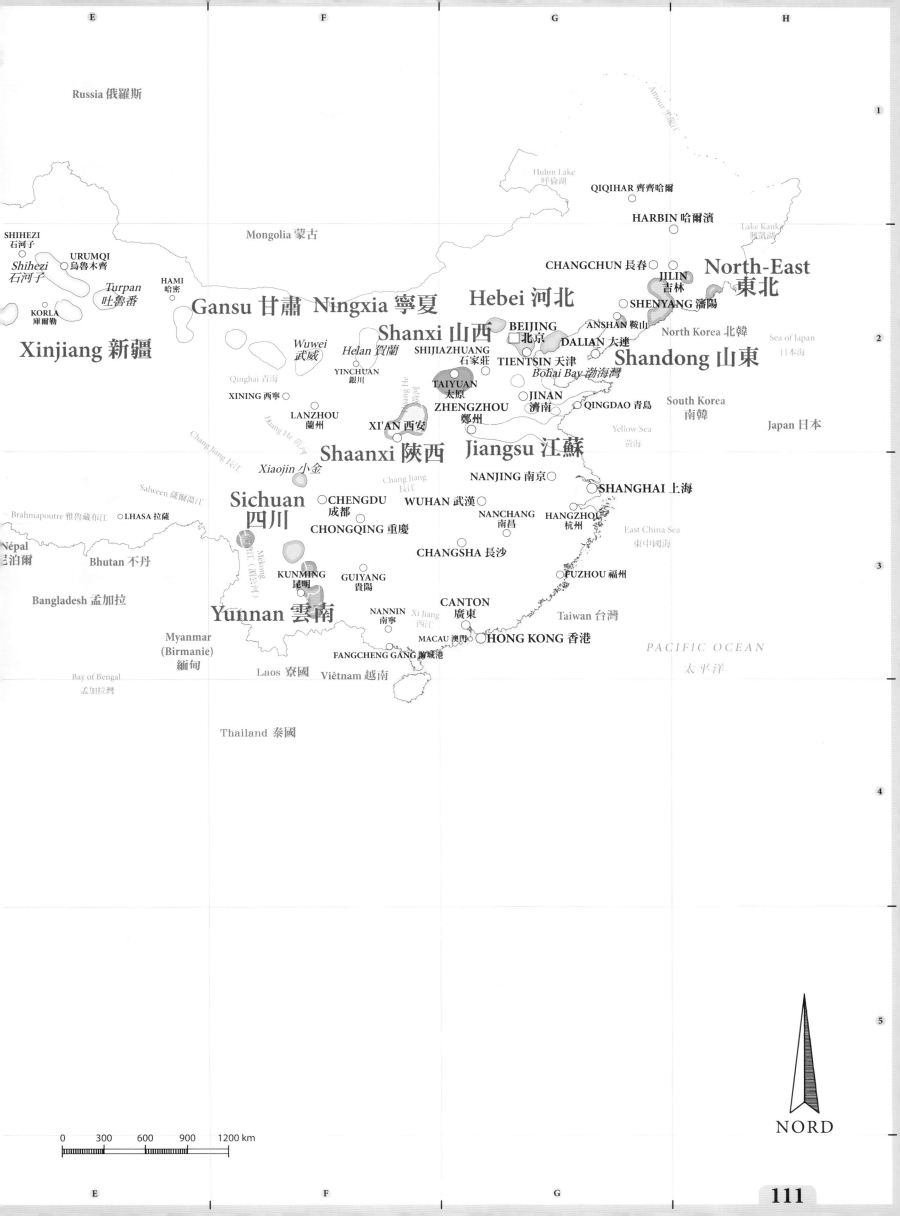

Russia 俄羅斯

Mongolia 蒙古

QIQIHAR 齊齊哈爾

HARBIN 哈爾濱

Hulun Lake 呼倫湖

Lake Kanka 興凱湖

SHIHEZI 石河子

Shihezi 石河子

URUMQI 烏魯木齊

HAMI 哈密

Turpan 吐魯番

KORLA 庫爾勒

CHANGCHUN 長春

JILIN 吉林

North-East 東北

SHENYANG 瀋陽

ANSHAN 鞍山

North Korea 北韓

Sea of Japan 日本海

Xinjiang 新疆

Gansu 甘肅   Ningxia 寧夏

Hebei 河北

Shanxi 山西

BEIJING 北京

DALIAN 大連

Shandong 山東

Wuwei 武威

Helan 賀蘭

SHIJIAZHUANG 石家莊

TIENTSIN 天津

Bohai Bay 渤海灣

Qinghai 青海

YINCHUAN 銀川

XINING 西寧

TAIYUAN 太原

ZHENGZHOU 鄭州

JINAN 濟南

QINGDAO 青島

South Korea 南韓

Japan 日本

Haang He 黃河

LANZHOU 蘭州

XI'AN 西安

Yellow Sea 黃海

Chang Jiang 長江

Shaanxi 陝西

Jiangsu 江蘇

Xiaojin 小金

Chang Jiang 長江

NANJING 南京

SHANGHAI 上海

Sichuan 四川

CHENGDU 成都

WUHAN 武漢

HANGZHOU 杭州

Salween 薩爾溫江

CHONGQING 重慶

NANCHANG 南昌

Brahmapoutre 雅魯藏布江

LHASA 拉薩

East China Sea 東中國海

Népal 尼泊爾

CHANGSHA 長沙

Bhutan 不丹

Mekong 湄公河

FUZHOU 福州

Bangladesh 孟加拉

KUNMING 昆明

GUIYANG 貴陽

Yunnan 雲南

NANNIN 南寧

CANTON 廣東

Taiwan 台灣

Xi Jiang 西江

Myanmar (Birmanie) 緬甸

MACAU 澳門

HONG KONG 香港

PACIFIC OCEAN 太平洋

FANGCHENG GANG 防城港

Bay of Bengal 孟加拉灣

Laos 寮國

Viêtnam 越南

Thailand 泰國

NORD

0   300   600   900   1200 km

111

瑞士

高峰
日內瓦湖*
莎斯拉
三個官方語言

獨樹一格的瑞士葡萄園，與這個國家的形象完全一致。順著阿爾卑斯山與汝拉山（Jura）蜿蜒生長的葡萄園，不斷攀登高峰，尋求更出眾的豐富滋味以饗大眾。

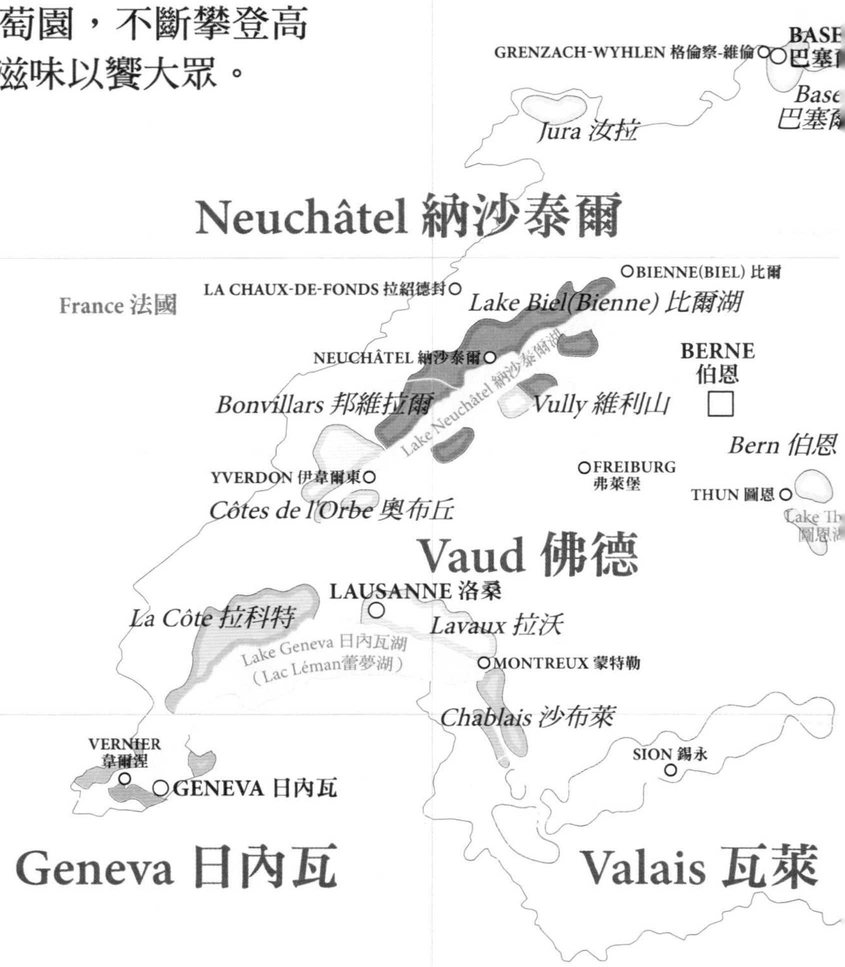

世界排名（產量）

25

種植公頃

14 793

年產量（百萬公升）

100

紅白葡萄比例

40 %
60 %

採收季節

九月
十月

釀酒歷史開始於

西元前

200年

受誰影響

羅馬人

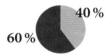

5 個入門產區

Valais 瓦萊
Grisons 格勞賓登
Ticino 提契諾
Geneva 日內瓦
Lake Biel(Bienne) 比爾湖

GRENZACH-WYHLEN 格倫察-維倫 ○ BASE
巴塞爾

Base
巴塞爾

Jura 汝拉

Neuchâtel 納沙泰爾

France 法國
LA CHAUX-DE-FONDS 拉紹德封 ○
○BIENNE(BIEL) 比爾
Lake Biel(Bienne) 比爾湖

NEUCHÂTEL 納沙泰爾 ○
BERNE
伯恩
□
Bonvillars 邦維拉爾
Vully 維利山
Lake Neuchâtel 納沙泰爾湖
Bern 伯恩

YVERDON 伊韋爾東 ○
○FREIBURG
弗萊堡
THUN 圖恩
Lake Th
圖恩湖
Côtes de l'Orbe 奧布丘

Vaud 佛德

LAUSANNE 洛桑 ○
La Côte 拉科特
Lavaux 拉沃
Lake Geneva 日內瓦湖
（Lac Léman 蕾夢湖）
○MONTREUX 蒙特勒

Chablais 沙布萊

VERNIER
韋爾涅
○GENEVA 日內瓦
SION 錫永

Geneva 日內瓦
Valais 瓦萊

0   25   50   75 km

*編註：日內瓦湖（Lake Geneva），法語是蕾夢湖（Lac Léman）。

SCHAFFHAUSEN 沙夫豪森

WALDSHUT-TIENGEN
瓦爾茨胡特田根

Schaffhausen 沙夫豪森

Germany 德國

萊茵河

Thurgau 圖爾高

Thur 圖爾河

Lake Constance(Bodensee) 博登湖

Aargau 阿爾高

○FRAUENFELD 弗勞恩費爾德

DIETIKON 迪骨孔○

WINTERTHUR 溫特圖爾

ZURICH 蘇黎世

St. Gallen 聖加侖

ST. GALLEN 聖加侖

Zurich 蘇黎世

○USTER 烏斯特

Lucerne 琉森

Lake Zurich 蘇黎世湖

BAAR
巴爾○

Appenzell 亞本塞

Austria 奧地利

Zug 楚格

ZUG 楚格

Liechtenstein 列支敦斯登

UCERNE 琉森○○埃門

Lake Zug
楚格湖

Lake Walen 瓦倫湖

KRIENS 克林斯

Glarus 格拉魯斯

Eastern Switzerland 瑞士東部

Lake Lucerne
琉森湖

○CHUR 庫爾

e Brienz
里恩茨湖

Rhin 萊茵河

Grisons 格勞賓登州

Inn 因河

Ticino 提契諾

Sopraceneri 帕拉切涅里

one 隆河

Lake Maggiore
瑪焦雷湖

Sottoceneri 索托切涅里

○LUGANO 盧加諾

Italy 義大利

NORD

主要葡萄品種

- ● Pinot Noir 黑皮諾、Gamay 加美、Merlot 梅洛
- ◐ Chasselas 莎斯拉、Müller-Thurgau 米勒-圖高、Chardonnay 夏多內、Sylvaner 希爾瓦那

當地原生種

過去

瑞士聯邦由26個州組成，也是全世界最古老的國家之一。即使不靠海，瑞士也不缺水，甚至還有「歐洲水塔」的美譽。瑞士水源汨汨不絕，分別由萊茵河、多瑙河與隆河注入北海、黑海與地中海。

瑞士葡萄園的面積與亞爾薩斯葡萄園不相上下，但是瑞士種有多達50種的葡萄，其中大部份是當地原生種。地質的劇烈變化造成風土驚人的多樣化，因此瑞士每個山谷的氣候與土壤都大相逕庭。瓦萊州（Valais）的菲斯珀泰爾米嫩

（Visperterminen）村莊擁有全歐洲地勢最高的葡萄園，高達海拔1100公尺。

現在

瑞士消費的葡萄酒多於所生產的產量。這完全可以說明為什麼很難買到瑞士的葡萄酒，因為只有不到1%的產量外銷。瑞士葡萄酒不但一瓶難求，價格也不菲。葡萄通常種在梯狀山坡上，無法以機械耕種，對葡萄而言雖然是頂級環境，但對葡萄酒的價格來說就不是太親切了。

瑞士消費的葡萄酒多於所生產的產量。

1980年代時流行白葡萄酒，佔了60%的產量，不過風水輪流轉，現在換紅葡萄酒當道。除了白酒較具果香的老套說法之外，瑞士也捍衛當地風土醞釀的葡萄酒，並聲稱掌握祖先的釀酒智慧。

英國

英國完全不具備栽種葡萄的理想條件，不過大不列顛日不落國在五大洋所向披靡，數世紀以來嚐遍全世界佳釀，現在，換他要親手醞釀葡萄酒並行銷全球。

過去

雖然英國的葡萄種植也有數個世紀之久，不過在葡萄酒歷史上留名靠的還是英國的葡萄酒貿易。波爾多於西元7世紀時曾被英國統治，而來自波爾多的佳釀如此便宜，以致英國被養習了嘴，只肯喝梅鐸克（Médoc）與聖愛美濃（Saint-Émilion）出產的葡萄酒。

1321年的法令規定運抵倫敦港口的每一瓶葡萄酒都必須標上「優」或者「普」，才能標價出售。因此英國是第一個根據葡萄酒品質，採用分級制度的國家。至於英國本身的葡萄園則被17世紀的「小冰河時期」完全摧毀，於1945年第二次世界大戰結束之後才捲土重來。

現在

英國南部擁有與法國香檳區同樣的白堊土質，加上氣候的暖化，氣泡酒在此有光明的未來。釀製大名鼎鼎氣泡酒的葡萄品種（夏多內、黑皮諾與皮諾莫尼耶）早已佔據大半產區並持續攻城掠地。氣泡酒大戰是否將一觸即發？無論如何，一些法國知名香檳酒莊也早已買下英吉利海峽對岸的葡萄園。香檳人也太有遠見了…

世界排名（產量）

53

種植公頃

1 000

年產量（百萬公升）

4

紅白葡萄比例

20 %

80 %

採收季節

九月 十月

釀酒歷史開始於

西元前 100年

受誰影響

羅馬人

主要葡萄品種

- Pinot Noir 黑皮諾、Pinot Meunier 皮諾莫尼耶
- Chardonnay 夏多內、Seyval Blanc 白謝瓦爾

馬爾他

馬爾他徜徉於蔚藍的地中海中央，東方與西方交會之處，也是本書當中擁有最小葡萄園的國家。不過麻雀雖小，前景無限。

過去

馬爾他仗其重要的戰略地位，很難隱姓埋名。曾受腓尼基、希臘、羅馬、汪達爾（Vandals）、東哥德（Ostrogoths）、阿拉伯與英國的統治，島上的多元文化遺產如果不是世界之絕，也一定是地中海之最。在2004年加入歐洲聯盟之前，馬爾他原本專注生產鮮食葡萄，未售罄者才用以釀酒。也所以馬爾他的葡萄酒以個性樸拙聞名。

現在

兩款當地原生種仍然居重要地位，但勢必要讓出一些舞台給過去十年中來勢洶洶的國際品種。因島上遊客如織，馬爾他也信心滿滿地想成為可靠的產酒國。除了滿腹雄心壯志，馬爾他陽光普照的和煦氣候也有利耕種葡

島上的多元文化遺產是地中海之最。

萄，而葡萄在此地溫和的冬季也能進入舒服的冬眠狀態（葡萄生命週期最重要的階段）。

既然西西里島與突尼西亞都能釀出好酒，馬爾他當然也可以。不過，在島外要購買馬爾他葡萄酒並非易事，所以不二法門還是直接造訪馬爾他。

世界排名（產量）
57

種植公頃
750

年產量（百萬公升）
0,6

採收季節
九月

釀酒歷史開始於
西元前
600年

受誰影響
腓尼基人

MARSALFORN 馬薩爾福恩　Gozo 哥佐島

GHARB 蓋爾比

VICTORIA 維多利亞
QALA 加拉
MUNXAR 蒙沙爾
XLENDI 克倫蒂

Comino 科米諾島

South Comino Channel 南科米諾海峽
North Comino Channel 北科米諾海峽

Mellieha 梅利哈

Malta Channel 馬爾他海峽

MARFA 馬爾法
BISKRA 比斯克拉
Malte 馬爾他

MELLIEHA 梅利哈

MEDITERRANEAN SEA
地中海

SAINT PAUL'S BAY 聖保羅灣城

NAXXAR 納沙爾
SLIEMA 斯利馬

ZEBBIEH 依比耶格

BIRKIRKARA 比爾基卡拉

Rabat 拉巴特

HAMRUN 哈姆倫　VALLETTA 法勒他
ATTARD 阿塔爾德
RABAT 拉巴特
ZABBAR 扎巴爾
ZEBBUG 澤布季　QORMI 戈爾米　FGURA 弗古拉
ZEJTUN 梓橄

Qormi 戈爾米

ZURRIEQ 祖里格

BIRZEBBUGA 比爾澤布賈

主要葡萄品種

- ● Gellewza 格露莎、Syrah 希哈、Cabernet Sauvignon 卡本內蘇維濃
- ◐ Ghirgentina 吉珍提納、Sauvignon Blanc 白蘇維濃、Vermentino 維蒙蒂諾

當地原生種

NORD

0　5　10 km

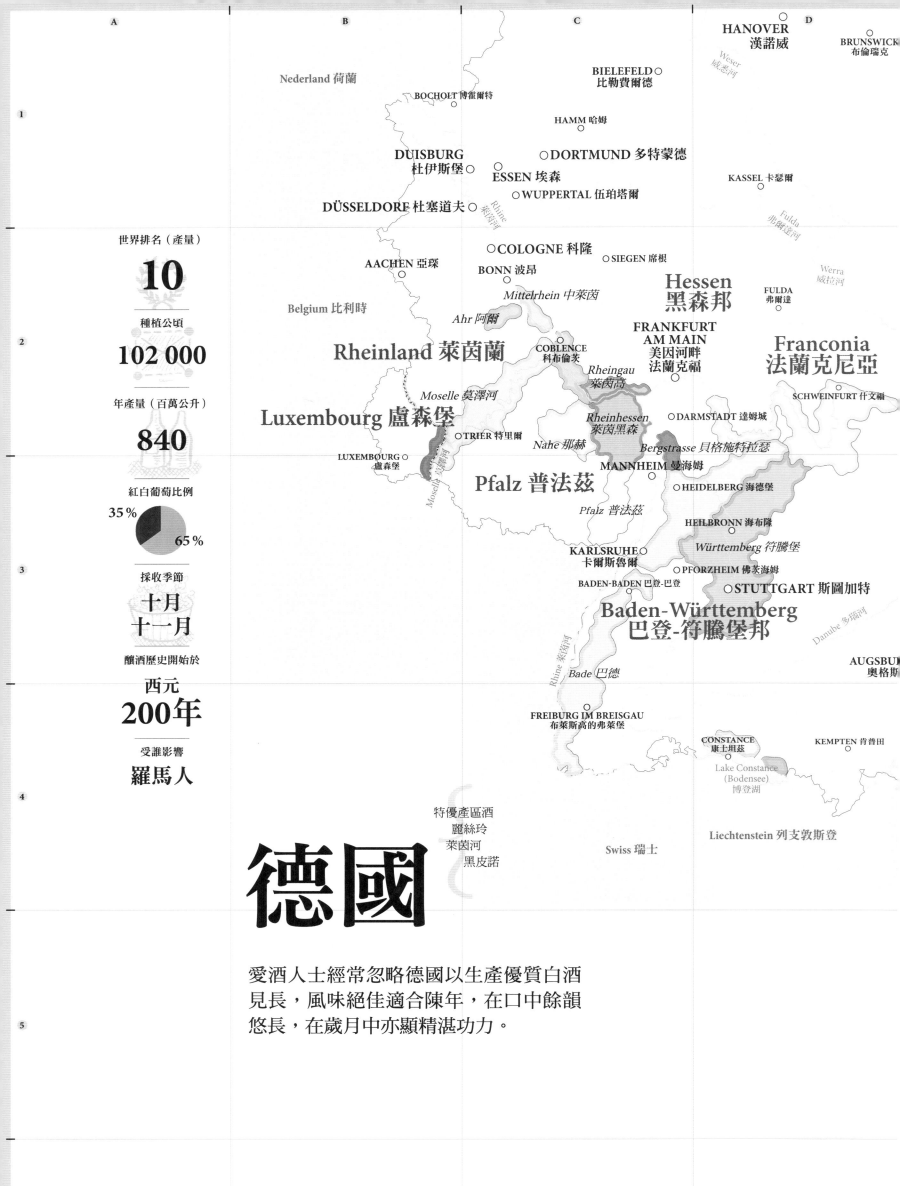

世界排名（產量）

10

種植公頃

102 000

年產量（百萬公升）

840

紅白葡萄比例

35%

65%

採收季節

十月
十一月

釀酒歷史開始於

西元
200年

受誰影響

羅馬人

Nederland 荷蘭

BOCHOLT 博霍爾特

HANOVER 漢諾威

BRUNSWICK 布倫瑞克

Weser 威瑟河

BIELEFELD 比勒費爾德

HAMM 哈姆

DUISBURG 杜伊斯堡

○DORTMUND 多特蒙德

ESSEN 埃森

KASSEL 卡瑟爾

DÜSSELDORF 杜塞道夫

○WUPPERTAL 伍珀塔爾

Rhine 萊茵河

Fulda 弗爾達河

○COLOGNE 科隆

○SIEGEN 席根

AACHEN 亞琛

BONN 波昂

Hessen
黑森邦

FULDA 弗爾達

Werra 威拉河

Belgium 比利時

Mittelrhein 中萊茵

FRANKFURT
AM MAIN
美因河畔
法蘭克福

Franconia
法蘭克尼亞

Ahr 阿爾

Rheinland 萊茵蘭

COBLENCE
科布倫茨

Rheingau
萊茵高

SCHWEINFURT 什文福

Moselle 莫澤河

Rheinhessen
萊茵黑森

DARMSTADT 達姆城

Luxembourg 盧森堡

○TRIER 特里爾

Nahe 那赫

Bergstrasse 貝格施特拉瑟

LUXEMBOURG
盧森堡

MANNHEIM 曼海姆

Moselle 莫澤河

Pfalz 普法茲

HEIDELBERG 海德堡

Pfalz 普法茲

HEILBRONN 海布隆

Württemberg 符騰堡

KARLSRUHE
卡爾斯魯爾

PFORZHEIM 佛茨海姆

BADEN-BADEN 巴登-巴登

○STUTTGART 斯圖加特

Baden-Württemberg
巴登-符騰堡邦

Danube 多瑙河

Rhine 萊茵河

Bade 巴德

AUGSBU
奧格斯

FREIBURG IM BREISGAU
布萊斯高的弗萊堡

CONSTANCE
康士坦茲

KEMPTEN 肯普田

特優產區酒
麗絲玲
萊茵河
黑皮諾

Swiss 瑞士

Lake Constance
(Bodensee)
博登湖

Liechtenstein 列支敦登

德國

愛酒人士經常忽略德國以生產優質白酒
見長，風味絕佳適合陳年，在口中餘韻
悠長，在歲月中亦顯精湛功力。

MAGDEBURG 馬德堡

DESSAU 德紹

Elbe 易北河

aale-Unstrut 薩勒-溫斯特魯特

COTTBUS 科特布斯

HALLE 哈雷

LEIPZIG 萊比錫

Saxe 薩克斯

JENA 吉納

GERA 格拉

CHEMNITZ 肯尼茲

DRESDEN 德勒斯登

Saale 薩勒河

○ PLAUEN 普勞恩

Main 美因河

YREUTH 拜羅伊特

Czech Republic 捷克

UREMBERG 紐倫堡

REGENSBURG 雷根斯堡

GOLSTADT 哥爾斯塔特

PASSAU 帕紹

Isar 伊薩爾河

LANDSHUT 蘭休特

○ MUNICH 慕尼黑

ROSENHEIM 羅森海姆

Austria 奧地利

NORD

過去

羅馬人沿著隆河往北，經過瑞士，來到塞爾特民族的土地，並迫不及待地種下葡萄。俗語說「萊茵河之壤，葡萄酒之地」，麗絲玲原先誕生於萊茵河沿岸，隨後才往東部擴展。

「萊茵河之壤，葡萄酒之地。」

德國葡萄園在19世紀達到巔峰，德國佳釀完全不輸法國或義大利葡萄酒。二次大戰後的經濟復興時期，高產量葡萄脫穎而出，大都種在平原地區以利機械採收。直到1980年代，用心追求「德意志品質」的葡萄園才東山再起，重拾過去精細的耕種與釀製態度。

現在

在這個早霜與嚴冬的國家，最輕微的溫度變化都能對葡萄產生意想不到的後果，不是大好就是大壞。

葡萄園沿著河川的水位線發展。

觀察德國的葡萄園如何沿著河川的水位線一路發展，是相當有趣的事情。葡萄藤蔓為了躲避冰冷的風，會攀爬上萊茵河及其支流沿岸的陡峭坡地，以尋找充沛的日照。

德國是麗絲玲葡萄酒的首要生產國，麗絲玲是德國品種，當然在德國葡萄園中如魚得水。而勃艮地熙篤會（Cistercian）修士帶來的黑皮諾，則成為德國紅葡萄酒的標記象徵。德國的黑皮諾享有溫煦氣候，比原產地亞爾薩斯的黑皮諾更輕盈，單寧更少，香氣也更馥郁。

0   50   100   150   200 km

主要葡萄品種

- ● Pinot Noir 黑皮諾*、
  Blauer Portugieser 葡萄牙藍、
  Dornfelder 丹菲德
- ● Riesling 麗絲玲、Sylvaner 希爾瓦那、
  Müller-Thurgau 米勒-圖高

*當地稱為斯貝博貢德（Spätburgunder）

當地原生種

BERLIN 柏林

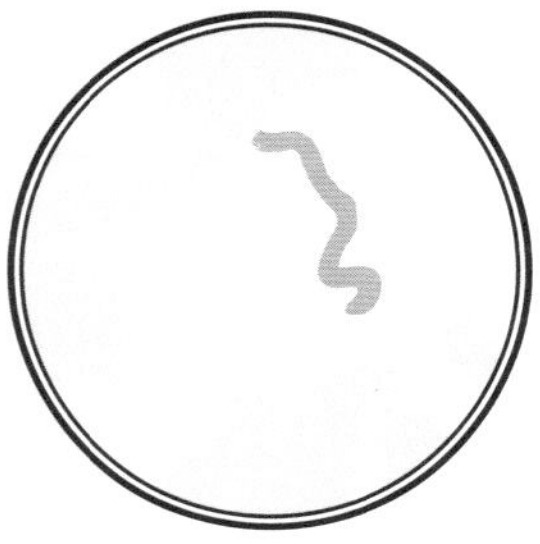

萊茵河

歐洲風格河川

萊茵河一向是羅馬帝國與日耳曼世界的分野，現在則因穿越歐洲聯盟創始國而成為偃兵息鼓的和平歐洲象徵。除了義大利與比利時之外，萊茵河流經法國、德國與荷蘭。

中古世紀時期的修道院並不希望在啤酒與葡萄酒當中擇一釀製，因而成為千年傳統的守護者。萊茵河穿越三個農業國，其中德國受益最多，因為萊茵河調節了德國原本嚴寒而不利葡萄生長的氣候。也難怪德國葡萄酒幾乎絕大多數都產自萊茵河、莫澤河以及其支流沿岸。

潺潺的萊茵河流經康士坦茲湖（Lake Constance，瑞士稱為博登湖 Bodensee）之後離開瑞士的崇山峻嶺，河面趨於寬廣並可航行船隻，沿岸也出現了麗絲玲葡萄園。雖然很難證明這款神祕葡萄的國籍，但是專家一致認同它的出生地是萊茵河谷。麗絲玲與黑皮諾二強鼎立各擅勝場，黑皮諾來自勃艮地，並相當適應此地的環境，法國的萊茵河沿岸反而沒有什麼葡萄園。

亞爾薩斯人認為佛日山脈的精彩風土更適合葡萄園，而灌溉太容易也太平坦的平原耕種穀物比較恰當。不過，在以芒斯特乳酪聞名的芒斯特（Munster）河谷仍然可以瞥見青翠葡萄園，與陽台點綴著豔麗天竺葵的亞爾薩斯小鎮相互輝映，美不勝收。

萊茵河在離開法國之前，短暫脫離河道喘口氣，隨著蜿蜒的運河來到史特拉斯堡（Strasbourg）舊城區享受浪漫主義風情，欣賞歐洲首都之一的美麗半木構造房屋（colombages）。

接著前進到德國，葡萄園又遍佈萊茵河兩岸，一直到科隆。穿越德國最北邊的葡萄園之後，萊茵河畔的風光由葡萄酒變成了啤酒。

特徵

長度	1233公里
源頭	Lake Toma 托馬湖（瑞士）
河口	北海
流經的國家	瑞士、列支敦斯登、奧地利、德國、法國、荷蘭
主要支流	Aar 阿勒河、Moselle 莫澤河、Main 美因河、Neckar 內卡河

圖示說明

●	主要紅葡萄品種
●	主要白葡萄品種

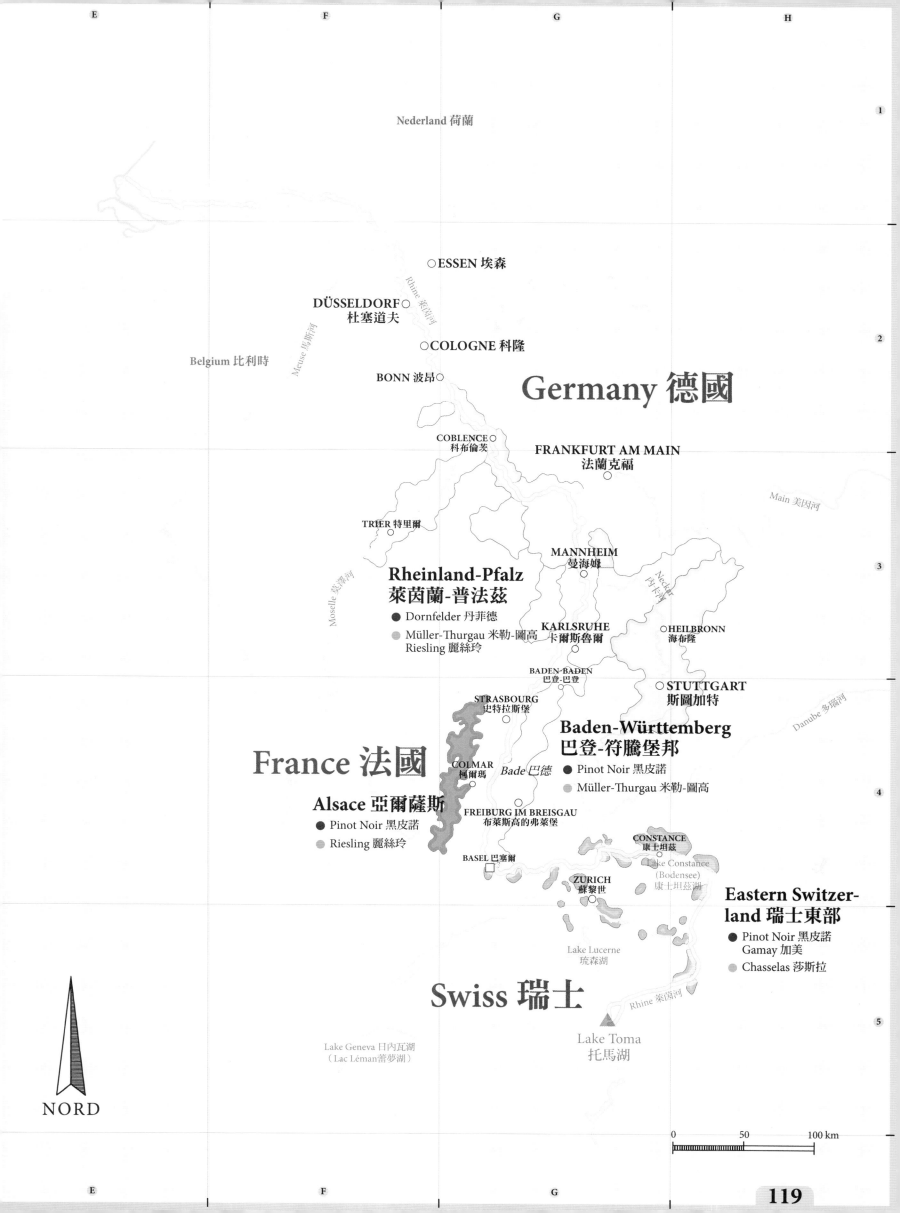

Nederland 荷蘭

○ESSEN 埃森

DÜSSELDORF
杜塞道夫 ○

Rhine 萊茵河

Meuse 馬斯河

Belgium 比利時

○COLOGNE 科隆

BONN 波昂○

Germany 德國

COBLENCE ○
科布倫芝

FRANKFURT AM MAIN
法蘭克福

Main 美因河

TRIER 特里爾 ○

Moselle 莫澤河

MANNHEIM
曼海姆

Necker 內卡河

**Rheinland-Pfalz
萊茵蘭-普法茲**

● Dornfelder 丹菲德

KARLSRUHE
卡爾斯魯爾

HEILBRONN
海布隆

● Müller-Thurgau 米勒-圖高
Riesling 麗絲玲

BADEN-BADEN
巴登-巴登

STUTTGART
斯圖加特

STRASBOURG
史特拉斯堡

**Baden-Württemberg
巴登-符騰堡邦**

France 法國

COLMAR
柯爾瑪

Bade 巴德

● Pinot Noir 黑皮諾

● Müller-Thurgau 米勒-圖高

Alsace 亞爾薩斯

FREIBURG IM BREISGAU
布萊斯高的弗萊堡

● Pinot Noir 黑皮諾

● Riesling 麗絲玲

CONSTANCE
康士坦茲

BASEL 巴塞爾 □

Lake Constance
(Bodensee)
康士坦茲湖

ZURICH
蘇黎世 ○

**Eastern Switzer-
land 瑞士東部**

● Pinot Noir 黑皮諾
Gamay 加美

Lake Lucerne
琉森湖

● Chasselas 莎斯拉

Swiss 瑞士

Rhine 萊茵河

Lake Geneva 日內瓦湖
(Lac Léman 蕾夢湖)

Lake Toma
托馬湖

NORD

0   50   100 km

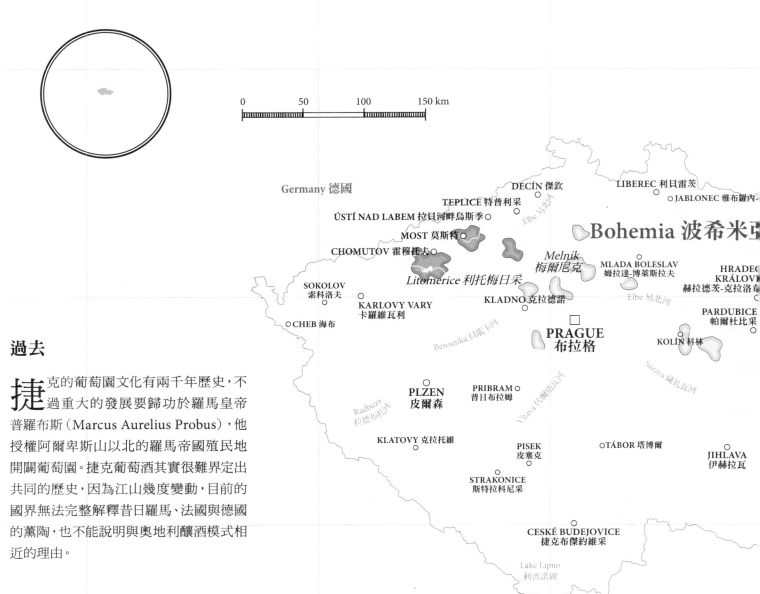

0　　50　　100　　150 km

Germany 德國

DĚCÍN 傑欽
TEPLICE 特普利采
ÚSTÍ NAD LABEM 拉貝河畔烏斯季
MOST 莫斯特
CHOMUTOV 霍穆托夫
SOKOLOV 索科洛夫
KARLOVY VARY 卡羅維瓦利
CHEB 海布

LIBEREC 利貝雷茨
JABLONEC 雅布羅內采

Bohemia 波希米亞

Melník 梅爾尼克
MLADA BOLESLAV 姆拉達-博萊斯拉夫
HRADEC KRÁLOVÉ 赫拉德茨-克拉洛韋
Litomerice 利托梅日采
KLADNO 克拉德諾
PARDUBICE 帕爾杜比采
Elbe 易北河
KOLÍN 科林
PRAGUE 布拉格
Berounka 貝龍卡河
Vltava 伏爾塔瓦河
Sázava 薩扎瓦河
PLZEN 皮爾森
PRIBRAM 普日布拉姆
Radbuza 拉德布扎河
KLATOVY 克拉托維
PISEK 皮塞克
TÁBOR 塔博爾
JIHLAVA 伊赫拉瓦
STRAKONICE 斯特拉科尼采
CESKÉ BUDEJOVICE 捷克布傑約維采
Lake Lipno 利普諾湖

Austria 奧地利

NORD

過去

捷克的葡萄園文化有兩千年歷史，不過重大的發展要歸功於羅馬皇帝普羅布斯（Marcus Aurelius Probus），他授權阿爾卑斯山以北的羅馬帝國殖民地開闢葡萄園。捷克葡萄酒其實很難界定出共同的歷史，因為江山幾度變動，目前的國界無法完整解釋昔日羅馬、法國與德國的薰陶，也不能說明與奧地利釀酒模式相近的理由。

捷克葡萄酒很難界定出共同的歷史。

捷克葡萄園可分為兩個區域：波西米亞與摩拉維亞（Moravia）。羅馬人首先在波西米亞種下葡萄，不過摩拉維亞才是葡萄大紅大紫肆意生長的地方，也佔了全國96%的葡萄酒產量。

現在

捷克的啤酒比水還便宜，因此觀光客在第一時間不會想到要參考葡萄酒單。幸好還有當地人可以維持葡萄酒窖的生計！

捷克人消費的葡萄酒比自己生產的葡萄酒還要多兩倍，所以在捷克以外的地方很難買到捷克葡萄酒。摩拉維亞產區相當傳統，仍有很多家庭自釀葡萄酒，也僅供自用。而十多個酒農共同耕種同一公頃葡萄園的情形也相當普遍。

捷克人消費的葡萄酒比自己生產的葡萄酒還要多兩倍。

捷克

捷克於奧匈帝國分裂之後誕生，
所以其葡萄酒文化與奧地利大同小異。

Poland 波蘭

KRNOV 克爾諾夫

SUMPERK 順佩爾克

OPAVA 奧帕瓦

Moravice 摩拉維采河

Morava 摩拉瓦河

OSTRAVA 奧斯特拉瓦

HAVÍROV 哈維若夫

FRYDEK-MÍSTEK 弗里代克-米斯泰克

OLOMOUC 奧洛穆茨

Moravia 摩拉維亞

PREROV 普熱羅夫

NOVY JICIN 新伊欽

BRNO 布爾諾

KROMERÍZ 克羅梅日什

ZLÍN 茲林

Velké Pavlovice 大帕夫洛維采

Moravian Slovakia 斯洛伐克摩拉維亞

ojmo 茗伊莫

Mikulov 米庫洛夫

JMO 伊莫

HODONIN 霍多寧

Slovakia 斯洛伐克

世界排名（產量）
34

種植公頃
16 000

年產量（百萬公升）
45

紅白葡萄比例
30%
70%

採收季節
九月 十月

釀酒歷史開始於
西元
200年

受誰影響
羅馬人

主要葡萄品種

- Saint Laurent 聖勞倫特、Zweigelt 茨威格、Pinot Noir 黑皮諾、Blaufrankisch 藍佛朗克
- Müller-Thurgau 米勒-圖高、Grüner Veltliner 綠菲特麗娜、Welschriesling 威爾許麗絲玲

匈牙利

貴腐甜酒
多瑙河
　路易十五
沙皇御飲
　　Bor*葡萄酒

憑藉其世界聞名的貴腐甜酒，匈牙利是
第一個對葡萄園進行精密分類的國家。

世界排名（產量）

18

種植公頃

68 000

年產量（百萬公升）

190

紅白葡萄比例

30 %

70 %

採收季節

九月
十月

釀酒歷史開始於

西元
400年

受誰影響

塞爾特人

5 個入門產地

Tokaj 托凱伊
Kunság 昆薩格
Hajós-Baja 郝佳-巴佳
Eger 埃格爾
Szekszárd 西薩

Slovakia 斯洛伐克

Transdanubie
du Nord
多瑙河北部

Austria 奧地利

Lake Neusiedl
新錫德爾湖

○SOPRON 肖普朗

Sopron 肖普朗

SZOMBATHELY
松博特海伊

○ GYÖR 焦爾

Pannonhalma
潘諾恩哈爾姆

Neszmély 奈斯梅伊

BUDAPEST
布達佩斯

○ TATABÁNYA
塔塔巴尼奧

Mór 莫爾

Etyek-Buda
埃杰克布達

Nagy-Somló 納吉紹莫羅

SZÉKESFEHÉRVÁR 塞克什白堡○

VESZPRÉM 維斯普雷姆

Raba 拉布河

Balaton 巴拉頓

Zala 薩拉河

ZALAEGERSZEG
佐洛埃格塞格

Zala 薩拉河

NAGYKANIZSA
瑙吉卡尼札

Balaton-felvidék
巴拉頓高地

Badacsony
巴達索尼

Lake Balaton 巴拉頓湖

Balatonfüred-Csopak
巴拉頓菲賴德-喬保克

Balatonboglár
巴拉頓博格拉爾

DUNAÚJVÁROS 多瑙新城

Pannon 潘儂

Tolna 托爾瑙

Kunság 坤薩

Slovenija
斯洛維尼亞

Balatonboglár
巴拉頓博格拉爾

KAPOSVÁR
考波什堡○

Szekszárd
塞克薩德

Hajós-Baja
毫約石-包姚

Croatia 克羅埃西亞

PÉCS 佩奇○

Pécs 佩奇

Drave 德拉瓦河

Villány 維拉尼

0　　20　　40　　60 km

主要葡萄品種

● Blaufrankisch 藍佛朗克* 、Kadarka 卡達卡、
Cabernet Sauvignon 卡本內蘇維濃

● Furmint 弗明、Harslevelu 哈斯萊威路、
Welschriesling 威爾許麗絲玲

*當地稱為卡法蘭克斯（Kéfrankos）

當地原生種

*譯註：Bor是匈牙利文的葡萄酒。

E F G H

1

Ukraine 烏克蘭

Upper Hungary
上匈牙利

MISKOLC
密什科茲

Tokaj 托凱伊

Bükk 比克山

EGER 埃格爾

Eger
奧赫熱河

Mátra 馬特勞山

NYÍREGYHÁZA
尼賴吉哈佐

Tisza 溫薩河

Szamos 薩摩斯

2

Lake Tisza
蒂薩湖

DEBRECEN
德布勒森

Romania 羅馬尼亞

SZOLNOK
索爾諾克

Körös 克勒斯河

NORD

3

Danube 多瑙河

ECSKEMÉT
奇凱梅特

○ BÉKÉSCSABA 貝凱什喬包

Csongrád 瓊格拉德

○HÓDMEZÖVÁSÁRHELY 霍德梅澤瓦

SZEGED 塞格德

Serbia 塞爾維亞

過去

「女士，這就是王中之酒，酒中之王！」

路 易十五寫給情婦蓬巴杜侯爵夫人的句子，至今仍是貴腐甜酒 Tokaj（發音為「托凱伊」）的最佳廣告詞。托凱伊貴腐甜酒非常傳奇，傳說自沙場解甲歸田的戰士因故較晚抵家，發現來不及採收的葡萄上面有一層奇怪的腐菌，他們品嚐了用「貴腐菌」釀造的葡萄酒之後如獲至寶。

事實上，過熟的晚摘葡萄能賦予葡萄酒多層次的出色香味，而且風味隨著春去秋來更添韻味。貴腐甜酒的傳聞很快就在西歐貴族間散播開來，更直達歐洲東部的沙皇耳朵，也讓匈牙利葡萄酒開始踏上旅程。

貴腐甜酒已成為匈牙利的國家象徵，甚至被寫入國歌裡：「祢讓平原上的麥穗如海浪般起舞，也讓我們的酒杯斟滿托凱伊的瓊漿。」匈牙利語中的葡萄酒是Bor，跟希臘一樣都不使用拉丁語源的 Vinum 來稱呼葡萄酒。

現在

沒有人知道是哪個地區先發現了晚摘葡萄的奧祕，是蘇玳、亞爾薩斯還是匈牙利？無論如何，托凱伊貴腐甜酒是全世界最古老的產地名稱，可追溯到西元1730

年，比波爾多特級園葡萄酒的分級制度還要早125年。匈牙利與其他東歐國家一樣，蘇聯共產政權的瓦解加速了投資的腳步，匈牙利目前將四分之一的葡萄酒產量外銷到全世界。

多瑙河沿岸的昆薩格（Kunság）是匈牙利最大的產酒區，佔全國30%的產量。購買匈牙利葡萄酒時，要認明 Minoségi Bor（品質優異的葡萄酒）跟 Különleges Minoségu Bor（品質特別優異的葡萄酒）這兩個品質保證標示，代表葡萄酒來自匈牙利的22個法定產區之一。

另一項匈牙利的驕傲是橡木桶：當全世界都在搶購美國或法國橡木來做酒桶的時候，匈牙利不但有自產的橡木，所製作的酒桶也非常適合讓葡萄酒陳釀。最短物流萬歲！

E F G

西元1500年
誰開始釀酒？

羅馬帝國殞落之後，由教會接掌葡萄酒文化傳承。中東與東歐地區的葡萄園雖然因鄂圖曼帝國入侵而被摧毀，但是葡萄酒傳統卻沒有消失，靠著修士釀製宗教用的酒而逃過一劫。

300　　　　　　*500*　　　　　　*700*　　　　　　*900*

• 比利時

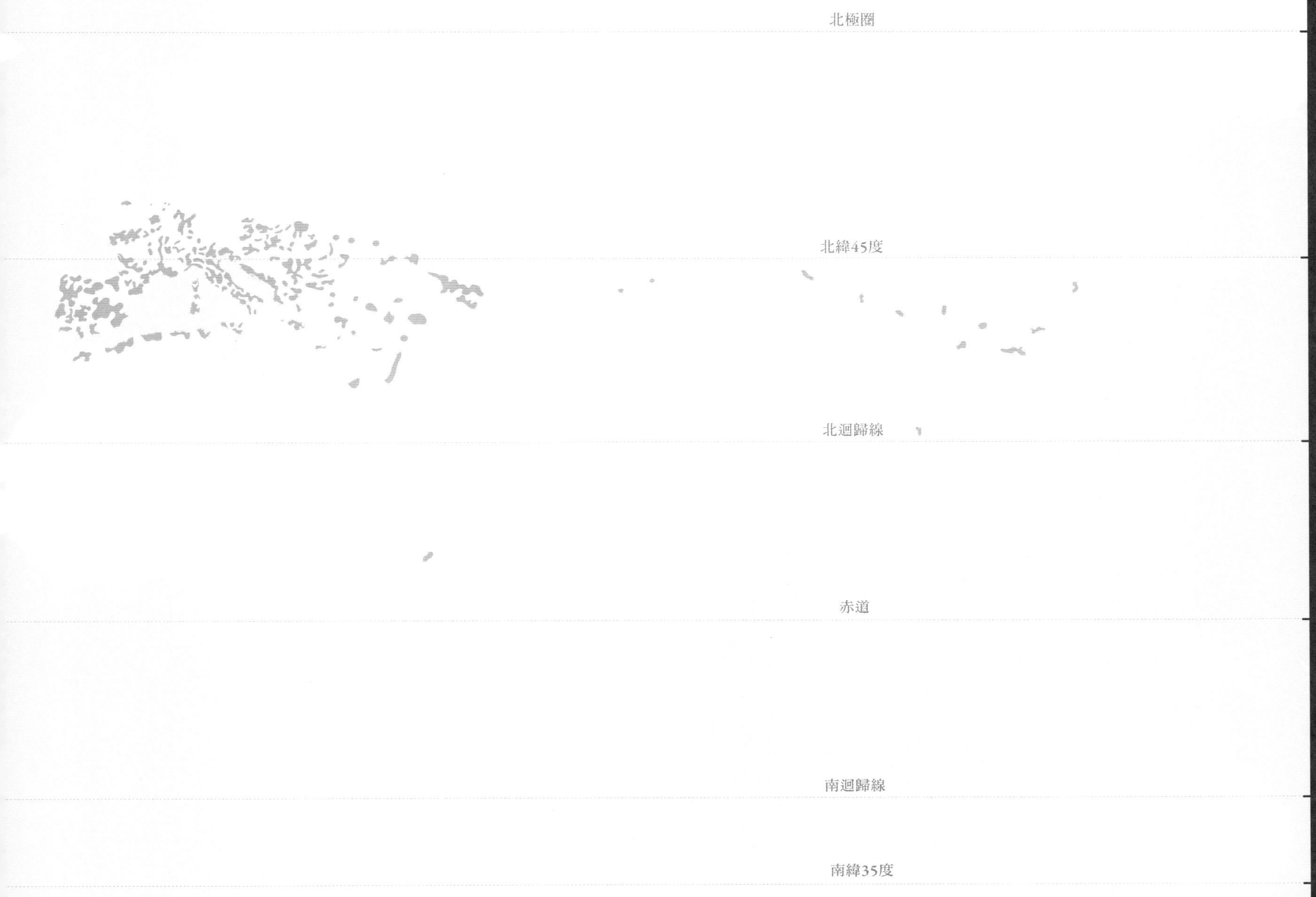

北極圈

北緯45度

北迴歸線

赤道

南迴歸線

南緯35度

900　　　　　　　　　1100　　　　　　　　　1300　　　　　　　　　1500

1492
義大利航海家
哥倫布抵達美洲

1152
阿基坦女公爵艾莉諾下嫁
英皇亨利二世，波爾多成
為英國領土

1455
古騰堡（Gutenberg）改造葡萄
榨汁機，發明了鉛板活字印刷

1095
教宗烏爾巴諾二世
首次宣揚十字軍東征

1336
熙篤修院的修士在勃艮地創立
梧玖園酒莊（Clos Vougeot）

1395
勃艮地公爵菲利普二世
禁止勃艮地種植加美葡萄

比利時

啤酒的國度正在醞釀一場小小的葡萄酒革命。人民的訴求為何？當然是葡萄酒！

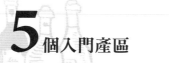

5 個入門產區

Hageland 海格蘭
Haspengouw 哈斯蓬構
Heuvelland 賀芙蘭
Côtes de Sambre et Meuse 桑布爾與謬思丘
Crémant de Wallonie 瓦隆尼氣泡酒

OSTENDE 奧斯騰德

BRUGES 布魯日

GAND 根特

Escaut 斯海爾德河

ROULERS 魯瑟拉勒

Lys 利斯河

COURTRAI 科特賴克

Vlaamse landwijn 伏藍瑟藍溫

AL○ 阿爾其

Heuvelland 赫綱蘭德

Escaut 斯海爾德河

MOUSCRON 穆斯克龍

TOURNAI 圖爾奈

MONS 蒙

France 法國

過去

比利時與英國兩者的葡萄酒歷史非常雷同。中古世紀的「小冰河時期」讓它們的葡萄園慘遭蹂躪，因而後來也都成為啤酒國度，尤其種植啤酒花比葡萄容易的多，讓各修道院的修士喜釀啤酒而棄葡萄酒，再加上道路狀況改善，法國與德國的葡萄酒可長驅直入，比利時當地的葡萄酒完全不是對手。

憑藉著位處於優越的地理位置，比利時一直是世界葡萄酒貿易中必經的中轉站。

現在

1977年，法蘭德斯地區（Flandres）建立第一個法定產區認證（AOC），代表對於國家風土的肯定。比利時與鄰居盧森堡、德國一樣，都優先種植比較適合北方氣候的白葡萄。

比利時人消費的葡萄酒數量，竟是他們產量的284倍。

比利時葡萄酒產量雖日漸增多，卻遠遠趕不上需求的數量，比利時人消費的葡萄酒數量是他們產量的284倍。而且仍然跟英國一樣，比利時這個地勢平坦的國家有志成為卓越氣泡酒的可靠生產國。

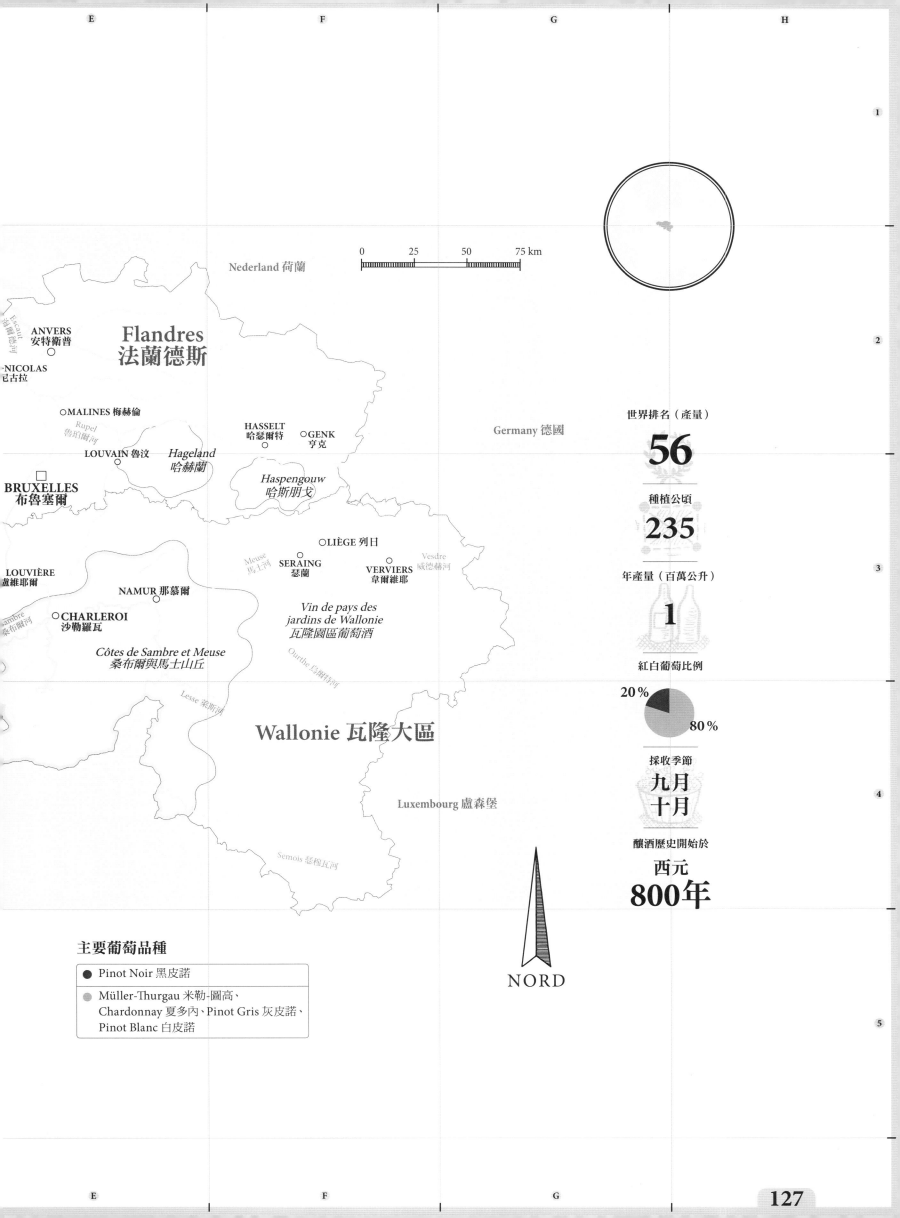

Nederland 荷蘭

0 25 50 75 km

Flandres 法蘭德斯

ANVERS
安特衛普

-NICOLAS
己古拉

○MALINES 梅赫倫

Rupel
魯珀爾河

HASSELT
哈瑟爾特

○GENK
亨克

Germany 德國

LOUVAIN 魯汶

Hageland
哈赫蘭

BRUXELLES
布魯塞爾

Haspengouw
哈斯朋戈

○LIÈGE 列日

LOUVIÈRE
盧維耶爾

Meuse
馬士河

SERAING
瑟蘭

VERVIERS
韋爾維耶

Vesdre
威德赫河

NAMUR 那慕爾

○CHARLEROI
沙勒羅瓦

*Vin de pays des
jardins de Wallonie*
瓦隆園區葡萄酒

Sambre
桑布爾河

Côtes de Sambre et Meuse
桑布爾與馬士山丘

Ourthe 烏爾特河

Lesse 萊斯河

Wallonie 瓦隆大區

Luxembourg 盧森堡

Semois 瑟穆瓦河

世界排名（產量）

56

種植公頃

235

年產量（百萬公升）

1

紅白葡萄比例

20%

80%

採收季節

**九月
十月**

釀酒歷史開始於

**西元
800年**

NORD

主要葡萄品種

● Pinot Noir 黑皮諾

● Müller-Thurgau 米勒-圖高、
Chardonnay 夏多內、Pinot Gris 灰皮諾、
Pinot Blanc 白皮諾

歐洲移民

歐洲移民

西班牙征服者

西元1800年
誰開始釀酒？

「地理大發現」不僅重畫了世界地圖，也修改了葡萄酒的疆
土。西班牙、葡萄牙、法國與義大利紛紛將釀酒技術傳到新
世界。自開天闢地以來，首次在五大洲都生產葡萄酒。

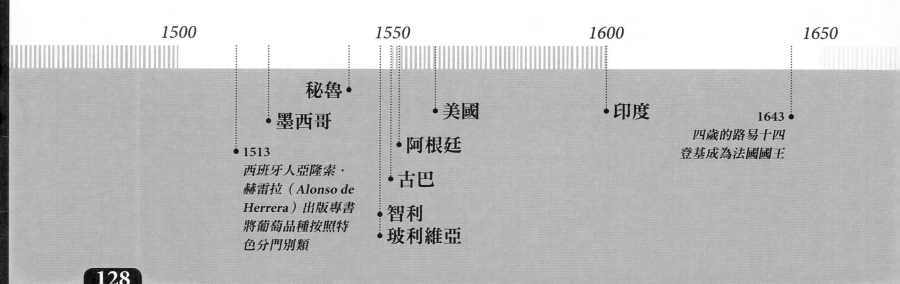

| *1500* | *1550* | *1600* | *1650* |

秘魯●

●墨西哥

美國●

●印度

1643 ●

四歲的路易十四
登基成為法國國王

●1513
西班牙人亞隆索·
赫雷拉（*Alonso de
Herrera*）出版專書
將葡萄品種按照特
色分門別類

●阿根廷

●古巴

●智利
●玻利維亞

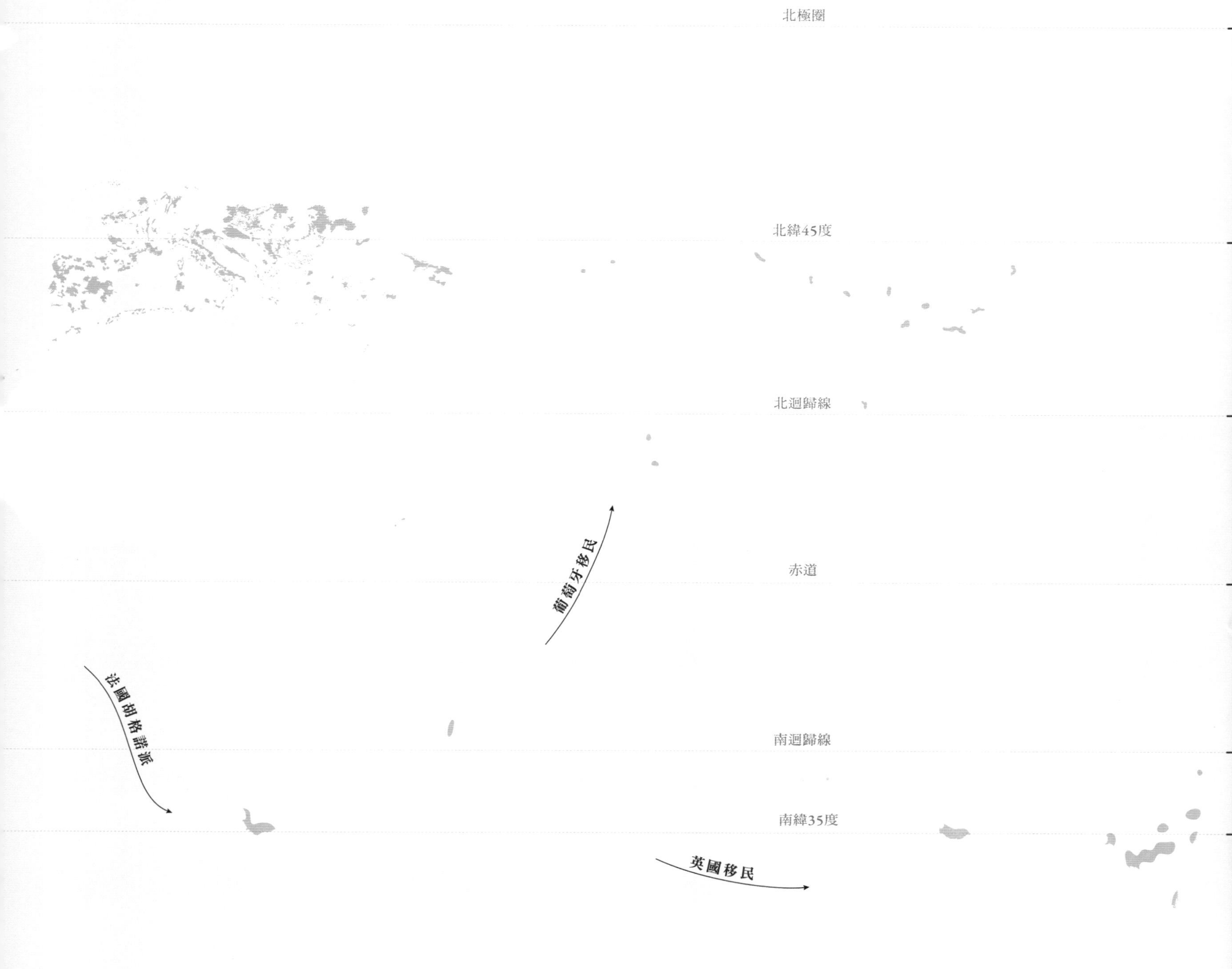
北極圈
北緯45度
北迴歸線
赤道
南迴歸線
南緯35度
葡萄牙移民
法國胡格諾派
英國移民

1650 1700 1750 1800

- 南非
- 玻璃酒瓶普及化
- 1730 匈牙利的托凱伊（Tokaj）成為全世界第一個產地名稱
- 澳洲
- 俄羅斯
- 馬達加斯加
- 出現第一批手寫酒標

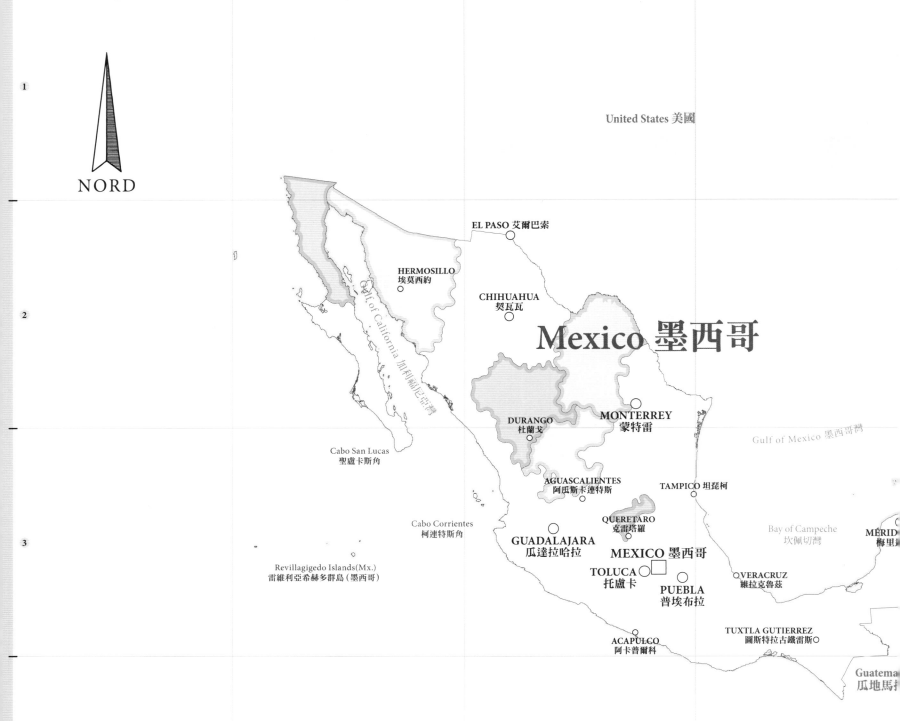

NORD

United States 美國

EL PASO 艾爾巴索

HERMOSILLO
埃莫西約

CHIHUAHUA
契瓦瓦

Mexico 墨西哥

Gulf of California 加利福尼亞灣

Cabo San Lucas
聖盧卡斯角

DURANGO
杜蘭戈

MONTERREY
蒙特雷

Gulf of Mexico 墨西哥灣

AGUASCALIENTES
阿瓜斯卡連特斯

TAMPICO 坦琵柯

Cabo Corrientes
柯連特斯角

QUERETARO
克雷塔羅

Bay of Campeche
坎佩切灣

MERID

GUADALAJARA
瓜達拉哈拉

MEXICO 墨西哥

Revillagigedo Islands(Mx.)
雷維利亞希赫多群島（墨西哥）

TOLUCA
托盧卡

VERACRUZ
維拉克魯茲

PUEBLA
普埃布拉

TUXTLA GUTIERREZ
圖斯特拉古鐵雷斯

ACAPULCO
阿卡普爾科

Guatema
瓜地馬拉

中美洲

墨西哥 & 古巴

中美洲位於赤道與北迴歸線之間，甘蔗比葡萄易於生長。
不過葡萄卻是從這裡登陸美洲的。

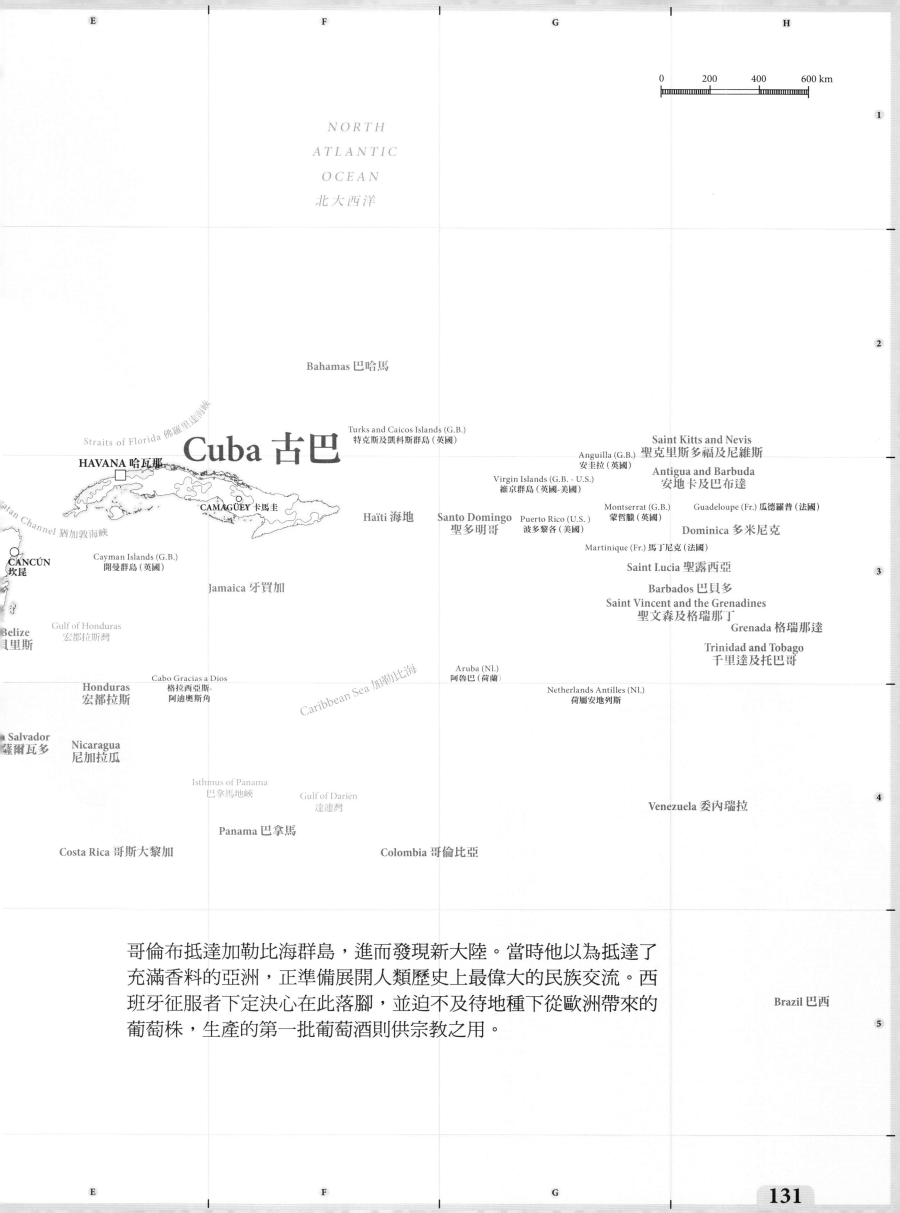

NORTH
ATLANTIC
OCEAN
北大西洋

Bahamas 巴哈馬

Straits of Florida 佛羅里達海峽

Turks and Caicos Islands (G.B.)
特克斯及凱科斯群島（英國）

Saint Kitts and Nevis
聖克里斯多福及尼維斯

Anguilla (G.B.)
安圭拉（英國）

HAVANA 哈瓦那

Cuba 古巴

Virgin Islands (G.B. - U.S.)
維京群島（英國-美國）

Antigua and Barbuda
安地卡及巴布達

Yucatan Channel 猶加敦海峽

CAMAGÜEY 卡馬圭

Haïti 海地

Santo Domingo
聖多明哥

Puerto Rico (U.S.)
波多黎各（美國）

Montserrat (G.B.)
蒙哲臘（英國）

Guadeloupe (Fr.) 瓜德羅普（法國）

Dominica 多米尼克

CANCÚN
坎昆

Cayman Islands (G.B.)
開曼群島（英國）

Martinique (Fr.) 馬丁尼克（法國）

Saint Lucia 聖露西亞

Jamaica 牙買加

Barbados 巴貝多

Saint Vincent and the Grenadines
聖文森及格瑞那丁

Belize
貝里斯

Gulf of Honduras
宏都拉斯灣

Grenada 格瑞那達

Trinidad and Tobago
千里達及托巴哥

Cabo Gracias a Dios
格拉西亞斯-
阿迪奧斯角

Aruba (Nl.)
阿魯巴（荷蘭）

Honduras
宏都拉斯

Netherlands Antilles (Nl.)
荷屬安地列斯

Caribbean Sea 加勒比海

Salvador
薩爾瓦多

Nicaragua
尼加拉瓜

Isthmus of Panama
巴拿馬地峽

Gulf of Darién
達連灣

Venezuela 委內瑞拉

Panama 巴拿馬

Costa Rica 哥斯大黎加

Colombia 哥倫比亞

哥倫布抵達加勒比海群島，進而發現新大陸。當時他以為抵達了充滿香料的亞洲，正準備展開人類歷史上最偉大的民族交流。西班牙征服者下定決心在此落腳，並迫不及待地種下從歐洲帶來的葡萄株，生產的第一批葡萄酒則供宗教之用。

Brazil 巴西

墨西哥

United States 美國

A TIJUANA 提華納　MEXICALI 墨西卡利
Valle de Guadalupe 瓜達盧普谷
Baja California 下加利福尼亞州
Gulf of California 加利福尼亞灣

Sonora 索諾拉
CIUDAD JUÁREZ 華瑞茲城
Bravo del Norte 北布拉沃河

Coahuila 科阿韋拉
Rio Grande 格蘭河
NUEVO LAREDO 新拉雷多

HERMOSILLO 埃莫西約
CHIHUAHUA 契瓦瓦

Durango 杜蘭戈
Valle de Parras 帕拉斯谷
MONTERREY 蒙特雷　MATAMOROS 馬塔莫羅斯
Gulf of Mexico 墨西哥灣

CULIACAN 庫利亞坎
DURANGO 杜蘭戈
Zacatecas 薩卡特卡斯

NORTH ATLANTIC OCEAN 北大西洋

MAZATLAN 馬薩特蘭
Aguascalientes 阿瓜斯卡連特斯
TAMPICO 坦皮柯

TEPIC 特皮克
AGUASCALIENTES 阿瓜斯卡連特斯
Querétaro 克雷塔羅
MÉRIDA 梅里達　CANCUN 坎昆

GUADALAJARA 瓜達拉哈拉
LEON 萊昂
Bay of Campeche 坎佩切灣

MORELIA 莫雷利亞
MEXICO 墨西哥

TOLUCA 托盧卡　PUEBLA 普埃布拉
VERACRUZ 維拉克魯茲
VILLAHERMOSA 比亞埃爾莫薩

Balsas 巴爾薩斯河
ACAPULCO 阿卡普爾科　OAXACA 瓦哈卡
TUXTLA GUTIÉRREZ 圖斯特拉古鐵雷斯

Gulf of Tehuantepec 特萬特佩克灣
Guatemala 瓜地馬拉

Salvador 薩爾瓦多

NORD

0　　200　　400　　600 km

即使氣候不適，酒稅令人氣餒，同胞又喜歡龍舌蘭或啤酒甚於葡萄酒，墨西哥的酒農仍不斷前進，而且突飛猛進。

世界排名（產量）
40

種植公頃
27 000

年產量（百萬公升）
20

紅白葡萄比例

20 %
80 %

採收季節
八月
九月

釀酒歷史開始於
西元
1521年

受誰影響
西班牙征服者

過去

1524年，西班牙派任墨西哥的總督赫爾南·科爾特斯（Hernán Cortés），下令每個西班牙征服者必須在5年內種植一千株葡萄，否則他將被剝奪勞動特權。墨西哥的葡萄園在此情境下迅速擴展。

墨西哥釀製美洲第一瓶酒。

但是葡萄酒業發展過快，反而令西班牙統治者憂心青出於藍勝於藍，甚至成為西班牙葡萄酒的潛在對手。為了防患於未然，西班牙國王查爾斯二世命令墨西哥葡萄酒只能針對宗教用途。等到1824年墨西哥獨立之後，葡萄酒業才重獲自由，也取得釀酒的自主權。

現在

在勁敵鄰居美國、智利、阿根廷的旁邊，很難取得立足之地。尤其墨西哥人民每年每人只喝兩杯葡萄酒，墨西哥葡萄酒面臨的挑戰非同小可。不過，酒農仍然可以寄望大都市如墨西哥市、蒙特雷（Monterrey）或瓜達拉哈拉（Guadalajara）的富裕階級，他們對於葡萄酒品飲越來越充滿熱情。目前最支持墨西哥葡萄酒的國家是日本，將近48%的葡萄酒都出口到東瀛。

下加利福尼亞州隱匿於半島上，享有地中海型氣候，因而成為墨西哥品質最佳的產酒區，產量佔全國的85%。

主要葡萄品種

- Barbera 巴貝拉、Carignan 佳利釀、Merlot 梅洛、Cabernet Sauvignon 卡本內蘇維濃
- Chardonnay 夏多內、Chenin Blanc 白梢楠、Sauvignon Blanc 白蘇維濃、Sémillon 榭密雍

古巴

古巴是加勒比海上面積最大的島嶼，在一望無際的甘蔗田與知名的雪茄廠之間，還是留了幾公頃的葡萄園。

世界排名（產量）

55

年產量（百萬公升）

1

採收季節

二月

釀酒歷史開始於

西元

16世紀

受誰影響

西班牙征服者

過去

16世紀時，西班牙移民在古巴種植葡萄，主要是生產天主教彌撒需要的葡萄酒，但是炎熱無比的氣候嚴重打擊了他們的信心。一直等到20世紀，才由西班牙與義大利移民重新種植國際化的葡萄品種，並投資適合現代化耕種的器具。

主要葡萄品種

- Carignan 佳利釀、Merlot 梅洛、Cabernet Sauvignon 卡本內蘇維濃
- Chardonnay 夏多內、Sultana 蘇丹娜、Chenin Blanc 白梢楠

現在

產量雖小，但正迎頭追擊。跟越南或巴西北部的酒農一樣，都必須面對熱帶氣候的挑戰。古巴還是可以將希望寄託在每年400萬的觀光客身上，即使他們大部份時間想點的是莫希托雞尾酒（Mojito），而非一杯梅洛釀的葡萄酒…

NORD

Gulf of Mexico 墨西哥灣

Bahamas 巴哈馬

Havana 哈瓦那

Santaren Channel 聖塔倫海峽

Pinar del Río
比那爾德里奧區

HAVANA 哈瓦那

MATANZAS
馬坦薩斯

SANTA CLARA
聖克拉拉

PINAR DEL RÍO
比那爾德里奧

CIENFUEGOS
西恩富戈斯

SANCTI SPIRITUS
聖斯皮里圖斯市

Camagüey 卡馬圭

Las Villas
拉斯比亞區

CAMAGÜEY
卡馬圭

HOLGUIN
奧爾金

Eastern 東部

LAS TUNAS
拉斯圖納斯

Sierra Maestra
馬埃斯特臘山脈

BAYAMO 巴亞莫

MANZANILLO
曼薩尼約

PALMA SORIANO
帕爾馬索里亞諾

GUANTANAMO
關塔那摩

Yucatan Channel 猶加敦海峽

Caribbean Sea 加勒比海

SANTIAGO DE CUBA
聖地亞哥-德古巴

Cayman Islands
開曼群島

Haïti 海地

0   100   200 km

Jamaica 牙買加

Costa Rica
哥斯大黎加

Panama 巴拿馬

Venezuela
委內瑞拉

Colombia 哥倫比亞

Orinoco 奧利諾科河

Rio Negro 內格羅河

PACIFIC OCEAN
太平洋

Équateur 厄瓜多

Japura 雅普拉河

Putumayo 普圖馬約河

Gulf of Guayaquil
瓜亞基爾灣

Marañón 馬拉尼翁河

Purus 普魯斯河

Madeira 馬代拉河

PIURA 皮烏拉

CHICLAYO 奇克拉約

TRUJILLO 特魯希略

Peru 秘魯

CALLAO 卡亞俄

LIMA 利馬

CUZCO 庫斯科

Lake Titicaca
的的喀喀湖

AREQUIPA 阿雷基帕

LA PAZ
拉巴斯

COCHABAMB
科恰班巴

SANTA CRUZ
DE LA SIERRA
聖克魯斯

Bolivia 玻利維亞

SALTA 薩爾塔

Chile 智利

TUCUMÁN 圖庫曼

CÓRDOBA
哥多華

南美洲

烏拉圭、阿根廷、巴西、
智利、玻利維亞、秘魯

長七千公里的安地斯山脈，
從秘魯的沙漠延伸到巴塔哥尼亞高原的雪地，
是南美葡萄園的中堅力量。

VALPARAÍSO
瓦爾帕萊索

SANTIAGO
聖地亞哥

CONCEPCIÓN
康塞普西翁

Argentina 阿根廷

Chiloé Island(Cl.)
奇洛埃島（智利）

Arch. Des Chonos (Cl.)
喬諾斯群島（智利）

St-George
聖喬治灣

Gulf of Penas
佩納斯灣

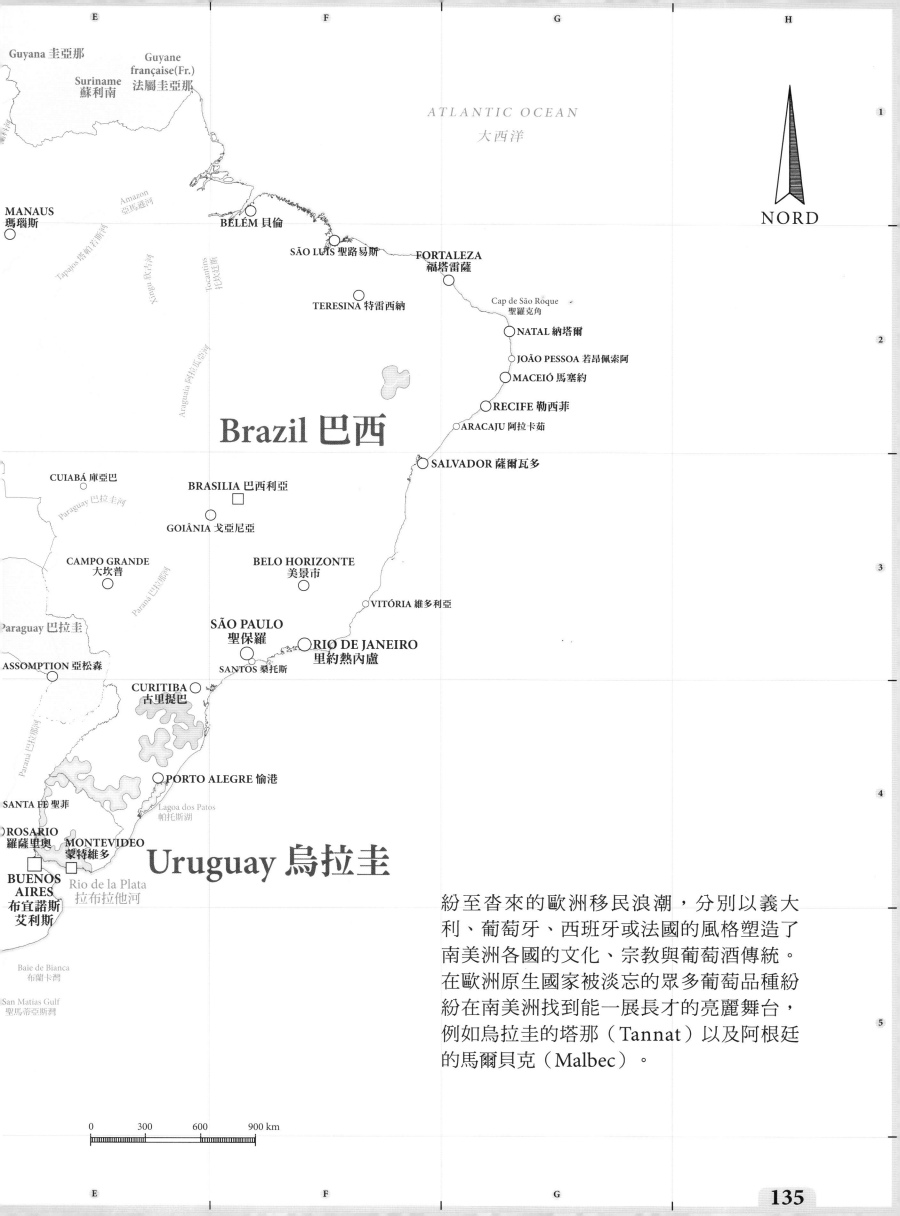

ATLANTIC OCEAN
大西洋

NORD

Guyana 圭亞那

Suriname
蘇利南

Guyane
française(Fr.)
法屬圭亞那

Amazon
亞馬遜河

Tapajós 塔帕若斯河

Xingu 欣古河

Tocantins 托坎廷斯河

Araguaia 阿拉瓜亞河

MANAUS
瑪瑙斯

BELÉM 貝倫

SÃO LUÍS 聖路易斯

FORTALEZA
福塔雷薩

Cap de São Roque
聖羅克角

TERESINA 特雷西納

NATAL 納塔爾

JOÃO PESSOA 若昂佩索阿

MACEIÓ 馬塞約

RECIFE 勒西菲

ARACAJU 阿拉卡茹

Brazil 巴西

SALVADOR 薩爾瓦多

CUIABÁ 庫亞巴

BRASILIA 巴西利亞

Paraguay 巴拉圭河

GOIÂNIA 戈亞尼亞

Paraná 巴拉那河

CAMPO GRANDE
大坎普

BELO HORIZONTE
美景市

VITÓRIA 維多利亞

Paraguay 巴拉圭

SÃO PAULO
聖保羅

RIO DE JANEIRO
里約熱內盧

ASSOMPTION 亞松森

SANTOS 桑托斯

CURITIBA
古里提巴

Paraná 巴拉那河

PORTO ALEGRE 愉港

SANTA FE 聖菲

Lagoa dos Patos
帕托斯湖

ROSARIO
羅薩里奧

MONTEVIDEO
蒙特維多

Uruguay 烏拉圭

BUENOS
AIRES
布宜諾斯
艾利斯

Rio de la Plata
拉布拉他河

Baie de Bianca
布蘭卡灣

San Matias Gulf
聖馬蒂亞斯灣

紛至沓來的歐洲移民浪潮，分別以義大
利、葡萄牙、西班牙或法國的風格塑造了
南美洲各國的文化、宗教與葡萄酒傳統。
在歐洲原生國家被淡忘的眾多葡萄品種紛
紛在南美洲找到能一展長才的亮麗舞台，
例如烏拉圭的塔那（Tannat）以及阿根廷
的馬爾貝克（Malbec）。

0   300   600   900 km

太平洋 PACIFIC OCEAN

TALARA 塔拉拉
SULLANA 蘇亞納
PAITA 派塔
CHULUCANAS 丘盧卡納斯
PIURA 皮烏拉
CHICLAYO 奇克拉約
CAJAMARCA 卡哈馬卡
TRUJILLO 特魯希略
PUCALLPA 普卡爾帕
CHIMBOTE 欽博特
HUARAZ 瓦拉斯
HUÀNUCO 瓦努科
CERRO DE PASCO 塞羅德帕斯科
BARRANCA 巴蘭卡
HUACHO 瓦喬
Lima 利馬
LIMA 利馬
HUANCAYO 萬卡約
CHINCHA ALTA 上欽查
AYACUCHO 阿亞庫喬
CUZCO 庫斯科
PISCO 皮斯可
ABANCAY 阿班凱
ICA 伊卡
Ica 伊卡
Arequipa 阿雷基帕
JULIACA 胡利亞卡
PUNO 普諾
Lake Titicaca 的的喀喀湖
AREQUIPA 阿雷基帕
Moquegua 莫克瓜
MOQUEGUA 莫克瓜
ILO 伊洛
TACNA 塔克納
Bolivia 玻利維亞
Tacna 塔克納
Brazil 巴西
Chile 智利

秘魯

秘魯是西班牙征服者在南美洲第一個種下葡萄的國家，產量雖然微不足道，卻無損其優異品質。

世界排名（產量）
28

種植公頃
32 000

年產量（百萬公升）
70

紅白葡萄比例

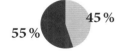

45%
55%

採收季節
二月
三月

釀酒歷史開始於
西元
1540年

受誰影響
西班牙征服者

過去

秘魯以豐富礦藏聞名，南美洲第一批工業城市即誕生於此。葡萄酒甚至曾被用來當作礦工的酬勞。

雖然葡萄酒需求量持續上升，但兩個重大事件打斷了秘魯葡萄酒工業的進展：首先是1687年發生於秘魯南部的大地震，摧毀了不計其數的酒窖與葡萄園設施；接著是「棉花飢荒」，幾乎改寫了整個秘魯農業的版圖。1861年時，美國南北戰爭如火如荼，也導致美國外銷到歐洲的棉花數量一落千丈。許多秘魯農民看準時機，紛紛將葡萄園連根拔起，改種獲利更高的棉花。

現在

秘魯位於安地斯山脈與太平洋之間，與智利幾乎享有同樣的氣候條件，只有一個很大的不同點：秘魯是全世界雨量最少的國家之一。秘魯葡萄酒的首都絕對非伊卡（Ica）莫屬。一大部份的葡萄收成用以釀造秘魯國酒，皮斯可烈酒（Pisco）。不過秘魯跟智利還在爭辯到底誰才是皮斯可的創始國。在過去六年當中，中產階級的消費力大幅提升，也重燃對葡萄酒的熱情。

秘魯是全世界雨量最少的國家之一。

主要葡萄品種

- Negramoll 黑摩爾、Malbec 馬爾貝克、Cabernet Sauvignon 卡本內蘇維濃
- Italia 義大利、Muscat 麝香

NORD

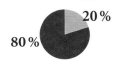

玻利維亞

南美洲當中最無足輕重的葡萄酒生產國，但也最令人
嘖嘖稱奇：玻利維亞的葡萄園「世界最高」！

過去

在加州淘金熱之前的兩百年，西班牙人發現他們的南美洲殖民地藏有不可思議的銀礦。波托西（Potosí）就是在這股銀礦熱之下建立的城市，而且發展勢如破竹，在1630年時，人口已經超越倫敦。為了讓新世界主要城市的居民不致焦渴難忍，也為了照顧辛勤礦工的身心健康，辛加尼蒸餾酒（Singani）就此問世！

現在

銀礦層位於海拔1600至3000公尺，所以葡萄園也在同樣高度。舉個比較具體的例子：歐洲海拔最高的葡萄園在瑞士，高度是1300公尺！

玻利維亞的葡萄園全數種在海拔1600至3000公尺的高度。

辛加尼為玻利維亞國酒的地位不曾動搖，不過，隨著現代生產器具與法國葡萄品種的到來，新一代酒農開始追求葡萄酒的品質。玻利維亞高聳的山地不利機器採收，因此每一顆葡萄都是人力親手採摘的。

種植公頃

3 000

年產量（百萬公升）

5,7

紅白葡萄比例

20 %

80 %

採收季節

二月
三月

釀酒歷史開始於

西元
1548年

受誰影響

西班牙征服者

主要葡萄品種

- Cabernet Sauvignon 卡本內蘇維濃、Malbec 馬爾貝克、Tannat 塔那
- Muscat d'Alexandrie 亞歷山大麝香、Sauvignon Blanc 白蘇維濃、Chardonnay 夏多內

Brazil 巴西

Abuna 阿布南河

RIBERALTA
里韋拉爾塔

Peru 秘魯

Beni 貝尼河

San Luis Reservoir
聖路易水庫

Iténez（伊特內斯河）

San Pablo 聖巴勃羅河

TRINIDAD
千里達島

La Paz 拉巴斯

Lake Titicaca
的的喀喀湖

LA PAZ 拉巴斯

EL ALTO 埃爾阿爾托

ORURO 奧魯羅

COCHABAMBA
科恰班巴

MONTERO
蒙特羅

SAN IGNACIO
聖伊格納西奧

Concepción Lake
康塞普西翁湖

SANTA CRUZ DE LA SIERRA
聖塔克魯茲

LLALLAGUA 拉亞瓜

SUCRE
蘇克雷

Santa Cruz 聖塔克魯茲

POTOSI 波托西

CAMIRI
卡米里

Chuquisaca 丘基薩卡

TUPIZA
圖琵薩

TARIJA
塔里哈

**Tarija
塔里哈河**

Paraguay 巴拉圭

Chile 智利

Argentina 阿根廷

NORD

0   200   400 km

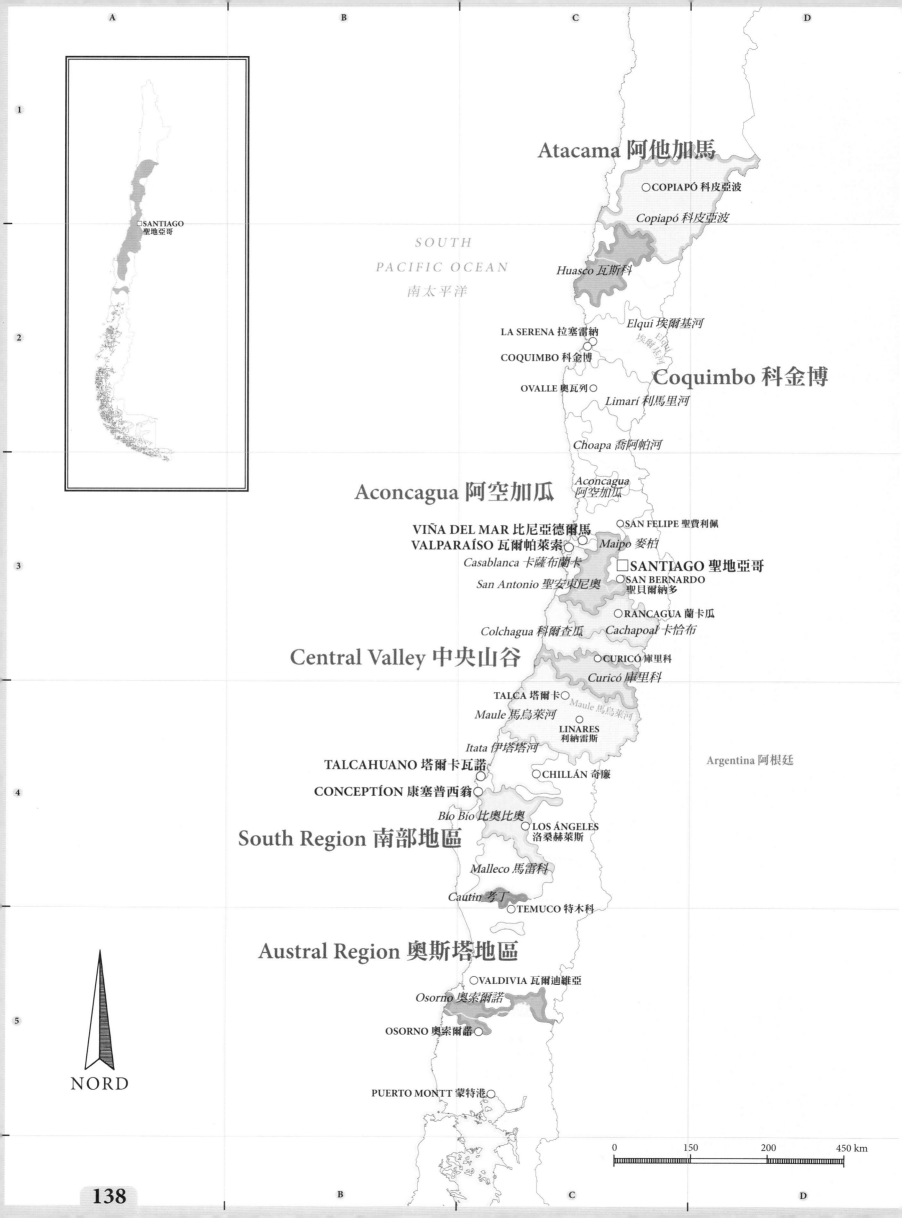

A B C D

1

Atacama 阿他加馬

○COPIAPÓ 科皮亞波

Copiapó 科皮亞波

SOUTH
PACIFIC OCEAN
南太平洋

Huasco 瓦斯科

Elqui 埃爾基河

2

LA SERENA 拉塞雷納
○
COQUIMBO 科金博

Coquimbo 科金博

OVALLE 奧瓦列 ○

Limarí 利馬里河

Choapa 喬阿帕河

Aconcagua
阿空加瓜

Aconcagua 阿空加瓜

VIÑA DEL MAR 比尼亞德爾馬 ○
VALPARAÍSO 瓦爾帕萊索 ○

○SAN FELIPE 聖費利佩

○*Maipo 麥柏*

3

Casablanca 卡薩布蘭卡

□SANTIAGO 聖地亞哥
○SAN BERNARDO
聖貝爾納多

San Antonio 聖安東尼奧

○RANCAGUA 蘭卡瓜

Colchagua 科爾查瓜

Cachapoal 卡恰布

Central Valley 中央山谷

○CURICÓ 庫里科

Curicó 庫里科

TALCA 塔爾卡 ○

Maule 馬烏萊河

Maule 馬烏萊河

LINARES
利納雷斯

Itata 伊塔塔河

Argentina 阿根廷

TALCAHUANO 塔爾卡瓦諾
○

○CHILLÁN 奇廉

4

CONCEPTÍON 康塞普西翁 ○

Bío Bío 比奧比奧

○LOS ÁNGELES
洛桑赫萊斯

South Region 南部地區

Malleco 馬雷科

Cautín 考丁

○TEMUCO 特木科

Austral Region 奧斯塔地區

○VALDIVIA 瓦爾迪維亞

Osorno 奧索爾諾

5

OSORNO 奧索爾諾 ○

PUERTO MONTT 蒙特港 ○

0   150   200   450 km

NORD

□SANTIAGO
聖地亞哥

A B C D

智利

智利擁有出色的微型氣候、深入的釀酒知識和果斷堅定的釀酒師，在不到二十年的時間裡，它已成為世界葡萄酒舞台上的重量級角色。

佳美娜
安地斯山脈
皮斯可
太平洋

世界排名（產量）

8

種植公頃

215 000

年產量（百萬公升）

1 010

紅白葡萄比例

25 %
75 %

採收季節

二月
三月

釀酒歷史開始於

西元
1548年

受誰影響

西班牙征服者

主要葡萄品種

- Cabernet Sauvignon 卡本內蘇維濃、Carménère 佳美娜、Merlot 梅洛、Syrah 希哈、Pinot Noir 黑皮諾
- Sauvignon Blanc 白蘇維濃、Chardonnay 夏多內

過去

1548 年時，德卡拉班提神父為了釀製宗教儀式所需的酒，在智利種下第一批葡萄。智利與墨西哥都同樣受到西班牙國王查爾斯二世的詔書限制，釀製的葡萄酒只能用於宗教用途。不過，拔除葡萄園的現象只持續了幾年。從16到20世紀，葡萄農僅釀製專供私人享用的葡萄酒，而使用的派斯（País）葡萄雖然沒什麼特色，卻有極高的產量。

往來頻繁的大西洋航程帶來了葡萄酒專家與法國葡萄品種。

1818年智利獲得獨立之後，往來更頻繁大西洋的航程帶來了葡萄酒專家與法國葡萄品種。尤其佳美娜（Carménère）葡萄更成為智利葡萄酒的榮耀。佳美娜過去常常被以為是梅洛，不過1994年的DNA研究驗明正身，終於獲得正名。

現在

智利與阿根廷是南美洲前景最看好的葡萄酒生產國。

智利的葡萄園面積比波爾多略大，在過去十年當中成長了40%，而且成為歐洲以外的頭號葡萄酒出口國。其傑出的地理環境不僅非常有利於葡萄生長，也很適合釀製充滿當地風土的葡萄酒。智利享有充足的陽光，並且受到太平洋吹來的清新海風調節，還有夜間從安地斯山脈溜下來的的溫和氣流。

與阿根廷相反，智利葡萄園不太需要灌溉，所以也很適合發展有機農業。科爾查瓜（Colchagua）擁有世界最大的有機農業，產地面積將近有一千公頃。

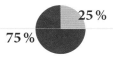

5 個入門產區

Valle de Maipo 麥柏河谷
Colchagua 科爾查瓜
Cachapoal 卡恰布
Casablanca 卡薩布蘭卡
Maule 馬烏萊河

阿根廷

毫無疑問，阿根廷是南美洲國家當中葡萄酒文化最源遠流長的國家。過去經常重量不重質，現在品質越趨精緻，也企圖與智利及歐洲葡萄酒一較高下。

世界排名（產量）

9

種植公頃

225 000

年產量（百萬公升）

940

紅白葡萄比例

30 %

70 %

採收季節

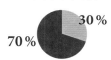

三月
四月

釀酒歷史開始於

西元

1551年

受誰影響

西班牙征服者

過去

阿根廷的西班牙後裔在南美洲國家當中是最多的。在地理大發現之後，西班牙在近乎沙漠地帶的阿根廷建立了新的文明，也因此跟巴西或智利相比的話，阿根廷的混血後代少很多，而葡萄酒的文化也能完整保存，不管是在教堂或餐桌上，葡萄酒的地位都未曾動搖。

馬爾貝克迅速成為阿根廷葡萄酒的代名詞。

阿根廷政府在19世紀廣徵專家意見，最後由法國農學家米歇爾樸卓（Michel Pougeot）引進法國卡奧爾產區的品種：馬爾貝克（Malbec）。這個強勁的紅葡萄迅速成為了阿根廷葡萄酒的代名詞。連接著門多薩（Mendoza）和首都布宜諾斯艾利斯的鐵路於1885年開通，更加速了葡萄酒市場的欣欣向榮。

現在

龐大的外國投資紛紛湧入，也重新整合了門多薩產區，目前的產量是全國的四分之三。門多薩地區的風光類似美國遙遠的西部，也是世界知名的葡萄酒觀光業重鎮，每年接待約一百萬的觀光客。

這裡少雨，葡萄園的灌溉仰賴從安地斯山脈蓄集的水。門多薩的葡萄酒之路肯定是世界之最，因為葡萄園將與你長相左右，長達2000公里。阿根廷的博德加（Bodega）類似歐洲的合作企業：大型酒廠收購小農的葡萄收成，統一釀酒之後以同一品牌名義出售。

門多薩每年接待約一百萬的葡萄酒觀光客。

主要葡萄品種

- ● Malbec 馬爾貝克、
  Douce Noire 黑杜絲、
  Cabernet Sauvignon 卡本內蘇維濃
- ● Torrontès 特隆托斯、
  Chardonnay 夏多內、
  Pedro Ximénez 佩德羅希梅內斯

當地原生種

5個入門產區

Lujan de Cuyo 路冉德庫約
San Rafael 聖拉斐爾
Santa Rosa 聖羅莎
Cafayate 卡法亞特
Valles Calchaquíes 薩爾查奇思山谷

JUJUY 胡胡伊

SALTA 薩爾塔   1

El Arenal 阿雷納爾

Salta 薩爾塔

Molinos 莫利諾斯

Cafayate 卡法亞特

Colalao del Valle 科拉勞谷

Ciudad Sagrada de Quilmes
基爾梅斯神聖城

Amaicha 阿麥洽

Chile 智利

TUCUMÁN 圖庫曼

Los Alisos

Belén 貝倫 洛斯阿利索斯

SANTIAGO DEL ESTERO
聖地亞哥-德爾-埃斯特羅

Fiambalá
菲安巴拉

Andalgalá 安達爾加拉

**Catamarca
卡塔馬卡**   2

Aimogasta
艾莫加斯塔

Villa San José de Vinchina 賓奇納聖荷西鎮

Anillaco
阿尼亞蔻

CATAMARCA
卡塔馬卡

Famatina
法馬蒂納

La Rioja 拉里奧哈

Villa Unión 烏尼翁鎮

Guandacol 關達科爾

LA RIOJA 拉里奧哈

Achango 雅昌戈

San José de Jáchal 聖何塞德哈查爾

Villa San Agustín 巴耶費爾蒂爾聖奧古斯汀鎮

Tulum 圖盧姆

San Juan 聖胡安

CÓRDOBA 哥多華

SAN JUAN 聖胡安

San Juan 聖胡安   3

Pedernal 佩德納爾

PACIFIC OCEAN
太平洋

VILLA MARÍA 瑪麗亞鎮

Maipo 麥柏河

Luján de Cuyo 盧漢德庫約

RÍO CUARTO
里奧夸爾托

MENDOZA 門多薩

East Mendoza 東門多薩

GODOY CRUZ 戈多伊克魯斯

SAN MARTÍN
聖馬丁

SAN LUIS 聖路易

MERCEDES 梅塞德斯

Uco Valley 烏格河谷

Mendoza 門多薩

SAN RAFAEL
聖拉斐爾   4

San Rafael 聖拉斐爾

GÉNÉRAL PICO
皮科將軍鎮

Atuel 阿圖厄爾河

SANTA ROSA 聖羅莎

NORD

Colorado 科羅拉多河

Alto Valle del Rio Colorado 科羅拉多河高河谷

San Patricio del Chañar 查尼亞爾聖派特里西奧   5

Patagonia 巴塔哥尼亞

Neuquén 內烏肯河

NEUQUEN 內烏肯

Rio Colorado 科羅拉多河

Upper Río Negro Valley
上里奧內格羅河谷

GÉNÉRAL ROCA
羅卡將軍市

Lower Río Negro Valley
下里奧內格羅河谷

Limay 利邁河

Rio Negro 內格羅河

□ BUENOS AIRES
布宜諾斯艾利斯

0   150   300   450 km

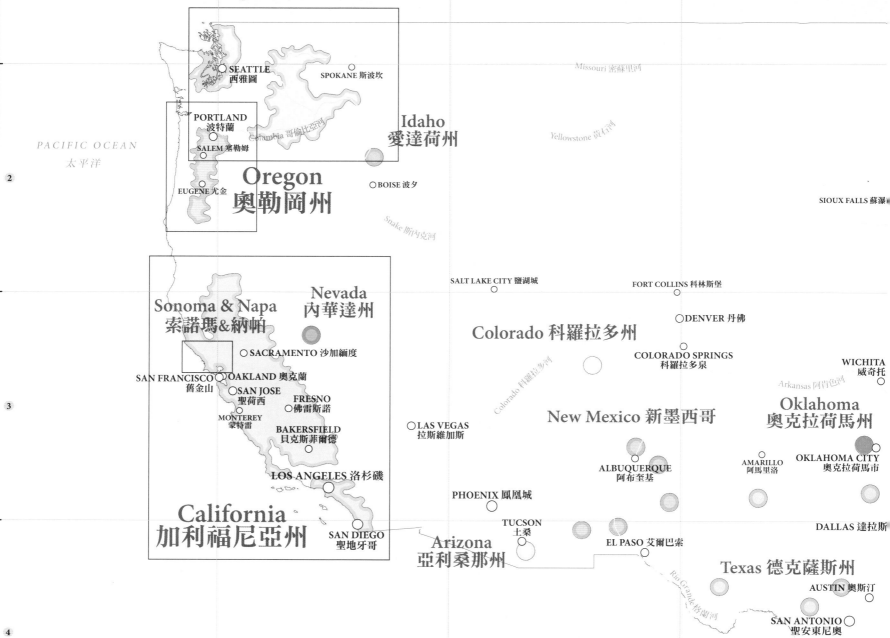

Canada 加拿大

Washington 華盛頓州

SEATTLE 西雅圖

SPOKANE 斯波坎

Missouri 密蘇里河

Idaho 愛達荷州

Yellowstone 黃石河

PORTLAND 波特蘭

PACIFIC OCEAN 太平洋

SALEM 塞勒姆

Columbia 哥倫比亞河

Oregon 奧勒岡州

EUGENE 尤金

BOISE 波夕

SIOUX FALLS 蘇瀑

Snake 斯內克河

SALT LAKE CITY 鹽湖城

FORT COLLINS 科林斯堡

Nevada 內華達州

Sonoma & Napa 索諾瑪&納帕

Colorado 科羅拉多州

DENVER 丹佛

COLORADO SPRINGS 科羅拉多泉

Colorado 科羅拉多河

WICHITA 威奇托

Arkansas 阿肯色河

SACRAMENTO 沙加緬度

SAN FRANCISCO 舊金山

OAKLAND 奧克蘭

SAN JOSE 聖荷西

FRESNO 佛雷斯諾

MONTEREY 蒙特雷

BAKERSFIELD 貝克斯菲爾德

LAS VEGAS 拉斯維加斯

New Mexico 新墨西哥

Oklahoma 奧克拉荷馬州

AMARILLO 阿馬里洛

OKLAHOMA CITY 奧克拉荷馬市

ALBUQUERQUE 阿布奎基

LOS ANGELES 洛杉磯

PHOENIX 鳳凰城

California 加利福尼亞州

TUCSON 土桑

Arizona 亞利桑那州

SAN DIEGO 聖地牙哥

EL PASO 艾爾巴索

DALLAS 達拉斯

Texas 德克薩斯州

Rio Grande 格蘭河

AUSTIN 奧斯汀

SAN ANTONIO 聖安東尼奧

CORPUS CHRISTI 聖體市

Mexico 墨西哥

美國

從大峽谷到尼加拉瓜大瀑布，葡萄園與這個大陸國家的壯
麗景觀相互輝映。美國的五十個州都有自產葡萄酒，但大
多數都是從適合種植葡萄的地區購買葡萄來釀酒。山姆大
叔雖然還沒有登上主要產酒國的領獎舞台，卻已經成為世
界上最大的葡萄酒消費國。

Lake Superior 蘇必略湖

Wisconsin
威斯康辛州

Lake Michigan 密西根湖

Lake Huron 休倫湖

Vermont
佛蒙特州

Maine 緬因州

New York 紐約

MINNEAPOLIS
明尼亞波利斯

GREEN BAY 綠灣

Michigan
密西根州

BOSTON
波士頓

Massachusetts 麻薩諸塞州

Minnesota
明尼蘇達州

MILWAUKEE
密爾瓦基

DETROIT 底特律

BUFFALO
水牛城

Rhode Island 羅德島州

Illinois
伊利諾州

CHICAGO 芝加哥

Lake Erie 伊利湖

AHA
哈

Iowa
愛荷華州

CLEVELAND 克里夫蘭

Indiana
印第安納州

Ohio
俄亥俄州

NEW YORK 紐約

Connecticut 康乃狄克州

SPRINGFIELD 春田市

INDIANAPOLIS
印第安納波利斯

COLUMBUS 哥倫布

PHILADELPHIA 費城

New Jersey 紐澤西州

KANSAS CITY
堪薩斯城

SAINT LOUIS
聖路易

CINCINNATI 辛辛那提

BALTIMORE 巴爾的摩

Pennsylvania 賓夕法尼亞州

Missouri 密蘇里州

Ohio 俄亥俄河

Virginia
維吉尼亞州

WASHINGTON D.C.
華盛頓特區

Maryland 馬里蘭州

Tennessee
田納西州

RICHMOND
里奇蒙

LSA 土爾沙

NASHVILLE
納許維爾

CHARLOTTE
夏洛特

RALEIGH 羅里

Arkansas
阿肯色州

MEMPHIS
曼非斯

Georgia 喬治亞州

North Carolina
北卡羅萊納州

ATLANTIC OCEAN
大西洋

Mississippi 密西西比州

COLUMBIA
哥倫比亞

BIRMINGHAM
伯明罕

ATLANTA
亞特蘭大

SHREVEPORT
什里夫波特

JACKSON 傑克遜

COLUMBUS 哥倫布

South Carolina
南卡羅萊納州

BEAUMONT
博蒙特

BATON ROUGE
巴頓魯治

JACKSONVILLE
傑克遜維爾

QUSTON
士頓

NEW ORLEANS 紐奧爾良

Louisiane
路易斯安那州

Florida
佛羅里達州

ORLANDO 奧蘭多

TAMPA 坦帕

Gulf of Mexico 墨西哥灣

MIAMI 邁阿密

NORD

Les Bahamas 巴哈馬群島

Cuba 古巴

Haïti 海地

Jamaica 牙買加

0   200   400   600   800   1000 km

美國

過去

美國跟南美洲的情況完全相反，野生葡萄在歐洲移民到來之前早已滿山遍野。因此最早的酒農順理成章地以當地的原生種來開闢葡萄園，但沒有成功。

初來乍到的波爾多酒農尚-路易-維涅（Jean-Louis Vignes）於1831年在西部的洛杉磯種植第一批來自歐洲的葡萄，當時的洛杉磯僅有700個人口。而尚-路易-維涅的姓正好是法文的葡萄-vigne，可謂天意，時機也招算得很準，17年之後，淘金熱如日中天，吸引了近三十萬人來到這地區做發財夢。因淘金而致富者寥寥可數，而大部份人後來則決定在此安居。舊金山應運而生，葡萄酒也成為大受歡迎的飲料，有利於葡萄園的擴大與發展。

> 加州的淘金熱讓葡萄酒需求一飛沖天。

美國的歷史與鐵路的發明密不可分。19世紀時，拜鐵路發達之賜，沒有葡萄園的州都能輕易從其他生產葡萄的州購買葡萄，再自行釀製葡萄酒。但好景不常，1919年1月16日通過憲法第18條修正案，禁止製造及販售興奮飲料。長達十四年的禁酒令為葡萄酒業帶來沉痛打擊。

現在

一向被認為中規中矩的美國葡萄酒，開始追求更複雜與多層次的口感，葡萄品種也更形豐富。美國每個地區都有獨特的潛力，加上各自不同的氣候與酒農旺盛的求知慾，美國葡萄酒多彩多姿的特性無疑是新世界的翹楚。

1980年以來，美國一共有224的 AVA（葡萄酒產地制度）產地。AVA 與法國的 AOC 異曲同工，用來界定酒農使用的葡萄來源。根據實施後的結果可以觀察出風土的概念漸佔上風，產地在酒標上的地位越來越重要，在此前，酒標的標示都以葡萄品種與生產者為主。

> 風土的概念漸佔上風。

全世界沒有其他葡萄酒市場像美國一樣以流行為導向，隨便一部電影或影集的人物愛上某個產區或某個葡萄品種，該葡萄酒的銷售立即供不應求。

世界排名（產量）

4

種植公頃

443 000

年產量（百萬公升）

2 250

紅白葡萄比例

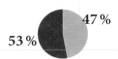

47%
53%

採收季節

九月
十月

釀酒歷史開始於

西元
1560年

受誰影響

歐洲移民

主要葡萄品種

- ● Cabernet Sauvignon 卡本內蘇維濃、Zinfandel 金芬黛、Merlot 梅洛、Pinot Noir 黑皮諾、Syrah 希哈*
- ● Chardonnay 夏多內、Colombard 可倫巴爾、Sauvignon Blanc 白蘇維濃、Riesling 麗絲玲

*當地稱為席拉茲（Shiraz）

5 個入門產區

Sonoma Valley 索諾瑪谷地
Napa Valley 納帕谷地
Willamette Valley 威拉梅特谷
Finger Lakes 五指湖
Yakima Valley 雅吉瑪谷地

Canada 加拿大

Lake Simcoe
錫姆科湖

Lake Champlain
尚普蘭湖

Champlain Valley 尚普蘭谷

Vermont 佛蒙特州

ALEXANDRIA BAY
亞歷山大灣

**Niagara
尼加拉瀑布**

Lake Ontario
安大略湖

Oneida Lake
奧奈達湖

New Hampshire 新罕布夏州

ROCHESTER
羅徹斯特

Mohawk River 摩和克河

○LOCKPORT
洛克波特市

○SYRACUSE 雪城

Finger Lakes 五指湖

COOPERSTOWN
庫珀斯敦

ALBANY
奧班尼

BUFFALO
水牛城

Finger Lakes
五指湖

Massachusetts 麻薩諸塞州

Lake Erie 伊利湖

Genesee River
傑納西河

ITHACA 綺色佳

Hudson River 哈德遜河

Lake Erie 伊利湖

HAMMONDSPORT
哈蒙茲波特

BINGHAMTON
賓漢頓

Hudson River 哈德遜河

0   50   100 km

POUGHKEEPSIE
波啟浦夕市

Connecticut 康乃狄克州

Long Island 長島

Pennsylvania 賓夕法尼亞州

MONTAUK
蒙托克

RIVERHEAD
河頭鎮

NEW YORK 紐約

New Jersey 紐澤西州

Long Island
長島

ATLANTIC OCEAN
大西洋

紐約

紐約州以巨型都會圈聞名於世，而非其葡萄酒。

種植公頃

14 900

紅白葡萄比例

30%

70%

AVA*

9

*美國葡萄酒產區認證
American Viticultural
Area，等同法國的AOC。

仍然以國內市場為目標的紐約州葡萄園，有70%的美國混種葡萄，如康考特（Concord）跟尼亞加拉（Niagara），屬於相當另類的葡萄品種比例。

相較美國西部擁有如地中海般溫和的氣候，美國東部的冬天卻寒風刺骨，與歐洲中部的亞爾薩斯或德國不相上下，所以對於五指湖產區種植香氣沁人的麗絲玲或格烏茲塔明娜也不用太少見多怪。

紐約州只有33%的葡萄產量用以釀酒，其他都做成了葡萄汁。

NORD

主要葡萄品種

● Concord 康考特、Merlot 梅洛、
Niagara 尼亞加拉

● Chardonnay 夏多內、Riesling 麗絲玲、
Gewurztraminer 格烏茲塔明娜

美國原生種

Columbia Gorge 哥倫比亞河峽谷

Chehalem Mountains 契哈姆山
○PORTLAND 波特蘭
Yamhill-Carlton 亞姆希爾-卡爾頓   Ribbon Ridge 緞帶山
McMinnville 麥克明維爾   Dundee Hills 鄧迪丘
Eola-Amity Hills 伊奧拉-艾米地山

Idaho
愛達荷州

ATLANTIC OCEAN   大西洋

NORD

Willamette Valley 威拉梅特谷

Snake River Valley 斯內克河谷

Elkton 埃爾克頓

Red Hill Douglas 紅山道格拉斯

Umpqua Valley 昂普奎谷

Rogue Valley 羅格谷

Applegate Valley 阿普爾蓋特谷

California 加利福尼亞州

Nevada 內華達州

奧勒岡

0   50   100   150 km

這裡是新世界的勃艮地。奧勒岡夏季比加州清涼，冬季比
華盛頓州暖和，結合了讓黑皮諾如魚得水的理想環境。

種植公頃
11 300

紅白葡萄比例
32%
68%

AVA*
18

＊美國葡萄酒產區認證
American Viticultural
Area，等同法國的AOC。

奧勒岡的葡萄酒生產自1960年之後才開始嶄露頭角，
不過已經是全美國品質優異的地區。奧勒岡與鄰近
其他州最大的不同是葡萄酒年份效果特別顯著，因為這裡
的葡萄每年的品質都不一樣。豐富多元的土壤與微型氣候
賦予嬌貴的黑皮諾自由發揮的舞台，所以奧勒岡葡萄酒的
價格與優雅口感都逼近法國勃艮地。

奧勒岡的酒農不似唯利是圖的商人，而是恰如其分的農
夫，以家庭式耕種經營，並相當注重有機農業。

主要葡萄品種

● Cabernet Sauvignon 卡本內蘇維濃、
Pinot Noir 黑皮諾

● Pinot Gris 灰皮諾、Riesling 麗絲玲、
Chardonnay 夏多內

Canada 加拿大

Puget Sound 普吉特海灣

Lake Chelan 奇蘭湖

SPOKANE
斯波坎

SEATTLE
西雅圖

Columbia Valley 哥倫比亞谷

TACOMA 塔科馬

Ancient Lakes 古代湖

Idaho
愛達荷州

OLYMPIA
奧林匹亞

*Naches Heights
納奇斯高地*

Wahluke Slope 瓦路克坡

Rattlesnake Hills 響尾蛇山區

ATLANTIC OCEAN

Yakima Valley 雅基瑪谷

Red Mountain 紅山

大西洋

Snipes Mountain 斯耐珀斯山

*Walla Walla Valley
沃拉沃拉谷*

Columbia Gorge 哥倫比亞河峽谷   *Horse Heaven Hills 馬堂坡*

NORD

Oregon 奧勒岡州

華盛頓

華盛頓州近幾年沉迷於想成為美國第二大葡萄酒產區的念頭。
從2000到2009年，釀酒廠的數目已成長了六倍。

0   50   100   150 km

種植公頃

20 200

紅白葡萄比例

46%   54%

AVA*

12

＊美國葡萄酒產區認證
American Viticultural
Area，等同法國的AOC。

從溫哥華延伸到加州北端的喀斯喀特山脈（Cascades）將葡萄園自然地一分為二，高原地區能截住海洋吹來的氣流，而東部則需經常灌溉。葡萄園雖然越來越多，但還不如奧勒岡州，大部份的酒農仍然向其他產區購買葡萄。

美國跟歐洲相反，優秀的釀酒師不需要坐擁葡萄園，反之亦然。大名鼎鼎的葡萄園將收成分別出售給三十多位釀酒師的情形很常見，這

應該會讓愛好風土的信徒氣得咬牙切齒。不過，從數十里甚至數百公里以外購買葡萄的情況，在美國非常司空見慣，對他們來說，葡萄的品質出色才是重點。

主要葡萄品種

● Cabernet Sauvignon 卡本內蘇維濃、
　Merlot 梅洛、Syrah 希哈
● Riesling 麗絲玲、Chardonnay 夏多內

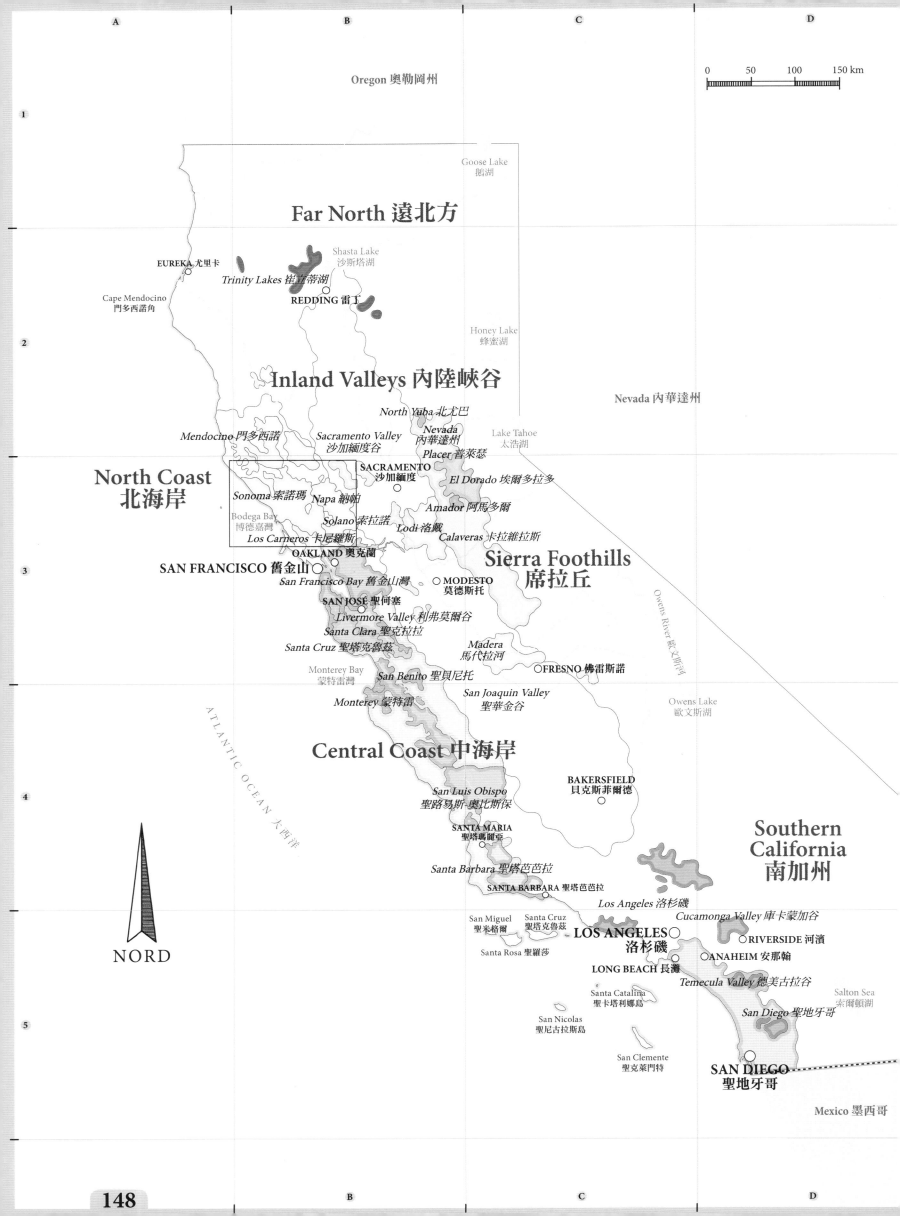

加州

加州的面積比義大利還大，葡萄園的面積比阿根廷還廣，因此葡萄酒也成為加州的傳統之一。有趣的是加州也是高科技的聖地，在此，現代性往往超越傳統。

種植公頃

246 000

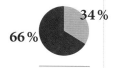

紅白葡萄比例

34 %
66 %

AVA*

135

*美國葡萄酒產區認證 American Viticultural Area，等同法國的AOC。

加州是夢幻之地，夢想製造機。各種對立與反差和平共處的狀況也令人驚訝。就像大海與國家公園，葡萄園也往往就在城市近郊並綿延近千公里，享有太平洋徐徐吹來的涼爽海風與和煦充足的日照。

加州也是第一個在歐洲以出類拔萃的葡萄酒揚名立萬的新世界產區。1976年在巴黎舉行的盲飲品酒會上，來自加州的兩款葡萄酒大爆冷門，打敗來自波爾多與勃艮地的勁敵，令眾人跌破眼鏡。

加州目前的產量是全美國的90%，一半的產地名稱也在加州。為了解決供不應求的狀況，釀酒廠在中央谷地（Central Valley）的沙漠開闢葡萄園，並利用內華達山脈（Sierra Nevada）的湍急山澗來灌溉這

片被烈日灼身的焦土。

俄羅斯河（Russian River）雖然短小卻精悍，在崇山間開出一道缺口讓海風能長驅直入，否則葡萄園肯定無法順利生存。這裡因為沒有明顯的溫差，葡萄的品質得以年復一年保持相同的水準。

加州目前的產量是全美國的90%，全國一半的產地名稱也在加州。

紅酒方面，以卡本內蘇維濃稱霸；至於白酒，則是在全國都有至高無上地位的夏多內。夏多內雖然不太習慣住在海岸沿線，但可以享受太平洋的涼爽海風而不至於中暑。而一貫的入桶陳年將賦予夏多內葡萄酒烤吐司與香草的氣息，也是其大受歡迎的關鍵。

主要葡萄品種

●	Cabernet Sauvignon 卡本內蘇維濃、Merlot 梅洛
●	Chardonnay 夏多內

索諾瑪

種植公頃

24 200

紅白葡萄比例

45%

55%

AVA*

16

＊美國葡萄酒產區認證 American Viticultural Area，等同法國的AOC。

這個美國葡萄酒界的閃亮新星離舊金山約30分鐘車程，面積大小與近海的特質造就了極為豐富多元的土壤。燠熱的北部非常適合以金芬黛為主的紅酒，而氣候較溫和的南方則成為夏多內的樂土。

主要葡萄品種

- Pinot Noir 黑皮諾、Zinfandel 金芬黛
- Chardonnay 夏多內

納帕

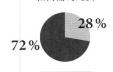

種植公頃

18 200

紅白葡萄比例

28%

72%

AVA*

17

＊美國葡萄酒產區認證 American Viticultural Area，等同法國的AOC。

納帕產區的名稱來自於納帕河，被東邊的瓦卡山丘（Vaca）與西邊的梅亞卡瑪斯山（Mayacamas）包夾，是美國葡萄酒的「應許之地」，在1970年代後期振奮了所有美國酒農，不僅引領他們追求現代化，更接納風土釀酒的概念。葡萄酒愛好者不可不到此一遊。納帕的葡萄酒觀光業超級完善，提供品酒的空間，也能與釀酒師請益切磋，可說是葡萄酒界的迪士尼樂園。

主要葡萄品種

- Cabernet Sauvignon 卡本內蘇維濃、Merlot 梅洛
- Chardonnay 夏多內

索諾瑪 & 納帕

這兩個位於美國西部的傑出連體產酒區是加州葡萄酒的模範生。坐擁一系列不同的風土，產地名稱數量之多無與倫比。如果納帕名聲家喻戶曉，索諾瑪則以完美主義見長。

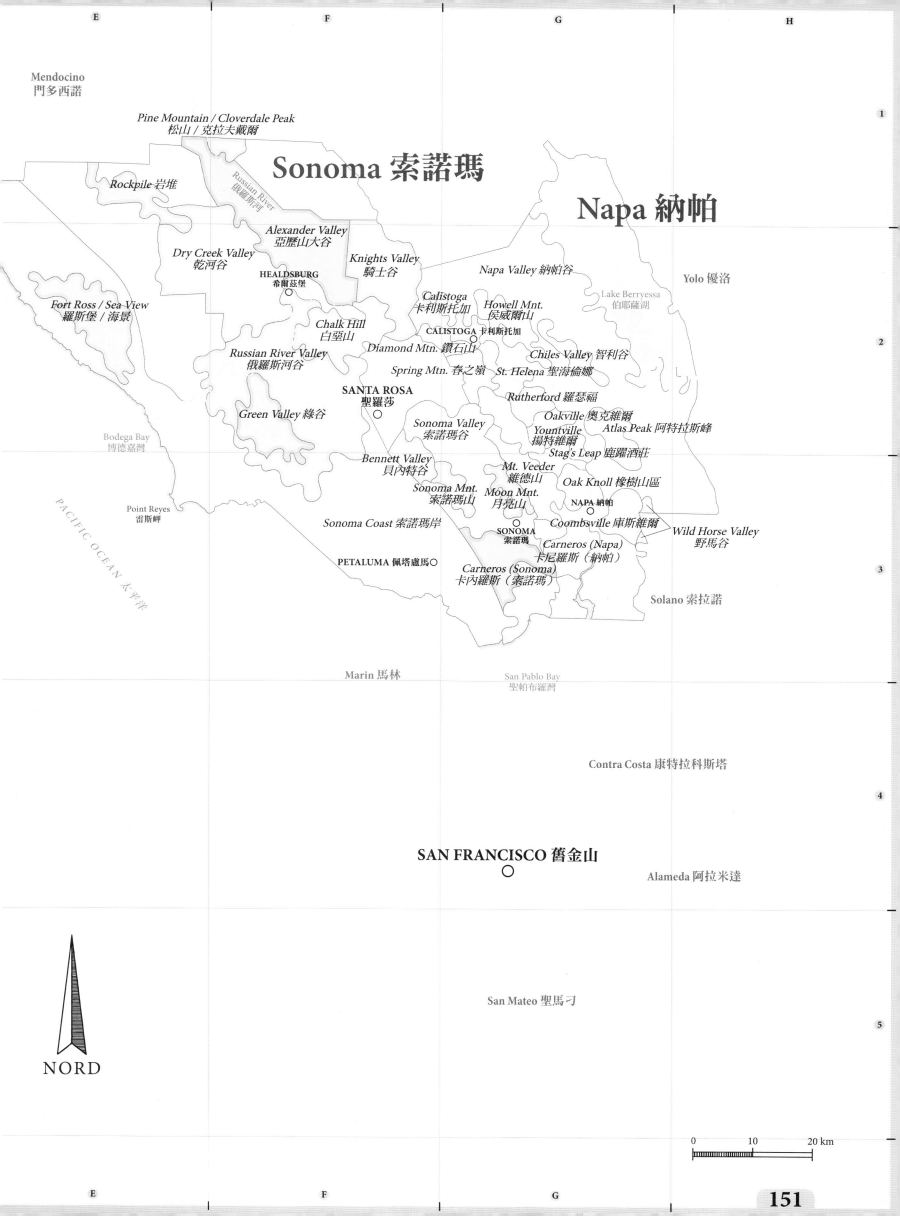

E F G H

Mendocino
門多西諾

Pine Mountain / Cloverdale Peak
松山 / 克拉夫戴爾

Sonoma 索諾瑪

Napa 納帕

Rockpile 岩堆

Russian River
俄羅斯河

Alexander Valley
亞歷山大谷

Knights Valley
騎士谷

Napa Valley 納帕谷

Yolo 優洛

Dry Creek Valley
乾河谷

HEALDSBURG
希爾茲堡

Lake Berryessa
伯耶薩湖

Calistoga
卡利斯托加

Howell Mnt.
侯威爾山

Fort Ross / Sea View
羅斯堡 / 海景

Chalk Hill
白堊山

CALISTOGA 卡利斯托加

Russian River Valley
俄羅斯河谷

Diamond Mtn. 鑽石山

Chiles Valley 智利谷

Spring Mtn. 春之嶺

St. Helena 聖海倫娜

SANTA ROSA
聖羅莎

Rutherford 羅瑟福

Green Valley 綠谷

Oakville 奧克維爾

Atlas Peak 阿特拉斯峰

Bodega Bay
博德嘉灣

Sonoma Valley
索諾瑪谷

Yountville
揚特維爾

Bennett Valley
貝內特谷

Stag's Leap 鹿躍酒莊

Mt. Veeder
維德山

Oak Knoll 橡樹山區

Point Reyes
雷斯岬

Sonoma Mnt.
索諾瑪山

Moon Mnt.
月亮山

NAPA 納帕

PACIFIC OCEAN 太平洋

Sonoma Coast 索諾瑪岸

Coombsville 庫斯維爾

Wild Horse Valley
野馬谷

SONOMA
索諾瑪

Carneros (Napa)
卡尼羅斯（納帕）

PETALUMA 佩塔盧馬

Carneros (Sonoma)
卡內羅斯（索諾瑪）

Solano 索拉諾

Marin 馬林

San Pablo Bay
聖帕布羅灣

Contra Costa 康特拉科斯塔

SAN FRANCISCO 舊金山

Alameda 阿拉米達

San Mateo 聖馬刁

NORD

0   10   20 km

NORD

Tajikistan 塔吉克斯坦

Afghanistan 阿富汗

China 中國

SRINAGAR 斯利那加

**Himachal Pradesh
喜馬偕爾邦**

AMRITSAR 阿姆利則

JALANDHAR 賈朗達爾

Pakistan 巴基斯坦

NEW DELHI
新德里

BAREILLY
巴雷利

Népal 尼泊爾

Bhutan 不丹

BIKANER
比卡內爾

JAIPUR
齋浦爾

Ganges 恆河

LUCKNOW
勒克瑙

Yamuna 亞穆納河

JODHPUR
焦特布爾

AGRA
阿格拉

GORAKHPUR
戈勒克布爾

GAUHATI
古瓦哈提

AJMER
阿傑梅爾

Chambal 昌巴爾河

GWALIOR
瓜廖爾

KANPUR
坎普爾

PATNA
巴特那

KOTA 科塔

ALLAHABAD
安拉阿巴德

VARANASI
瓦拉納西

Padma 博多河

Bangladesh 孟加拉

AHMEDABAD
艾哈邁達巴德

INDORE
印多爾

BHOPAL
博帕爾

ASANSOL 阿桑索爾

Myanmar(Burma)
緬甸

JABALPUR
賈巴爾普爾

JAMSHEDPUR
賈姆謝德布爾

CALCUTTA
加爾各答

RAJKOT
拉傑果德

VADODARA
巴羅達

NAGPUR
那格浦爾

Narmada 訥爾默達河

Mahanadi
默哈訥迪河

**Mizoram
米佐拉姆**

SURAT 蘇拉特

RAIPUR 賴布爾

Nashik Valley 納西克谷

Maharashtra 馬哈拉施特拉邦

BHUBANESWAR
布巴內什瓦爾

BHIWANDI 皮文迪

*Baramati Belt
巴拉馬蒂區*

Godavari
哥達瓦里河

BOMBAY 孟買

WARANGAL 瓦朗加爾

HYDERABAD
海德拉巴

PUNE 浦那

SOLAPUR 索拉普

VISAKHAPATNAM
維沙卡帕特南

*Bijapur & Sangli Belt
比賈布爾&桑格利區*

VIJAYAWADA 維傑亞瓦達

Goa 果亞

Krishna
奎師那河

GUNTUR
貢土爾

Bay of Bengal
孟加拉灣

HUBLI-DHARWAD 胡布利-達爾瓦德

Bangalore 班加羅爾

Arabian Sea
阿拉伯海

MANGALORE
門格洛爾

Nandi Hills 南狄山

CHENNAI(MADRAS) 清奈

BANGALORE 班加羅爾

Kaveri Valley 高維里河谷

PONDICHERRY 朋迪榭里

COIMBATORE 哥印拜陀

TIRUCHIRAPALLI 蒂魯吉拉帕利

KOCHI(COCHIN) 科契

MADURAI
馬杜賴

TRIVANDRUM
特里凡得琅

Sri Lanka
斯里蘭卡

Indonesia 印尼

Maldives
馬爾地夫

*INDIAN OCEAN
印度洋*

0   200   400   600   800 km

新世界
　喜馬拉雅
　雨季
　絲路

印度

印度並不贊成飲酒，熱帶的強烈季風也不適合種植葡萄。不過，印度仍然躍躍欲試，想成為新世界的葡萄酒生產國。

世界排名（產量）

42

種植公頃

114 000

年產量（百萬公升）

17

紅白葡萄比例

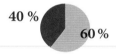

40 %　60 %

採收季節

二月

釀酒歷史開始於

17世紀

受誰影響

**英國人
葡萄牙人**

過去

印度種植鮮食葡萄已有幾千年的歷史，而葡萄酒產業真正開展則是拜葡萄牙與英國兩個前後來到印度的殖民者所賜。

瓦斯科·達伽馬（Vasco de Gama，號稱葡萄牙的哥倫布）於1498年經由非洲南邊的好望角航行到印度，是第一個踏上印度土地的歐洲人。原本哥倫布本尊也想走這條路線，但他卻陰錯陽差去了山姆大叔的國度。

葡萄牙人在這裡馬上著手釀造他們的國寶：波特（Porto）風格的變種葡萄酒。17世紀時，英國勢力漸佔上風，只是從歐洲千里迢迢運酒到印度所費不貲，因此決定拓展印度的葡萄園以供應所需。19世紀末的根瘤蚜蟲災害讓葡萄園發展戛然而止。

現在

印度的每人年平均葡萄酒消費量為全世界最低，一年才9毫升，等於一咖啡匙的量，而一個法國人一年可以喝掉44公升，不可同日而語。

印度充滿潛力的市場被五個產酒商共同壟斷，負責全國90%的產量。

如同很多新世界的產酒國，印度的葡萄酒經濟成長非常驚人（2016年成長30%）。印度充滿潛力的市場被五個產酒商共同壟斷，負責全國90%的產量。印度南部異常炎熱，以致一年能收成兩次，巴西的北部也有同樣可觀的現象。

主要葡萄品種

- Cabernet Sauvignon 卡本內蘇維濃、Merlot 梅洛、Syrah 希哈
- Ugni Blanc 白玉霓、Chardonnay 夏多內、Chenin 白梢楠

南非

君士坦丁甜酒
開普敦
非洲最南端
南緯35度線

非洲大陸邊緣的這片葡萄園受到地中海沿岸國家的啟發，不僅享有絕佳氣候風土，在啟蒙時代也早已登上歐洲貴族的餐桌，是新世界產酒國當中的首例。南非的知名國產葡萄則是皮諾塔吉（Pinotage）。

5個入門產區

Constantia 康士坦提亞
Darling 達令
Cape Point 海角
Stellenbosch 斯泰倫博斯
Paarl 帕爾

Lutzville Valley 路茨鎮谷
○VREDENDAL 弗雷登達爾

Olifants River 奧勒芬茲河

Baie de Ste Hélène
聖海倫灣

Citrusdal Valley 橘之谷

Cape Columbine
哥倫拜恩角

Coastal Region 沿海地區

Swartland 斯瓦特蘭

SALDANHA
薩爾達尼亞

Breede River Valley 布里德河谷

Tulbagh
塔爾巴赫

Darling 達令

Worcester 伍斯特

Wellington 威靈頓

Breedekloof
布瑞德克魯夫

OUDTSHOORN
奧茨胡恩

Calitzdorp
凱立茲多普

PAARL 帕爾
○WORCESTER 伍斯特

**Klein Karoo
克林克魯**

Tygerberg 泰格堡

Paarl 帕爾

STELLENBOSCH
斯泰倫博斯

CAPE TOWN
開普敦○

Stellenbosch 斯泰倫博斯

Robertson
羅伯特森

Langeberg-Garcia
朗厄山-加西亞

GEORGE○
喬治

Constantia 康斯坦提亞

Elgin 艾爾根

Swellendam
斯韋倫丹

SOMERSET WEST
西薩默塞特

Overberg 奧弗貝格

Cape Point 角點

**Cape South Coast
開普南海岸**

Cape of Good Hope 好望角

Walker Bay 沃克灣

Cape Agulhas
厄加勒斯角

Cape Danger
危險角

SOUTH ATLANTIC OCEAN
南大西洋

Cape Agulhas
厄加勒斯角

0   50   100   150 km

過去

17世紀時，荷蘭在南非的第一任總督，揚·范·里貝克（Jan van Riebeeck），授權在南非種植葡萄。南非應該是全世界唯一記得第一次葡萄採收是在那一年的國家：1659年。

不過荷蘭移民並不太會釀酒，一直到1688年，十多個法國新教徒家庭（亦稱胡格諾派 Huguenots），為了逃避路易十四廢除南特詔書的影響，遠渡重洋來此展開新生活，葡萄酒的生產才開始充滿活力。「法式卓越」（French Touch）的手藝影響，早已無孔不入。

葡萄園之後遭受根瘤蚜蟲攻擊，接著南非的種族隔離政策導致其他國家抵制南非葡萄酒，讓南非葡萄園失去昔日光彩。直到1990年代，南非英雄曼德拉重獲自由，南非葡萄園也才獲得重生。

主要葡萄品種

- Cabernet Sauvignon 卡本內蘇維濃、Syrah 希哈、Merlot 梅洛、Pinotage 皮諾塔吉
- Chenin Blanc 白梢楠、Colombard 可倫巴爾、Chardonnay 夏多內

當地原生種

現在

在新世界的葡萄園當中，非洲大陸的頭號產酒國肯定是最快在歐洲闖出名號的國家。南非涼爽的海岸極適合白葡萄，而內陸的氣候條件則符合紅葡萄的需求。南非

皮諾塔吉是南非的國民葡萄品種。

的國民葡萄品種皮諾塔吉（Pinotage），是斯泰倫博斯大學（Stellenbosch，距離開普敦30公里）的研究人員於1952年，將黑皮諾與仙梭混種後得到的新品種，因此也是當世最年輕的葡萄品種。

南非擁有非常充足的日照以及乾燥的高溫，生產的葡萄酒具有高貴口感，帶著深色水果、椰子與咖啡的香氣。不管是單一釀製或是混釀酒，都能隨著物換星移更添韻味，屬於可以陳年的酒。

產地名稱制度方面，南非分為「Regions 地區級產區」（海岸產區 Coastal Region、博堡區 Boberg Region、布里德河谷區 Breede River Region、奧蘭治河谷區 Orange River Region）、「Districts 區域級子產區」（斯泰倫博斯 Stellenbosch、帕爾 Paarl、康士坦提亞 Constantia、德班維爾山 Durbanville、伍斯特 Worcester…）、「Wards 葡萄園級產區」（弗朗斯胡克 Franschhoek、海德堡 Heidelberg…），以及「Estates 酒莊」，形成一個出色葡萄酒的認證地盤。

世界排名（產量）

7

種植公頃

101 000

年產量（百萬公升）

1 050

紅白葡萄比例

45 %　　55 %

採收季節

二月

釀酒歷史開始於

西元
1659年

受誰影響

法國人

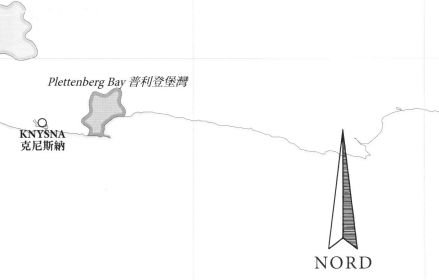

Plettenberg Bay 普利登堡灣

KNYSNA
克尼斯納

NORD

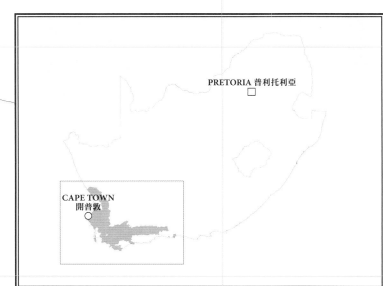

PRETORIA 普利托利亞

CAPE TOWN
開普敦

A | B | C | D

1

WARBURTON
沃麥爾斯伯頓

Lake Carnegie
卡內基湖

MEEKATHARRA 米卡薩拉

Lake Austin
奧斯丁湖

GERALDTON
傑拉爾頓

Lake Mongers
蒙格湖

Lake Barlee
巴利湖

Lake Moore 摩爾湖

Swan District 天鵝區

KALGOORLIE 卡爾古利

↑

NORD

PERTH 珀斯

EYRE 艾爾

MANDURAH 曼杜拉　Peel 琵爾

Western Australia 西澳洲

2

Geographe 吉奧格拉非

ESPERANCE 埃斯佩蘭斯

Great Australian Bight
大澳洲灣

Margaret River 瑪格麗特河

Manjimup 曼吉馬普

Great Southern 大南區

Pemberton 彭伯頓

ALBANY 奧班尼

Cape Leeuwin 露紋角

席拉茲
塔斯馬尼亞州
巴羅莎谷地
大陸島

澳洲

澳洲不僅使用專業釀酒器具，也享有各色氣候及相應的葡萄品種，這個全地球上最大的島嶼已成為新世界產酒國響噹噹的一號人物。

過去

雖然18世紀澳洲就已種下葡萄，但是要等到1824年，才經由英國人詹姆斯巴士比（James Busby）的努力而取得令人滿意的成果。詹姆斯巴士比在雪梨皇家植物園（Royal Botanic Garden Sydney）種了300株由歐洲蒐集來的葡萄，這項研究也是澳洲

英國人終於看到建造葡萄園的一線光明。

葡萄種植業的濫觴。英國人自己的國家氣候既然不宜葡萄生長，也就順理成章在澳洲一償宿願了。

澳洲的第一批希哈（Syrah）葡萄於1828年從歐洲抵達。19世紀末，澳洲展開重大工程取水灌溉沙漠平原，以擴展葡萄園。

現在

為了充分利用地中海型態的氣候，澳洲的葡萄園都集中在南岸。澳洲採用來自法國隆河谷地的希哈當主要紅酒品種，也是

希哈是澳洲的葡萄天后。

新世界產酒國當中唯一採用的國家。希哈在南澳大利亞或新南威爾斯產區所釀出的酒，帶有熟透水果的芳香以及香料的氣息，而氣候較溫和的維多利亞與塔斯馬尼亞則以黑皮諾及夏多內見長。

美元走強刺激了葡萄酒進口，但相當弔詭的是，澳洲最暢銷的葡萄酒來自紐西蘭。瀕臨乾旱邊緣的澳洲葡萄園深受地球暖化威脅，也許有一天葡萄園將不復見…

E   F   G   H

Finke 芬克河

Diamantina 迪亞曼蒂納溪

Cooper Creek 庫珀溪

1

BUNDABERG 班德堡

MARYBOROUGH 瑪麗伯勒

CHARLEVILLE 查爾維爾

South Burnett 南貝納區

ROMA 羅馬

MILES 麥爾斯

QUILPIE 奎爾琵

Queensland 昆士蘭

TOOWOOMBA 圖翁巴

CALOUNDRA 卡隆德拉

BRISBANE 布里斯本

GOLD COAST 黃金海岸

Bokhara 伯哈拉

Granite Belt 花崗石帶

LISMORE 立斯摩爾

COOBER PEDY 伯佩地

Lake Eyre 艾爾湖

LEIGH CREEK 利克里克

BOURKE 伯克

WALGETT 沃爾格特

COFFS HARBOUR 科夫斯港

Lake Torrens 托倫斯湖

Lake Frome 弗羅姆湖

Darling 達令河

TAMWORTH 譚沃思

Hastings River 黑斯廷河

South Australia 南澳洲

PORT AUGUSTA 奧古斯塔港

BROKEN HILL 布羅肯山

Hunter 獵人谷

PORT MACQUARIE 麥覺理港

New South Wales 新南威爾斯

Orange 奧蘭治

Southern Flinders Ranges 南弗林德斯山脈

Murray 墨瑞河

Murray Darling 墨瑞達令

Riverina 瑞納河

NEWCASTLE 紐卡索

Clare Valley Riverland 克萊爾谷地

MILDURA 米爾杜拉

SYDNEY 雪梨

Barossa Valley 巴羅莎谷地

WOLLONGONG 臥龍崗

ADELAÏDE 阿得雷德

Tumbarumba 坦巴倫巴

Shoalhaven Coast 肖爾黑文海岸

TASMAN SEA 塔斯曼海

McLaren Vale 麥克拉倫谷

Swan Hill 天鵝山

Rutherglen 路斯格蘭

CANBERRA 坎培拉

Kangaroo Island 袋鼠島

Goulburn Valley 高寶谷

ALBURY 奧爾伯里

Victoria 維多利亞

Coonawarra 庫納瓦拉

Macedon Ranges 馬其頓山脈

Yarra Valley 亞拉河谷

MOUNT GAMBIER 甘比爾山

Henty 亨提

MELBOURNE 墨爾本

世界排名（產量）

5

WARRNAMBOOL 瓦南布爾

Mornington Peninsula 摩寧頓半島

種植公頃

149 000

Bass Strait 巴斯海峽

King 國王島

Furneaux Group 弗諾群島

North Coast 北海岸

年產量（百萬公升）

1 300

LAUNCESTON 朗塞斯頓

Derwent Valley 德文特河谷

East Coast 東海岸

主要葡萄品種

● Syrah 希哈*、Merlot 梅洛、
Cabernet Sauvignon 卡本內蘇維濃

◐ Chardonnay 夏多內、Sémillon 榭密雍、
Sauvignon Blanc 白蘇維濃

*當地稱為席拉茲（Shiraz）

Huon 休恩

HOBART 荷巴特

紅白葡萄比例

45 %

55 %

Tasmania 塔斯馬尼亞州

採收季節

二月
三月

釀酒歷史開始於

西元
1791年

受誰影響

歐洲移民

0   200   400   600 km

5 個入門產區

Barossa Valley 巴羅莎谷地
Murray Darling 墨瑞達令
Yarra Valley 亞拉河谷
Mornington Peninsula 摩寧頓半島
Tasmania 塔斯馬尼亞

SYDNEY 雪梨

MELBOURNE 墨爾本

E   F   G

Lake Gairdner
蓋爾德納湖

PORT AUGUSTA
奧古斯塔港

New South Wales
新南威爾斯

Southern Flinders Ranges
南弗林德斯山脈

Far North 遠北部

Clare Valley 克萊爾谷地

Lower Murray
墨瑞河下游

Mount Lofty Ranges
樂富泰山

Riverland 河地

Barossa Valley
巴羅莎谷地

Adelaide Plains
阿得雷德平原

Eden Valley 伊甸谷地

Barossa 巴羅莎

ADÉLAÏDE 阿得雷德 ○

Adelaide Hills 阿得雷德山

PORT LINCOLN
林肯港

McLaren Vale 麥克拉倫谷

Langhorne Creek 蘭漢溪

GREAT AUSTRALIAN BIGHT

大澳洲灣

Southern Fleurieu 南弗勒里厄

Currency Creek 金錢溪

VICTOR HARBOR
維克多港

Victoria 維多利亞

Spencer Gulf 斯賓塞灣

Kangaroo Island 袋鼠島

Fleurieu
弗勒里厄

Limestone Coast 石灰岩海岸

Padthaway 帕德薩韋

Mount Benson 本汎山

Wrattonbully 拉頓布里

Robe 洛貝

Coonawarra 庫納瓦拉

Mount Gambier 甘比爾山

MOUNT GAMBIER
甘比爾山

NORD

0   50   100 km

南澳洲

南澳洲在過去幾年已經成為澳洲葡萄酒業的領航產區。

種植公頃

76 000

紅白葡萄比例

42 %
58 %

4 個入門產區
Barossa Valley 巴羅莎谷地
Clare Valley 克萊爾谷地
Coonawarra 庫納瓦拉
Eden Valley 伊甸谷地

南澳洲的葡萄園雖然不是全國佔地最廣，卻是首屈一指的產區，產量佔全國的一半。阿得雷德市（Adelaïde）完全參與了此地葡萄相關產業的興起，不管是釀酒師接踵而至，或是葡萄酒研究中心的設置，還有葡萄酒觀光業的蓬勃發展，尤其在著名的巴羅莎谷地（Barossa Valley），以及號稱「麗絲玲小徑」的克萊爾谷地（Clare Valley）。

很少有葡萄產區能同時成功種植本質迥異的紅葡萄與白葡萄，例如希哈與麗絲玲。在歐洲的話，希哈喜歡溫暖的隆河谷地，而麗絲玲偏愛涼爽的萊茵河畔。而南澳洲的白天驕陽似火，入夜則寒氣逼人，希哈與麗絲玲能各取所需！南澳洲也因為倖免於根瘤蚜蟲侵襲，而能保存許多相當古老的葡萄品種。

主要葡萄品種

● Syrah 希哈＊、Cabernet Sauvignon
卡本內蘇維濃

● Chardonnay 夏多內、Riesling 麗絲玲、
Sémillon 榭密雍

＊當地稱為席拉茲（Shiraz）

North-West Victoria 西北維多利亞

New South Wales 新南威爾斯

Murrumbidgee 馬蘭比吉河

Murray Darling 墨瑞達令

South Australia
南澳洲

Swan Hill 天鵝山

Murray 墨瑞河

Central Victoria 中維多利亞

North-East Victoria 東北維多利亞

Rutherglen 路斯格蘭

Glenrowan 格倫羅旺

Goulburn Valley 高寶谷

Beechworth 比奇沃思

Western Victoria 西維多利亞

Bendigo 本迪戈

King Valley 國王谷

BENDIGO 本迪戈 ○

Strathbogie Ranges 史莊伯吉山脈

Alpine Valley 阿爾派谷

Pyrenees 庇里牛斯

Heathcote 希思科特

Grampians 格蘭坪

Macedon Ranges 馬其頓山脈

Upper Goulburn 上高寶

BALLARAT ○ 巴拉瑞特

Sunbury 森伯里

Yarra Valley 亞拉河谷

Gippsland 吉普斯蘭

Henty 亨提

GEELONG 吉朗 ○

○ MELBOURNE 墨爾本

Gippsland 吉普斯蘭

Geelong 吉朗

WARRNAMBOOL 瓦南布爾

Mornington Peninsula 摩寧頓半島

Port Philip 菲利普港

INDIAN OCEAN
印度洋

Bass Strait 巴斯海峽

NORD

維多利亞州

維多利亞產區的多元性肯定會讓全世界大開眼界，不只種植的葡萄多元，
黑皮諾到希哈一字排開；產品也很多元，從氣泡酒到甜點酒琳瑯滿目。

種植公頃
23 000

紅白葡萄比例

52%   48%

過去曾是澳洲的葡萄園展示櫥窗，1875年的根瘤蚜蟲肆虐迫使政府下令剷除葡萄園，維多利亞產區因而快速失勢。這裡的酒農數量比南澳洲多，但是產量卻少了三倍，由此可見，維多利亞產區主要為家庭式耕作。

主要葡萄品種

- Syrah 希哈*、Pinot Noir 黑皮諾、
  Cabernet Sauvignon 卡本內蘇維濃
- Chardonnay 夏多內、Riesling 麗絲玲

*當地稱為席拉茲（Shiraz）

5 個入門產區

Heathcote 西斯科特
Rutherglen 路斯格蘭
Geelong 吉朗
Pyrenees 寶麗斯
Yarra Valley 亞拉河谷

Queensland 昆士蘭

Northern Slopes 北坡

LISMORE 立斯摩爾

New England Australia
澳洲新英格蘭

COFFS HARBOUR
科夫斯港

Hastings River 黑斯廷河

Central Ranges
中央山脈

Hunter Valley 獵人谷

Mudgee 馬奇

Big Rivers
大河區

Lachlan 拉克蘭河

NEW CASTLE 紐卡索

PACIFIC OCEAN
太平洋

ORANGE 奧蘭治

Orange 奧蘭治

Murray Darling
墨瑞達令

Riverina 瑞納河

Cowra 考蘭

Murrumbidgee 馬蘭比吉河

Hilltops
希托普斯

Southern Island 南島

○SYDNEY 雪梨

Swan Hill 天鵝山

WAGGA WAGGA○
沃加沃加

Gundagai
岡德概

CANBERRA
坎培拉

WOLLONGONG 臥龍崗

Shoalhaven Coast
消爾黑文海岸

Tumbarumba
坦巴倫巴

Canberra District
坎培拉區

Perricoota 佩里庫塔

Murray 墨瑞河

ALBURY
奧爾伯里

Tasman Sea 塔斯曼海

Southern NSW
南新南威爾斯

Victoria 維多利亞

NORD

0   100   200 km

新南威爾斯州

新南威爾斯的面積比法國還大，擁有豐富多元的土壤與氣候，
葡萄酒產量是全國的30%。

種植公頃
39 000

紅白葡萄比例

45%   55%

這個產區原本以大規模生產希哈與
夏多內而自滿，近來也歡迎勇於
挑戰土壤條件的新釀酒師，並引進新
的葡萄品種，如維爾德羅（Verdelho）
或田帕尼優（Tempranillo）。雪梨
北方的獵人谷有全世界最好的榭密雍
（Sémillons）。

釀酒師可以寄望雪梨的國際知名度與
吸引力來發展葡萄酒光觀業，讓全世界
都能品嚐他們自豪的葡萄酒。

主要葡萄品種

● Syrah 希哈*、
Cabernet Sauvignon 卡本內蘇維濃

● Chardonnay 夏多內、
Sémillons 榭密雍

*當地稱為席拉茲（Shiraz）

西澳洲

珀斯位於澳洲邊陲，也因此葡萄酒不方便出口，大多針對國內消費市場。

種植公頃
9 000

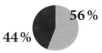

紅白葡萄比例
56 %
44 %

在希哈稱霸的澳洲，瑪格麗特河產區卻擁戴另一個葡萄天后：卡本內蘇維濃。這個品種在全世界都有她的芳蹤，不過她似乎在澳洲最西邊找到了新天堂，因為這裡含有礫石的土壤近似她的故鄉波爾多左岸。

而西澳洲的鳥也是老饕，迫使葡萄農不得不佈下漫天巨網來保護葡萄園，以免眼睜睜看著收成飛了。

- ● Cabernet Sauvignon 卡本內蘇維濃、Syrah 希哈*
- ● Chardonnay 夏多內、Sauvignon Blanc 白蘇維濃

*當地稱為席拉茲（Shiraz）

Greater Perth 珀斯都市圈

Swan District 天鵝區

PERTH 珀斯

Perth Hills 珀斯山

ROCKINGHAM 羅金厄姆

MANDURAH 曼杜拉

Peel 琵爾

BUNBURY 班伯利

Geographe 吉奧格拉非

South-West Australia 西南澳洲

NORD

Margaret River 瑪格麗特河

Blackwood Valley 黑林谷

Manjimup 曼吉馬普

Cape Leeuwin 露紋角

Pemberton 彭伯頓

Great Southern 大南區

ALBANY 奧班尼

INDIAN OCEAN 印度洋

0   50   100 km

塔斯馬尼亞州

島中之島，塔斯馬尼亞島比澳洲其他地方更冷更潮濕。

種植公頃
1 538

48 %
52 %

原先專注生產氣泡酒，但一般葡萄酒的前景也非常看好。遠渡重洋來此一展身手的釀酒師，打算以出色的黑皮諾、夏多內與灰皮諾，釀製能凸顯島嶼獨特性的美酒。

- ● Pinot Noir 黑皮諾、Cabernet Sauvignon 卡本內蘇維濃
- ● Chardonnay 夏多內、Pinot Gris 灰皮諾、Sauvignon Blanc 白蘇維濃

Furneaux Group 弗諾群島

Bass Strait 巴斯海峽

North 北部

Pipers River 笛手河

North East 東北

DEVONPORT 德文港

North West 西北

LAUNCESTON 朗塞斯頓

Tamar Valley 塔瑪谷

East Coast 東海岸

INDIAN OCEAN 印度洋

East Coast 東海岸

Coal River Valley 煤河谷

Derwent Valley 德文特河谷

NORD

South 南部

HOBART 荷巴特

PORT ARTHUR 亞瑟港

Huon Valley 休恩河谷

Tasman Sea 塔斯曼海

0   50   100 km

現在
誰開始釀酒？

20世紀是法定產區名稱的世紀。葡萄酒生產國心知肚明，受認證的風土是品質的保證。產區都經過精心分割並繪製成地圖。而瑞典或越南等不在預料當中的國家，雖也想躋身葡萄酒大家族，但目前仍在未定之天，因為產量太少，釀酒傳統也不夠深厚。

巴斯克與義大利移民

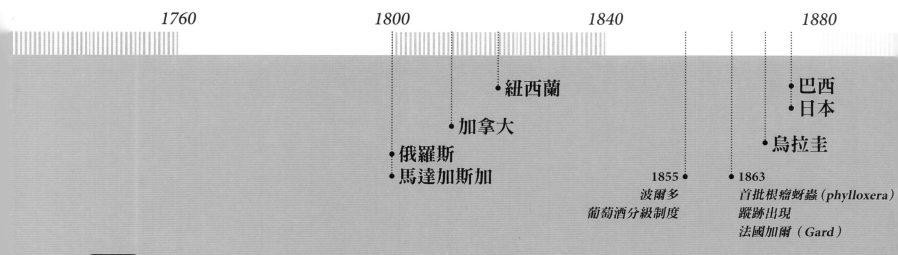

1760	1800	1840	1880
			•巴西
	•紐西蘭		•日本
	•加拿大		•烏拉圭
	•俄羅斯		
	•馬達加斯加		

1855
波爾多
葡萄酒分級制度

1863
首批根瘤蚜蟲（phylloxera）
蹤跡出現
法國加爾（Gard）

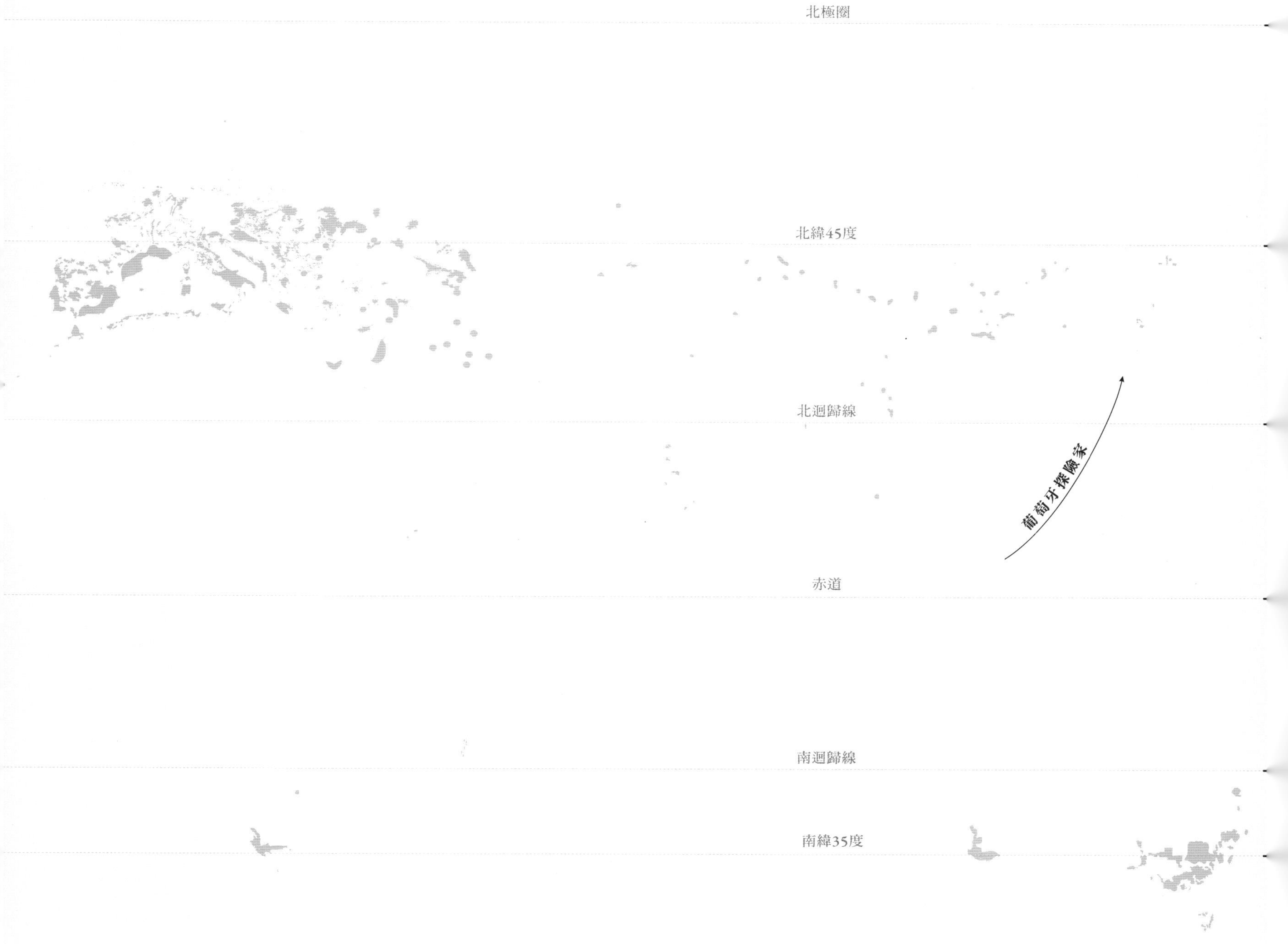

北極圈

北緯45度

北迴歸線

葡萄牙採險家

赤道

南迴歸線

南緯35度

| 1880 | 1920 | 1960 | 2000 | 2017 |

● 1888
根瘤蚜蟲在秘魯出現

● 1935
創立法國原產地名稱
管理委員會（I.N.A.O）

●波蘭

● 1976
巴黎評判（Judgement of Paris）*
當中，經過盲飲品酒，來自加州的葡
萄酒破天荒打敗了法國的葡萄酒。

*譯註：Judgement of Paris，原本是希臘神話中特洛伊戰爭
的導火線，這裡借用來指葡萄酒比賽。

衣索比亞

衣索比亞的葡萄農必須在他們的葡萄園周圍挖掘寬闊的壕溝，以避免蟒蛇和河馬破壞葡萄園。誰有更好的方法嗎？

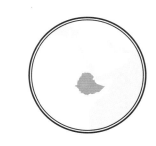

過去

衣索比亞修道院附近發現的葡萄藤，證明葡萄酒被引進這個國家的契機與西元四世紀時天主教文明到來並成為官方宗教有密切關係。墨索里尼於1935年入侵並佔領衣索比亞達六年之久，當時的義大利殖民者在此種下葡萄，但並未真正開拓與發展。

衣索比亞當地的國民飲料是一款名為 Tej 的蜂蜜酒，以類似啤酒花的鼠李屬植物 gesho 釀製。

現在

衣索比亞接近赤道，葡萄的植物生命週期非常短，可以一年二穫。雖然產量豐盈，但葡萄無法進入冬天休眠期，不利於品質。

衣索比亞接近赤道，可以一年二穫。

隨著法國批發酒商於2007年進駐，衣索比亞期望向非洲的葡萄酒王國南非看齊。不過，目前衣索比亞只有兩家公司共同管理葡萄園，未來的路還很漫長。

世界排名（產量）
47

年產量（百萬公升）
7

採收季節
十一月至十二月
六月至七月

釀酒歷史開始於
西元4世紀

受誰影響
天主教

主要葡萄品種

- ● Sangiovese 桑嬌維塞、Merlot 梅洛、Syrah 希哈
- ◗ Chenin Blanc 白梢楠、Chardonnay 夏多內、Sauvignon Blanc 白蘇維濃

Eritrea 厄立特里亞

Sudan 蘇丹

ADIGRAT 阿迪格拉特

MEKELE 默克萊

Red Sea 紅海

GONDER 貢德爾

Lake Tana 塔納湖

Djibouti 吉布地

BAHIR DAR 巴赫達爾

Nil Bleu 肯尼羅河

DESE 德西

Lake Abhe 阿貝湖

Nil Bleu 約瓦羅河

Awash 阿瓦西河

NEDJO 內喬

DIRE DAWA 德雷達瓦

ADDIS-ABABA 阿迪斯阿貝巴

HARER 哈勒爾

JIJIGA 吉吉加

Somalia 索馬利亞

NEKEMTE 內格默特

DEBRE ZEYIT 德布雷塞特

METU 默圖

GIYON 幾雍

ADAMA 阿達瑪

ZIWAY 茲懷

Awash Merti Jersu 阿瓦薩梅提熱旰

HOSAINA 和散那

JIMA 吉馬

Ziway 茲懷湖

SHASHEMENE 莎莎美恩

GOBA 戈巴

AWASA 阿瓦薩

DODOLA 多多拉

Akobo 阿科博河

Omo 奧莫河

DILLA 迪拉

GODE 戈德

ARBA MINCH 阿巴民齊

Lake Abaya 阿巴亞湖

KIBRE MENGIST 克卜勒門格斯特

JINKA 金卡

Shebeli 謝貝利河

Lake Chew Bahir 楚拜亥湖

Daoua 達瓦河

Lake Turkana 圖爾卡納湖

NORD

0　150　300 km

Kenya 肯亞

馬達加斯加

在一個從十二月到四月都有季風的熱帶國家，葡萄酒文化不只令人驚奇，更引人入勝。

世界排名（產量）

46

種植公頃

2 700

年產量（百萬公升）

8

採收季節

一月至三月

釀酒歷史開始於

19世紀

受誰影響

法國人

過去

馬達加斯加島上第一批葡萄的來龍去脈究竟為何，仍然眾說紛紜。有些記載認為是阿拉伯人的功勞，他們是最早開闢島嶼沿岸的人；另一派則認為定居在南非開普敦的基督傳教士居功甚偉。無論如何，首批馬達加斯加島葡萄酒文化的論文與研究，要歸功於19世紀法國植物學家與探險家的心血。

1971年，馬達加斯加政府與瑞士合作企業簽屬合約，共同開發馬達加斯加島的葡萄園。國營企業「貝齊寮葡萄種植與釀酒中心」（Centre Vitivinicole du Betsileo，貝齊寮為馬達加斯加島的種族之一）鼓勵農民種植葡萄，並承諾收購其收成已作釀酒之用。

現在

馬達加斯加島的面積比法國還大，葡萄園都種植於山坡，跟當地相當普遍的稻田一樣，呈現美麗的梯田景致。葡萄園位於海拔500到1500公尺的坡地，能避開熱帶平原的悶熱氣候。馬達加斯加島的氣候條件不利於葡萄生長，因此葡萄園的擴張也非常有限。

> **在這個比法國還大的島上，葡萄園都是梯田型態。**

馬達加斯加島沒有生產玻璃，必須進口玻璃酒瓶，不只讓釀酒師的工作更繁重，葡萄酒的成本也更高。不過，即使困難重重，馬達加斯加島的葡萄酒產量在過去50年當中仍然持續進步。

主要葡萄品種

- Villard Noir 黑維拉、Chambourcin 香寶馨、Varousset 瓦羅樹、Petit Bouchet 小布雪
- Couderc 13 庫德13、Villard Blanc 白維拉

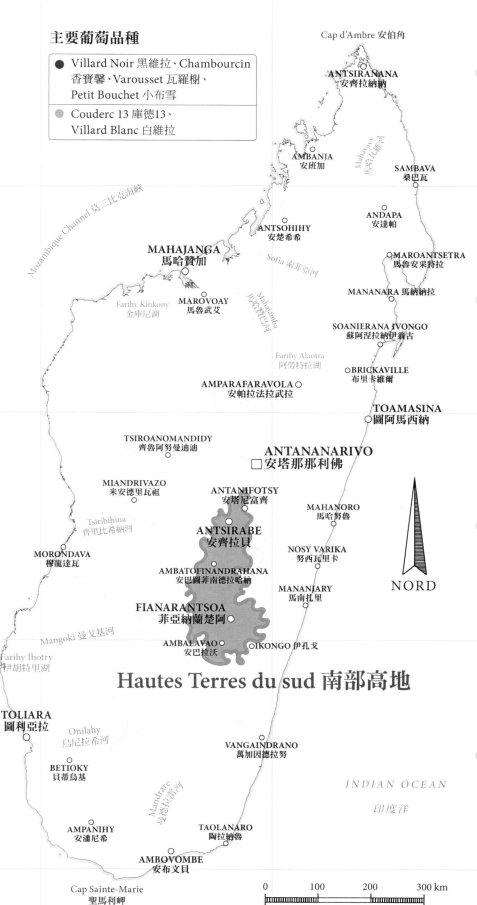

Hautes Terres du sud 南部高地

NORD

0　100　200　300 km

INDIAN OCEAN
印度洋

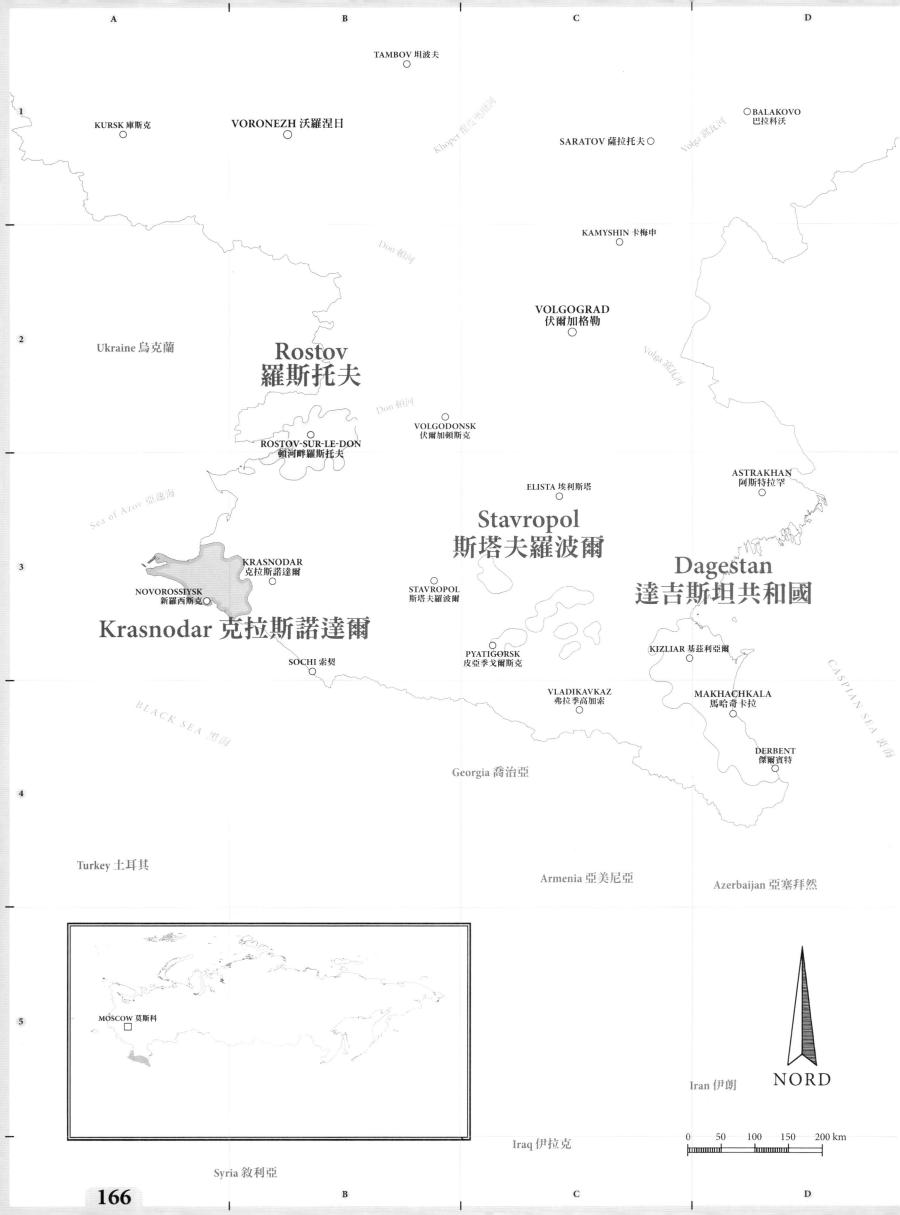

A   B   C   D

TAMBOV 坦波夫

KURSK 庫斯克

VORONEZH 沃羅涅日

Khoper 霍皮爾頓頓河

BALAKOVO
巴拉科沃

SARATOV 薩拉托夫

Volga 窩瓦河

Don 頓河

KAMYSHIN 卡梅申

**VOLGOGRAD
伏爾加格勒**

Ukraine 烏克蘭

Rostov
羅斯托夫

Don 頓河

Volga 窩瓦河

VOLGODONSK
伏爾加頓斯克

ROSTOV-SUR-LE-DON
頓河畔羅斯托夫

ASTRAKHAN
阿斯特拉罕

ELISTA 埃利斯塔

Sea of Azov 亞速海

Stavropol
斯塔夫羅波爾

Dagestan
達吉斯坦共和國

KRASNODAR
克拉斯諾達爾

NOVOROSSIYSK
新羅西斯克

STAVROPOL
斯塔夫羅波爾

CASPIAN SEA 裏海

Krasnodar 克拉斯諾達爾

KIZLIAR 基茲利亞爾

SOCHI 索契

PYATIGORSK
皮亞季戈爾斯克

MAKHACHKALA
馬哈奇卡拉

VLADIKAVKAZ
弗拉季高加索

BLACK SEA 黑海

DERBENT
傑爾賓特

Georgia 喬治亞

Turkey 土耳其

Armenia 亞美尼亞

Azerbaijan 亞塞拜然

MOSCOW 莫斯科

Iran 伊朗

NORD

0   50   100   150   200 km

Iraq 伊拉克

Syria 敘利亞

A   B   C   D

BOUZOULOUK
布祖盧克

Kazakhstan 哈薩克

俄羅斯

昔日沙皇熱愛葡萄酒杯觥交錯，蘇維埃政權則不願耽溺醉人美酒。無論如何，在這個伏特加消費量為葡萄酒兩倍的國家，葡萄園仍然力求佔有一席之地。

過去

高加索地區種植葡萄已有幾千年的歷史，不過真正的葡萄酒工業發展卻是在19世紀，與「俄羅斯香檳」之父雷歐高里欽王子（Leo Galitzine）有關。為了打擊酗酒，蘇聯政府鼓勵釀製與飲用葡萄酒。畢竟，喝紅酒總比喝伏特加更好，不是嗎？1956年時，蘇聯政府提高了國內的酒精價格企圖抑制消費。但結果憂喜參半，喜的是葡萄酒消費在十年內成長了三倍，憂的是伏特加消費量仍然不動如山…

為了打擊酗酒，蘇聯政府鼓勵釀製與飲用葡萄酒。

現在

從2000年開始，俄羅斯葡萄酒大廠向波爾多及香檳區招兵買馬，求教葡萄酒專界人士。一個葡萄園面積比葡萄牙還要少三倍的國家，要如何成為全世界第十三大產酒國？當然是進口葡萄囉！俄羅斯並不太在乎物流里程，絕大部份的葡萄酒都是購買南美洲的葡萄來釀製，品質也依然平淡乏味。

Turkménistan
土庫曼

世界排名（產量）

12

種植公頃

63 000

年產量（百萬公升）

480

紅白葡萄比例

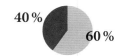

40 %

60 %

採收季節

九月
十月

釀酒歷史開始於

19世紀

主要葡萄品種

- ● Cabernet Sauvignon 卡本內蘇維濃、Merlot 梅洛
- ● Rkatsiteli 白羽、Aligoté 阿里哥蝶、Muscat 麝香、Riesling 麗絲玲

ARCTIC OCEAN
北冰洋

Ellesmere Island
埃爾斯米爾島

Devon Island 德文島

Queen Elizabeth Islands
伊莉莎白女王群島

Baffin Bay 巴芬灣

Beaufort Sea
波弗特海

Banks Island
班克斯島

Baffin Island 巴芬島

Davis Strait 戴維斯海峽

NORD

Victoria Island
維多利亞島

Great Bear Lake
大熊湖

Mackenzie 馬更些河

Great Slave Lake
大奴湖

Hudson Bay
哈得遜灣

Labrador Sea
拉布拉多海

British Columbia
卑詩省

PACIFIC OCEAN
太平洋

EDMONTON
埃德蒙頓

SASKATOON
薩克屯

Winnipeg
溫尼伯湖

Newfoundland
紐芬蘭島

VANCOUVER
溫哥華

KELOWNA
基隆拿

CALGARY
卡加利

WINNIPEG
○溫尼伯

Québec 魁北克

Nova Scotia
新斯科細亞

REGINA 雷吉納

VICTORIA
維多利亞

Lake Superior
蘇必略湖

SAGUENAY 薩格奈

SAINT-JOHN'S
聖約翰斯

SUDBURY
大薩德伯里

MONTRÉAL
蒙特婁

QUÉBEC 魁北克

SHERBROOKE
舍布魯克

OTTAWA 渥太華□

United States 美國

Lake Michigan
密西根湖

LONDON
倫敦

TORONTO 多倫多

HALIFAX
哈利法克斯

HAMILTON 漢密頓

Ontario
安大略

0   500   1000   1500   2000 km

加拿大

世界排名（產量）

29

種植公頃

12 000

年產量（百萬公升）

70

紅白葡萄比例

35%
65%

洛磯山脈與極圈森林的國度，羞赧與
獨特並存的葡萄酒文化，加拿大嚴峻
的氣候正是生產冰酒的絕佳環境。

採收季節

**八月至
十月**

釀酒歷史開始於
西元

1811年

受誰影響

歐洲移民

主要葡萄品種

● Cabernet Franc 卡本內弗朗、
Merlot 梅洛、Pinot Noir 黑皮諾

● Vidal 威代爾、Chardonnay
夏多內、Riesling 麗絲玲

過去

早在哥倫布發現美洲新大陸之前，冰島維京人在西元1000年就經由格陵蘭的冰冷水域，踏足今天的加拿大土地。據說因為當時遍地野生葡萄，因此維京人以「文蘭」（Vinland，酒地）稱呼加拿大。

約翰席勒（Johann Schiller）被視為加拿大的葡萄耕種之父，這位來自德國的退伍軍人與鞋匠，於1881年成功地馴服多倫多郊區的野生葡萄，不過他所生產的葡萄酒僅賣給鄰里。

加拿大漫長的冬季滴水成冰，夏季則豔陽如火，葡萄農只能在五大湖附近耕種，藉由湖泊調節炎熱高溫及料峭霜凍。1987年，加拿大與美國簽署自由貿易協定，鼓勵種植歐洲葡萄品種，並將加拿大葡萄酒推向世界舞台

現在

加拿大人仍然熱愛啤酒甚於葡萄酒，這也是當地葡萄酒工業發展緩慢的原因。安大略省與卑詩省的葡萄酒產量佔全國80%。加拿大也是世上少數仍在生產冰酒（Ice wine）的國家，製作冰酒的訣竅是讓葡萄留在藤上經過霜凍，延長葡萄的成熟期，讓葡萄的糖分

加拿大成為冰酒的新興頭號生產國。

更濃縮，才能釀出甜美可口的酒。這項技術原本來自奧地利與德國，不過加拿大已經青出於藍，成為冰酒的頭號生產國。

Ontario 安大略

Nova Scotia 新斯科細亞

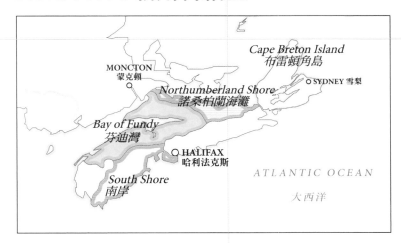

Québec 魁北克

British Columbia 卑詩省

紐西蘭

近二十年來，「黑衫軍」（All Blacks）的國度不僅成為新世界產酒國炙手可熱的明星，更成為白蘇維濃的翹楚，佔全國60%的葡萄園。

世界排名（產量）

14

種植公頃

36 000

年產量（百萬公升）

313

紅白葡萄比例

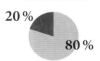

20 %

80 %

採收季節

**二月
三月**

釀酒歷史開始於

**西元
1820年**

受誰影響

英國人

主要葡萄品種

- Pinot Noir 黑皮諾、Merlot 梅洛、Syrah 希哈
- Sauvignon Blanc 白蘇維濃、Chardonnay 夏多內、Pinot Gris 灰皮諾、Riesling 麗絲玲

過去

紐西蘭可說位於世界的盡頭，是人類在地球上最晚發現的土地之一。原先在1050年時由毛利人統治，後來在1788年成為歐洲人的殖民地。而紐西蘭葡萄酒的歷史與其國家歷史長短不相上下。法國人澎帕利耶（Jean-Baptiste Pompallier）與英

紐西蘭葡萄酒的歷史與其國家歷史長短不相上下。

國人詹姆斯巴士比（James Busby，沒錯！沒錯！就是那個發展澳洲葡萄園的人）是紐西蘭葡萄酒業的先鋒，在19世紀時毫不遲疑地將釀酒知識傾囊相授於紐西蘭的農民。不過要等到第二次世界大戰之後，才有大規模的種植。

紐西蘭是史上擴張葡萄園最神速的國家之一，僅次於中國。而葡萄酒也迅速在全球各地獲得滿堂彩，繼橄欖球黑衫軍神威之後，葡萄酒也成為國家的驕傲。

現在

要了解紐西蘭葡萄園的全貌，必須區分構成紐西蘭領土的兩個主要島嶼。北島接近赤道，能讓卡本內蘇維濃、梅洛與夏多內完美成熟。而南島則是白蘇維濃與黑皮諾的「應許之地」。

事實上，縱貫紐西蘭南島的南阿爾卑斯山脈（別跟歐洲的阿爾卑斯山搞混了）成為島上的分水嶺，為東部抵禦了來自西部的水氣，也因此葡萄園都集中在東部，而通過山脈的溫和海洋微風則賦予紐西蘭葡萄酒清新與細緻的盛名。豐富多元的氣候與土壤，加上靈感泉湧的酒農，造就紐西蘭琳瑯滿目的葡萄品種。例如馬爾堡（Marlborough）讓白蘇維濃盡情展現風味、豪克斯灣地區（Hawke's Bay）是希哈的天堂、奧塔哥中部（Central Otago）有黑皮諾如魚得水、懷帕拉山谷（Waipara Valley）與吉斯伯恩（Gisborne）則分別是麗絲玲與夏多內的樂土。

紐西蘭葡萄酒以清新細緻見長。

紐西蘭葡萄酒能享譽國際暢銷世界，雖然要歸功於大型釀酒廠，不過葡萄酒工業仍然由不可勝數的小型家庭式酒農組成，他們也依然不懈怠地學習耕種葡萄的各種知識。

SOUTH PACIFIC OCEAN

南太平洋

Northland
北地大區

5 個入門產區

Marlborough 馬爾堡
Central Otago 奧塔哥中部
Hawke's Bay 豪克斯灣地區
Gisborne 吉斯伯恩
Waipara Valley 懷帕拉山谷

WHANGAREI
旺阿雷

Auckland 奧克蘭

Matakana 馬塔卡納

Waiheke Island 激流島

AUCKLAND 奧克蘭

MANUKAU 瑪努考

NORTH ISLAND
北島

HAMILTON
漢密頓

Bay of Plenty
普倫蒂灣大區（豐盛灣）

TAURANGA 陶朗加

Waikato 懷卡托

ROTORUA
羅托路亞

Gisborne
吉斯伯恩

TAUPO 陶波

Hillsides
山坡地區

Manutuke 瑪努圖克

NEW PLYMOUTH
新普利茅斯市

Lake Taupo
陶波湖

Coastal Areas
海爾地區

NAPIER
內皮爾

HAWERA
哈韋拉

Alluvial Plains
沖積平原

Hawke Bay
豪克斯灣

HASTINGS 海斯汀

WANGANUI 旺加努伊

Hawke's Bay 豪克斯灣

Tasman Sea 塔斯曼海

PALMERSTON NORTH
北帕默斯頓

Nelson 尼爾森

Gladstone 格萊斯頓
Martinborough 馬丁堡

NELSON 尼爾森

LOWER HUTT 下哈特

Marlborough 馬爾堡

Wairau Valley 懷勞瓦利

WELLINGTON
威靈頓

Wairapara 懷拉帕拉湖

Awatere Valley
阿娃鐵利山谷

Cook Strait 庫克海峽

Canterbury 坎特伯里

Clarence 克拉倫斯

SOUTH ISLAND
南島

Canterbury Plains
坎特伯里平原

Waipara Valley 懷帕拉山谷

Rakaia 拉凱阿

CHRISTCHURCH
基督城

ASHBURTON 艾士伯頓

Waitaki Valley 懷塔基山谷

Lake Wanaka
瓦納卡湖

TIMARU
提馬魯

Waitaki 懷塔基

QUEENSTOWN
皇后鎮

Wanaka 瓦納卡

OAMARU 奧瑪魯

Lake Te Anau
蒂阿瑙湖

Bendigo

Gibbston 吉博司頓
本迪戈

Bannockburn 班諾克本

Central Otago 奧塔哥中部

Alexandra 亞歷山德拉

DUNEDIN
達尼丁

GORE 高爾

NORD

INVERCARGILL
因弗卡吉爾

Stewart Island
斯圖爾特島

Foveaux Strait 帕沃海峽

0   100   200   300 km

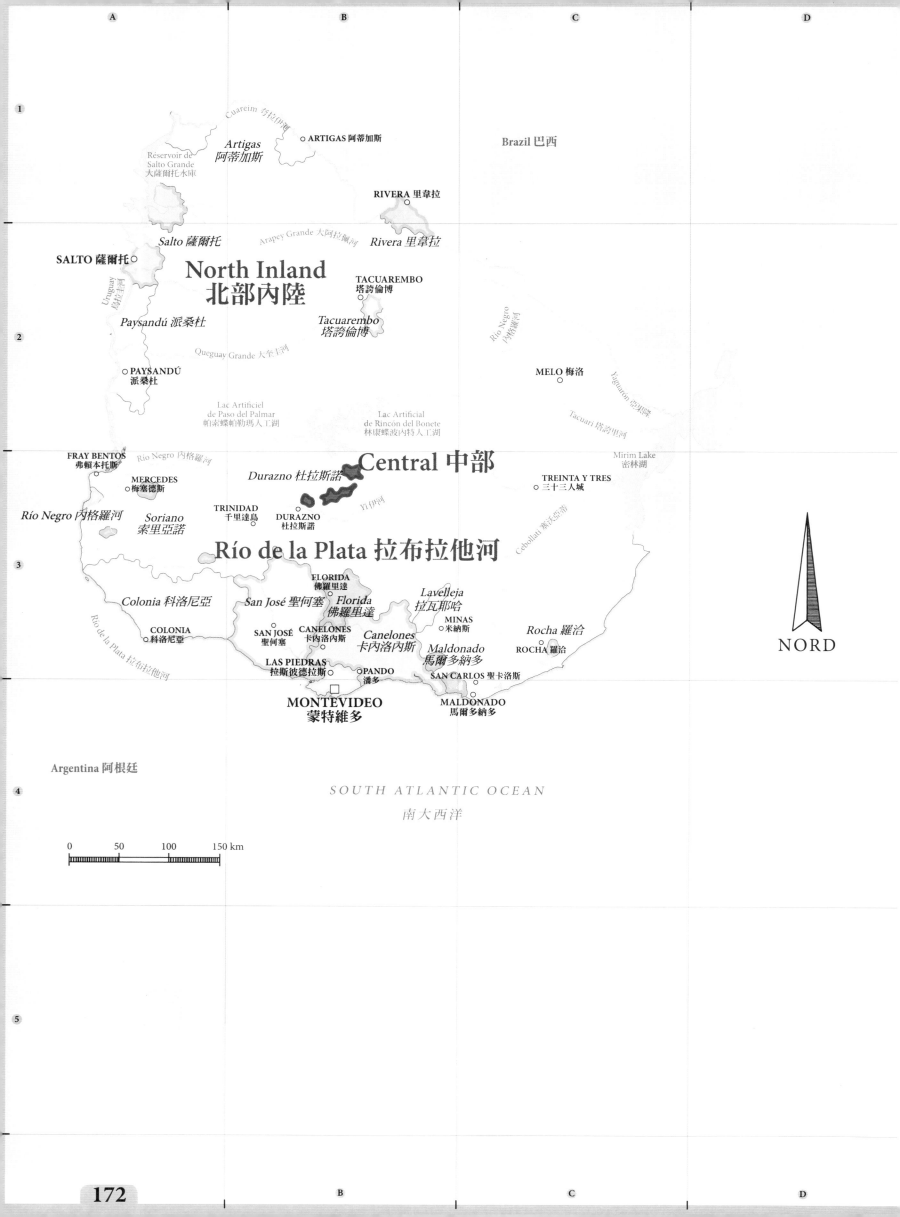

1

Cuareim 夸拉伊河

Artigas 阿蒂加斯　　　○ ARTIGAS 阿蒂加斯

Brazil 巴西

Réservoir de
Salto Grande
大薩爾托水庫

RIVERA 里韋拉

Salto 薩爾托　　　*Arapey Grande* 大阿拉佩河　　Rivera 里韋拉

SALTO 薩爾托 ○

**North Inland
北部內陸**

TACUAREMBO
塔誇倫博

2

Uruguay 烏拉圭河

Paysandú 派桑杜

Tacuarembo
塔誇倫博

Río Negro 內格羅河

Queguay Grande 大奎圭河

MELO 梅洛 ○

○ PAYSANDÚ
派桑杜

Yaguarón 亞果隆

Lac Artificiel
de Paso del Palmar
帕索蝶帕勒瑪人工湖

Lac Artificiel
de Rincón del Bonete
林康蝶波內特人工湖

Tacuari 塔誇里河

FRAY BENTOS
弗賴本托斯 ○

Río Negro 內格羅河

Mirim Lake
密林湖

MERCEDES
梅塞德斯 ○

Durazno 杜拉斯諾

Central 中部

TREINTA Y TRES
三十三人城 ○

Río Negro 內格羅河

TRINIDAD
千里達島 ○

DURAZNO
杜拉斯諾 ○

Yi 伊河

Soriano
索里亞諾

Río de la Plata 拉布拉他河

Cebollati 賽沃恣蒂

3

Colonia 科洛尼亞

FLORIDA
佛羅里達

San José 聖何塞

Florida
佛羅里達

Lavelleja
拉瓦耶哈

Río de la Plata 拉布拉他河

COLONIA
○ 科洛尼亞

SAN JOSÉ
聖何塞 ○

CANELONES
卡內洛內斯 ○

MINAS
○ 米納斯

Rocha 羅洽

Canelones
卡內洛內斯

ROCHA 羅洽 ○

LAS PIEDRAS
拉斯彼德拉斯 ○

Maldonado
馬爾多納多

PANDO
○ 潘多

SAN CARLOS 聖卡洛斯

□

**MONTEVIDEO
蒙特維多**

MALDONADO
馬爾多納多

NORD

Argentina 阿根廷

4

SOUTH ATLANTIC OCEAN

南大西洋

0　　50　　100　　150 km

5

烏拉圭

與智利位於同一緯度的烏拉圭,是新世界葡萄酒界無可抵擋的爆冷門黑馬。

過去

烏拉圭最早的葡萄是在15世紀由西班牙征服者所種植,但是葡萄園真正誕生卻是在1870年,巴斯克

從西班牙庇里牛斯山來到烏拉圭的塔那,找到了第二春。

地區的移民來到此地,行囊中帶了日後會成為烏拉圭葡萄酒象徵的塔那葡萄(Tannat)。當初誰會相信塔那這款源自庇里牛斯山並專門用來混釀的葡萄,竟然會在大西洋彼岸闖出一片天?自1990年代以降,葡萄酒行業不斷突飛猛進,也不忘追求品質。

5 個入門產區

Canelones 卡內洛內斯
Montevideo 蒙特維多
Colonia 科洛尼亞
Maldonado 馬爾多納多
San José 聖何塞

現在

烏拉圭葡萄酒產量有限,國人也識貨,所以很少葡萄酒能越過邊境外銷他方。每年僅有5%的產量出口。烏拉圭全國18個省分有16個都產酒,但卡內洛內斯(Canelones)一省的產量就佔了全國的60%。

新世界產酒國都有屬於自己的葡萄天后,烏拉圭也不例外,找到塔那葡萄當紅酒的標誌性品種。如此一來,烏拉圭便能安心釀製獨一無二的美

烏拉圭僅有5%的葡萄酒產量外銷。

酒,不用擔心與產酒大國以同樣的標準競爭。接下來再找到白酒的標誌性葡萄品種以饗大眾就萬無一失了:夏多內?太傳統,而且全世界都在種;多隆蒂絲(Torrontés)?已經被阿根廷捷足先登了!那阿爾巴利諾(Albariño)呢?最近的研究指出,這種來自西班牙西北部的白葡萄在烏拉圭南部的發展極好。讓我們繼續看下去囉…

主要葡萄品種

- ● Tannat 塔那、Merlot 梅洛、Cabernet Sauvignon 卡本內蘇維濃
- ● Ugni Blanc 白玉霓、Chardonnay 夏多內、Sauvignon Blanc 白蘇維濃

世界排名(產量)
26

種植公頃
9 000

年產量(百萬公升)
100

紅白葡萄比例
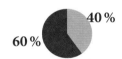
40 %
60 %

採收季節
二月三月

釀酒歷史開始於
西元
1870年

受誰影響
西班牙人

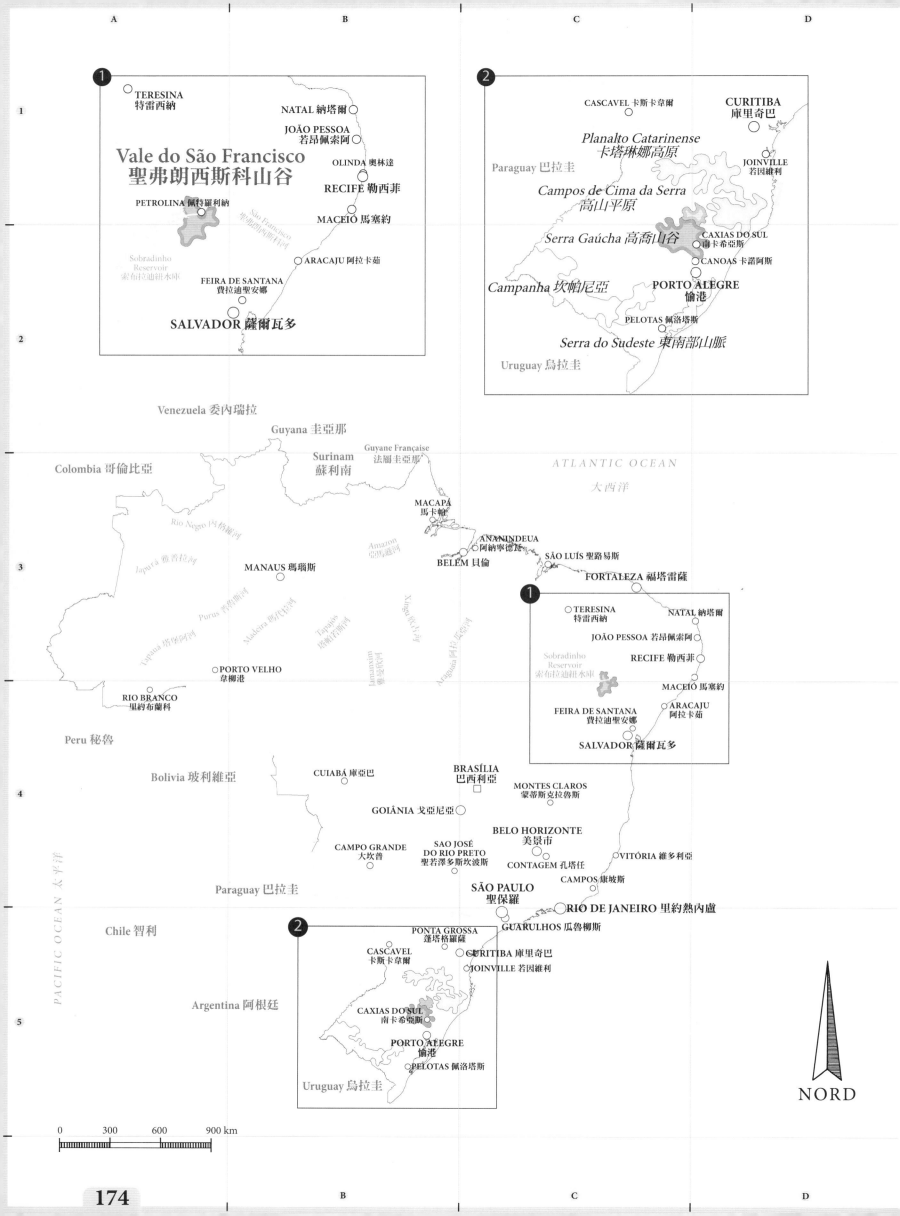

①

TERESINA 特雷西納

NATAL 納塔爾

JOÃO PESSOA
若昂佩索阿

OLINDA 奧林達

RECIFE 勒西菲

**Vale do São Francisco
聖弗朗西斯科山谷**

PETROLINA 佩特羅利納

MACEIÓ 馬塞約

São Francisco
聖弗朗西斯科河

Sobradinho
Reservoir
索布拉迪紐水庫

ARACAJU 阿拉卡茹

FEIRA DE SANTANA
費拉迪聖安娜

SALVADOR 薩爾瓦多

②

CASCAVEL 卡斯卡韋爾

**CURITIBA
庫里奇巴**

Planalto Catarinense
卡塔琳娜高原

Paraguay 巴拉圭

JOINVILLE
若因維利

Campos de Cima da Serra
高山平原

Serra Gaúcha 高喬山谷

CAXIAS DO SUL
南卡希亞斯

CANOAS 卡諾阿斯

Campanha 坎帕尼亞

**PORTO ALEGRE
愉港**

PELOTAS 佩洛塔斯

Uruguay 烏拉圭

Serra do Sudeste 東南部山脈

Venezuela 委內瑞拉

Guyana 圭亞那

Colombia 哥倫比亞

Surinam
蘇利南

Guyane Française
法屬圭亞那

ATLANTIC OCEAN
大西洋

MACAPÁ
馬卡帕

Rio Negro 內格羅河

ANANINDEUA
阿納寧德瓦

Amazon
亞馬遜河

SÃO LUÍS 聖路易斯

BELÉM 貝倫

MANAUS 瑪瑙斯

Japurá 雅普拉河

FORTALEZA 福塔雷薩

Purus 普魯斯河

Madeira 馬代拉河

Tapajós
塔帕若斯河

Xingu 欣古河

Tocantins 托坎廷斯河

Araguaia 阿拉瓜亞河

①

TERESINA
特雷西納

NATAL 納塔爾

JOÃO PESSOA 若昂佩索阿

PORTO VELHO
韋柳港

RECIFE 勒西菲

Sobradinho
Reservoir
索布拉迪紐水庫

MACEIÓ 馬塞約

RIO BRANCO
里約布蘭科

ARACAJU
阿拉卡茹

Peru 秘魯

FEIRA DE SANTANA
費拉迪聖安娜

SALVADOR 薩爾瓦多

Bolivia 玻利維亞

CUIABÁ 庫亞巴

**BRASÍLIA
巴西利亞**

MONTES CLAROS
蒙蒂斯克拉魯斯

GOIÂNIA 戈亞尼亞

**BELO HORIZONTE
美景市**

PACIFIC OCEAN 太平洋

CAMPO GRANDE
大坎普

SAO JOSÉ
DO RIO PRETO
聖若澤多斯坎波斯

VITÓRIA 維多利亞

Paraguay 巴拉圭

CONTAGEM 孔塔任

CAMPOS 康坡斯

**SÃO PAULO
聖保羅**

RIO DE JANEIRO 里約熱內盧

Chile 智利

②

GUARULHOS 瓜魯柳斯

PONTA GROSSA
蓬塔格羅薩

CASCAVEL
卡斯卡韋爾

CURITIBA 庫里奇巴

JOINVILLE 若因維利

Argentina 阿根廷

CAXIAS DO SUL
南卡希亞斯

**PORTO ALEGRE
愉港**

PELOTAS 佩洛塔斯

Uruguay 烏拉圭

NORD

0   300   600   900 km

巴西

來源聲明
Espumante 氣泡酒
溫多谷
Saúde 祝君健康

巴西是南美洲第三大，而且也是最資淺的產酒國。全世界也只有巴西的葡萄園同時身處熱帶（北部）與大陸性（南部）兩種氣候當中。

世界排名（產量）

22

種植公頃

85 000

年產量（百萬公升）

140

紅白葡萄比例

60%   40%

採收季節

**二月
三月**

釀酒歷史開始於

**西元
1875年**

受誰影響

義大利移民

過去

巴西的葡萄園在19世紀成軍，種植的是來自美國的伊莎貝爾葡萄（Isabelle），以多產取勝，而非以精緻見長。所以19世紀後期義大利移民來到巴西之後，以歐洲品種取代了美國品種。義大利家族在溫多谷（Vale dos Vinhedos）落腳，隨即興建葡萄園及各式建築，打造義大利風格的景色以緬懷故土。

巴西是南半球最佳氣泡酒生產國。

20世紀初期，巴西深受旱災之苦，當時無論如何必須興建的一座禮拜堂也因缺水而無法攪拌混凝土。當地居民二話不說，以酒代水，度過難關。我們都知道宗教與酒的關係極為密切，而巴西人更提供了鐵錚錚的證明。

現在

如果你在里約熱內盧點紅酒，很可能會令當地人大吃一驚，因為大部份的巴西人都不知道他們竟然有自己的葡萄園！巴西寬廣的國土與各州之間荒謬的稅收，讓國產葡萄酒也無法在全國流通。在邁阿密弄到巴西葡萄酒甚至還比在巴西利亞容易多了！高喬山谷（Serra Gaúcha）的產量佔全巴西的60%，並聲稱幾乎全數為優質葡萄酒。

巴西雖然只有出口1%的葡萄酒產量，但是出色的氣泡酒始終令人印象深刻，南半球最佳氣泡酒生產國當之無愧。而巴西葡萄酒仍大有可為，因為只有10%的葡萄園種植釀酒專用的葡萄。

北部的新葡萄產區聖弗朗西斯科山谷（Vale do São Francisco）位於熱帶沙漠地區，無四季之分，因此一年有300天的日照，配合先進的灌溉系統，葡萄能一年二穫。

主要葡萄品種

- ● Isabelle 伊莎貝爾、Merlot 梅洛、Cabernet Sauvignon 卡本內蘇維濃
- ○ Chardonnay 夏多內、Niagara 尼亞加拉、Muscat 麝香

日本

葡萄酒已經成為日本富裕階級最流行的事物，但在這個清酒的國度仍相形低調。

世界排名（產量）
27

種植公頃
18 000

年產量（百萬公升）
86

紅白葡萄比例

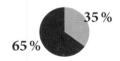

35％
65％

採收季節
九月

釀酒歷史開始於
西元
1875年

受誰影響
葡萄牙人

過去

葡萄隨著絲路千里迢迢來到日本，原先由佛教徒種植，但並非為了釀酒。偉大的航海家，葡萄牙的教士在16世紀末期來到日本，並贈送葡萄酒給後奈良天皇。

佛教徒首先在日本種植葡萄，但並非為了釀酒。

現代日本的葡萄栽培與混種培育之父川上善兵衛（1868-1944），親手發明了屬於日本當地的紅葡萄品種：麝香貝利A（Muscat Bailey A）。而似乎有中國血統的甲州葡萄（Koshu）則成為日本白酒的象徵品種。

1970年代的烈酒進口貿易自由化，讓許多甚至未喝過國產葡萄酒的日本人，也能輕而易舉地嚐遍世界美酒。

主要葡萄品種

- ● Merlot 梅洛、Muscat Bailey A 麝香貝利A、Cabernet Sauvignon 卡本內蘇維濃
- ● Koshu 甲州、Müller-Thurgau 米勒-圖高、Chardonnay 夏多內

當地原生種

現在

葡萄園主要聚集在日本群島的兩個主島，最佳產地則是在以火山土壤聞名的富士山腳下，位於東京的西南方。日本葡萄酒市場由五個企業聯手壟斷，佔有全國80％的產量。

大部份的葡萄酒都以進口自南美洲的釀酒用葡萄汁釀製，所以「日本葡萄酒」與「在日本發酵的葡萄酒」不可混為一談。不過實際上分辨有困難，因為只要含有10％日本當地收成的葡萄，就能在酒標上標註為「日本葡萄酒」，是日本法規認可的。

日本尚未屈服於歐洲葡萄品種的魅力，雖僅有5％的產區種植，釀出的成品卻相當值得關注。日本酒類也不受任何廣告法的約束，因此在電視上很常出現葡萄酒的廣告。

Oki Islands
隱岐群島

Korea Strait 朝鮮海峽

Tsushima Island
對馬島

OKAYA...
岡...

HIROSHIMA
廣島

FUKUOKA 福岡

MATSUYAMA 松山

KUMAMOTO
熊本

Shikoku 四...

NAGASAKI 長崎

Russia 俄羅斯

Sōya Strait 宗谷海峽

Sea of Okhotsk
鄂霍次克海

Rishiri Island
利尻島

ASAHIKAWA
旭川

Sorachi 空知

Furano
富良野

Yoichi 余市

Tokachi 十勝郡

Hokkaido 北海道

SAPPORO
札幌

Okushiri Island
奧尻島

Hokkaido 北海道

HAKODATE
函館

Tsugaru Strait 津輕海峽

PACIFIC OCEAN
太平洋

AOMORI 青森

Sea of Japan 日本海

AKITA 秋田

MORIOKA 盛岡

Yamagata 山形

Mogami-Gawa 最上川

Sado Island 佐渡島

SENDAI 仙台

YAMAGATA
山形縣

NIIGATA 新潟

FUKUSHIMA
福島

Nagano 長野

IWAKI 磐城

NAGANO
長野

TOYAMA 富山

UTSUNOMIYA 宇都宮

KANAZAWA 金澤

Alps Valley
日本阿爾卑斯山谷

Gawa Valley
千曲川河谷

Gahara Valley 桔梗高原

Yamanashi 山梨

□TOKYO 東京

KAWASAKI 川崎

YOKOHAMA 横濱

NAGOYA
名古屋

KYOTO
京都

TOYOTA 豐田

KOBE
神戶

YOKKAICHI 四日市

OKAZAKI 岡崎

SHIZUOKA
静岡

OSAKA 大阪

SAKAI 堺

HAMAMATSU
濱松

WAKAYAMA
和歌山

NORD

PACIFIC OCEAN
太平洋

0   100   200   300 km

波蘭

波蘭的伏特加比較有名，葡萄酒工業雖尚未欣欣向榮，但仍堅持不懈。

過去

透過文字記載與考古挖掘，證實在西元十世紀時，基督教人士來到波蘭並開發了小規模的葡萄酒業，之後由西多會與本篤會的修士們掌控了從生產一直到消費的釀酒工業鏈。不過，真正的葡萄園發展是近期的事情。柏林圍牆倒塌之後，讓波蘭重新對全世界開放，並於2004年加入了歐盟，

波蘭於2004年加入了歐盟，也促使葡萄酒工業東山再起。

也促使葡萄酒工業東山再起。波蘭國會在2008年時通過法律，認可釀酒師的行業並允許每個葡萄酒生產者自行釀製與出售其葡萄酒。

現在

波蘭大部份的葡萄園都集中在中歐主要山脈喀爾巴阡山（Carpathians）的山腳下。現代波蘭的葡萄酒先驅是羅曼米斯利維茲（Roman Mysliwiec）。為了對抗酷寒的冬季並吸收更多的陽光，波蘭的葡萄樹都被導向並攀附在離地1.5公尺的水泥支架上。

在這個人人熱愛啤酒與伏特加的國度，葡萄酒的消費是歐洲最低，平均每人每年僅喝掉5.5公升葡萄酒。全球暖化有利於紅葡萄的熟成，加上波蘭人民購買力大幅提升，對於這個年輕產酒國的未來將具有重大影響。至於所生產的葡萄酒將局限於國內或是能成為值得出口的定性產品，還有待觀察。

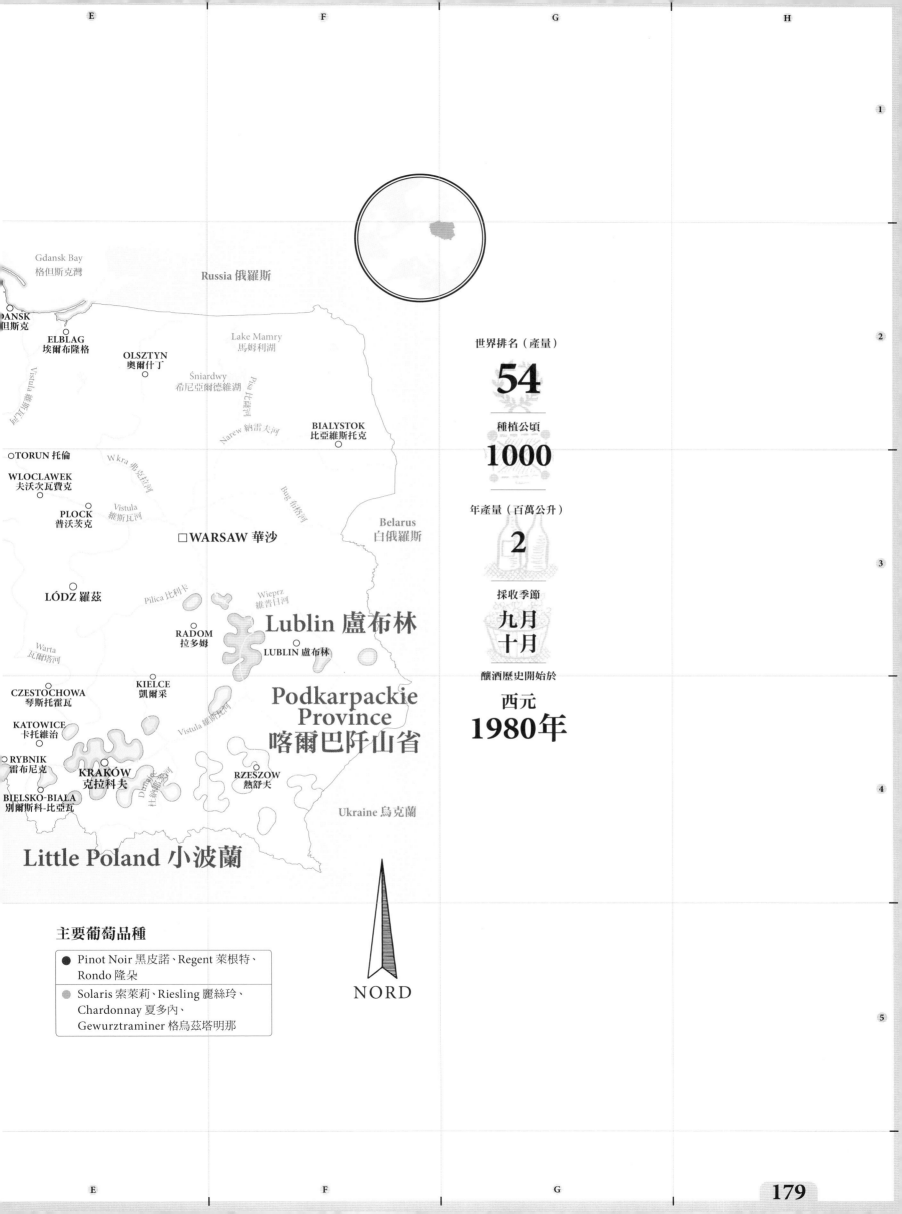

Gdansk Bay
格但斯克灣

Russia 俄羅斯

DANSK
旦斯克

ELBLAG
埃爾布隆格

OLSZTYN
奧爾什丁

Lake Mamry
馬姆利湖

Śniardwy
希尼亞爾德維湖

BIALYSTOK
比亞維斯托克

Narew 納雷夫河

TORUN 托倫

Wkra 弗克拉河

WLOCLAWEK
夫沃次瓦費克

PLOCK
普沃茨克

Vistula
維斯瓦河

Bug 布格河

Belarus
白俄羅斯

□WARSAW 華沙

LÓDZ 羅茲

Pilica 比利卡

Wieprz
維普日河

Lublin 盧布林

RADOM
拉多姆

LUBLIN 盧布林

Warta
瓦爾塔河

CZESTOCHOWA
琴斯托霍瓦

KIELCE
凱爾采

Podkarpackie
Province
喀爾巴阡山省

KATOWICE
卡托維治

Vistula 維斯瓦河

RYBNIK
雷布尼克

KRAKÓW
克拉科夫

Dunajec 杜納傑茨河

RZESZOW
熱舒夫

BIELSKO-BIALA
別爾斯科-比亞瓦

Ukraine 烏克蘭

Little Poland 小波蘭

世界排名（產量）

54

種植公頃

1000

年產量（百萬公升）

2

採收季節

**九月
十月**

釀酒歷史開始於

西元
1980年

主要葡萄品種

- ● Pinot Noir 黑皮諾、Regent 萊根特、
  Rondo 隆朵
- ◐ Solaris 索萊莉、Riesling 麗絲玲、
  Chardonnay 夏多內、
  Gewurztraminer 格烏茲塔明那

NORD

新秀舞台

他們年輕帥氣，活力充沛，在大地之母的艱辛挑戰下嘗試釀製葡萄美酒。這些國家的葡萄酒尚未成為主要產品，葡萄酒產區也還沒有成形，因此很難將他們畫進葡萄酒地圖當中。儘管如此，「葡萄酒世界地圖」仍然必須給他們一席之地，向他們不撓的恆心致敬。

瑞典

高緯度寒冷國家如何釀酒？當然是借助太陽！瑞典位於靠近北極的高緯度區，日照的時間比歐洲大部份國家來得長。因此葡萄在夏天的時候即能享有比法國多兩小時的陽光，並充分熟成。不過瑞典的葡萄酒產量仍然不多，也有點棘手，因為每年11月的嚴寒對於這片僅十多公頃的葡萄產區是一大威脅。

巴拉圭

屬於南美洲有點被人遺忘的角落。不過，有兩個新世界葡萄酒界的巨星——阿根廷與智利——當鄰居，因此巴拉圭也不太能置身事外。而且巴拉圭還是唯一不靠海的葡萄酒生產國，也遠離南美洲著名的葡萄酒風土起源地安地斯山脈。

辛巴威

如同大多數非洲國家，辛巴威的葡萄酒復興於1980年國家取得獨立之後。為了對抗乾旱的南撒哈拉沙漠氣候，葡萄藤必須攀到1500公尺高度，才得以享有比乾旱平地更適合生長的環境。為了降低生產成本，一些酒農別無他法，只能以一公升裝的紙盒將葡萄酒「裝瓶」。

泰國

法國人在17世紀時在這裡引進了葡萄品種，不過要等到第二次世界大戰之後，才開始有企業投資這塊葡萄酒產區。從1995年開始，共有十多個酒農共同耕作這片300公頃的葡萄園，也成為東南亞最活絡的葡萄酒產區。隨著泰國上流階層對於葡萄酒的興趣日增，為當地葡萄酒生產提供不可多得的良機。

大溪地

徜徉於遙遠太平洋上的法屬玻里尼西亞小島，與法國本土僅以國籍認同相連結。目前只有一家酒農營業中，可以說是離洲陸最遠的葡萄酒。想像一下，光是運輸軟木塞到島上就足以歷經奇險了…

哈薩克

雖然不太聞名，未來卻不容小覷，哈薩克的葡萄產區足足有一萬三千公頃，遠遠超過加拿大。哈薩克灼人的炎夏促使酒農專注於釀製甜點專屬葡萄酒，多多少少帶著甜香。

韓國

韓國人雖然沒有生產很多葡萄酒，消費量卻相當驚人，幾乎每年都從國外進口超過三千一百萬公升的葡萄酒。而韓國的葡萄酒產區接近20公頃，約等於勃艮地的一個酒莊產區。

全世界葡萄酒產量配置圖

全世界超過六十多個產酒國，每秒鐘釀製800公升葡萄酒，而排行的前三名就囊括了全球一半產量。

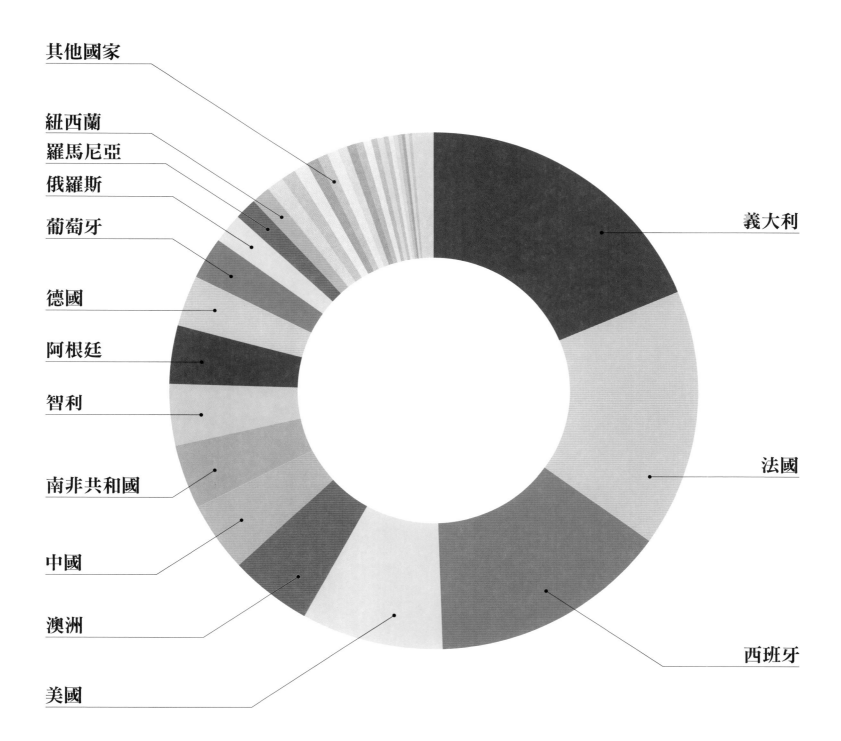

其他國家

紐西蘭

羅馬尼亞

俄羅斯

葡萄牙

德國

阿根廷

智利

南非共和國

中國

澳洲

美國

義大利

法國

西班牙

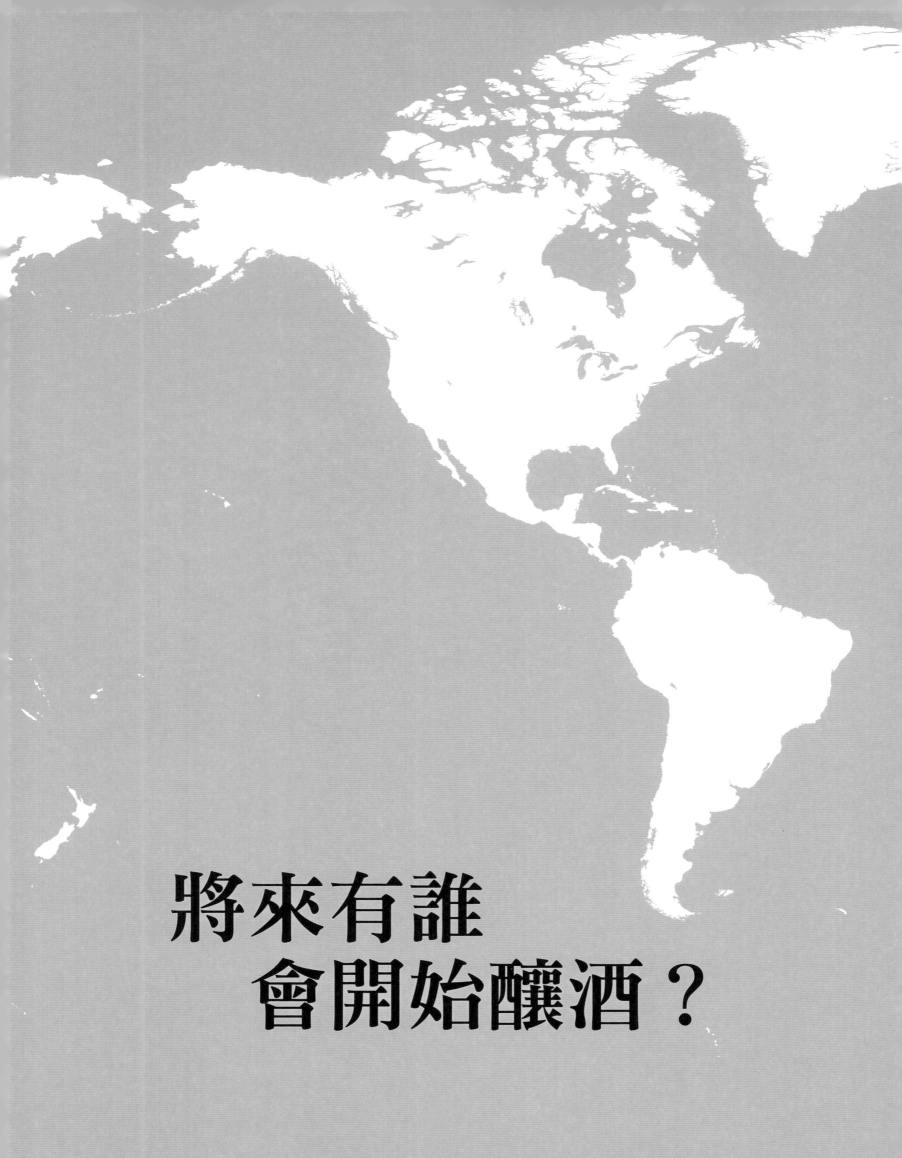

將來有誰
會開始釀酒？

葡萄酒世界地圖日新月異，尤其氣候暖化嚴重威脅某些產區。美國南奧勒岡大學的氣候學教授古格里瓊斯（Gregory Jones）新近提出的研究報告指出，近50年來，適合生產葡萄酒的地理界線往地球南北極推進了180公里。冰島人有一天會開始釀粉紅葡萄酒嗎？勃艮地人該放棄黑皮諾擁抱希哈葡萄嗎？讓我們繼續看下去…

全世界的葡萄品種

葡萄品種（Cépage）指具有不同風味與特徵的葡萄種類。跟所有的植物一樣，每一個葡萄品種都有適合生長的專屬風土環境，才能完美展現葡萄的特性。一模一樣的葡萄品種，在托斯卡尼與智利就會釀出不同的葡萄酒。「登記有案」的葡萄品種多達六千種，但其中僅二十餘種即包辦了全世界一半的葡萄酒產量。

Merlot 梅洛

**全世界種植面積為
267 000公頃**

比卡本內蘇維濃更柔和，兩者常混搭在一起。梅洛釀製的紅酒果香味濃，粉紅酒也相當出人意表。由於梅洛非常容易熟成，因此也是最受氣候暖化威脅的葡萄品種之一。

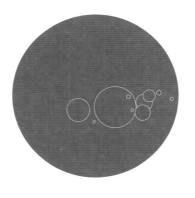

1-法國
2-義大利
3-美國
4-西班牙
5-羅馬尼亞

Pinot Noir 黑皮諾

全世界種植面積為
86 000公頃

紅葡萄當中最偏愛涼爽氣候的品種。雖然這個來自勃艮地的葡萄之王個性有點驕縱，需要小心呵護，倒也稱霸新世界的重要葡萄產區。

1-法國
2-美國
3-摩爾多瓦
4-義大利
5-紐西蘭

Sauvignon Blanc
白蘇維濃

全世界種植面積為
110 000 公頃

喜歡不冷不熱的溫帶氣候。長久以來都算是法國的桑塞爾（Sancerre）與佩薩克-萊奧尼昂（Pessac-Léognan）產區的代表品種，如今成為紐西蘭種植最廣的葡萄品種。是否會青出於藍勝於藍呢？

1-法國
2-紐西蘭
3-智利
4-南非共和國
5-摩爾多瓦

Chardonnay 夏多內

**全世界種植面積為
198 000公頃**

如果我們的履歷表能像夏多內一樣,寫著「香檳區與勃艮地區主要的白葡萄品種」,那絕對是無往不利的。夏多內葡萄的質地讓它能長期存放在木桶中,因而也提供了相當出色的陳年潛能。

1-法國
2-美國
3-澳洲
4-義大利
5-智利

Grenache 格那希

**全世界種植面積為
184 000公頃**

輕輕喚著格那希的名字,就足以令人口齒生津,渴望品嚐一番。在地中海豔陽下恣意生長的格那希葡萄,能釀製出美味饕級的葡萄酒。

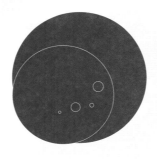

1-法國
2-西班牙
3-義大利
4-阿爾及利亞
5-美國

Cabernet Sauvignon
卡本內蘇維濃

**全世界種植面積為
290 000公頃**

是全世界種植面積最廣的葡萄品種。從波爾多到智利都有它的領土，擁有豐富的單寧，是陳釀酒當中不可缺少的元素。而且必須靜心等待多年才能讓它充分綻放美味。

1-法國
2-智利
3-美國
4-澳洲
5-西班牙

Riesling 麗絲玲

**全世界種植面積為
50 000公頃**

麗絲玲葡萄以純粹直爽與礦物風格著稱，熱情而忠實地反映種植當地的風土特色，猶如土地攬鏡自照。在德國或亞爾薩斯，麗絲玲葡萄園幾乎跟城鎮數目一樣多。

1-德國
2-美國
3-澳洲
4-法國
5-烏克蘭

Syrah 希哈

全世界種植面積為
185 000公頃

希哈葡萄能釀出果香強勁的葡萄酒，在隆河谷地獨領風騷之後，現在也成為澳洲人的偶像。只不過當地稱它為席拉茲（Shiraz）。

1-法國
2-澳洲
3-西班牙
4-阿根廷
5-南非共和國

Chenin Blanc
白梢楠

全世界種植面積為
35 000公頃

列強身旁不可忽視的小國。白梢楠來自法國羅亞爾河谷，在南非共和國大放異彩。葡萄天然的酸度非常適合用來釀造氣泡酒。

1-南非共和國
2-法國
3-美國
4-阿根廷
5-澳洲

葡萄品種
世界種植排行

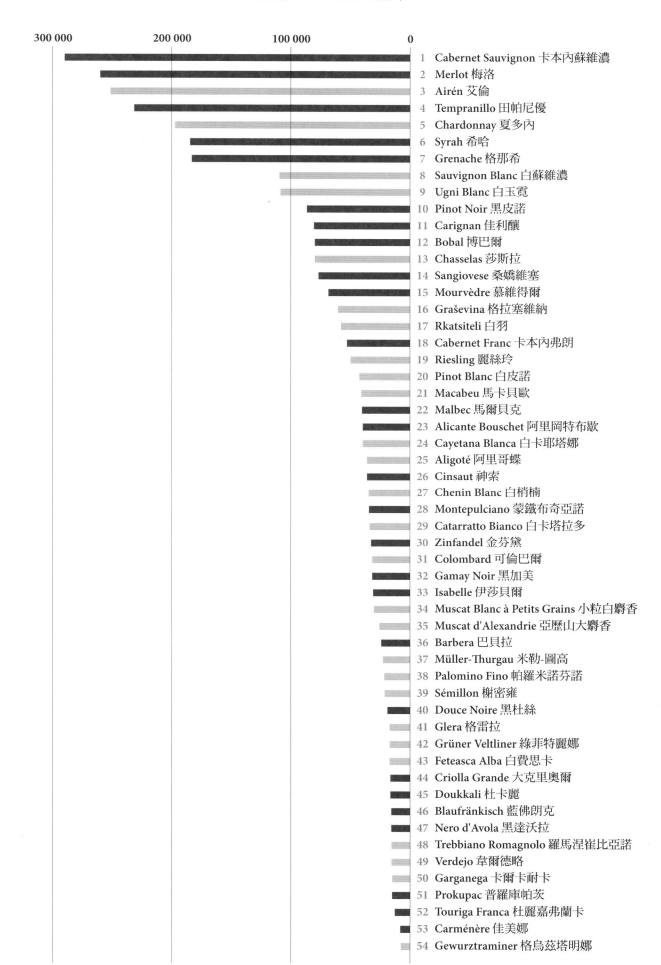

■ 紅葡萄　　▨ 白葡萄

300 000	200 000	100 000	0		

1　Cabernet Sauvignon 卡本內蘇維濃
2　Merlot 梅洛
3　Airén 艾倫
4　Tempranillo 田帕尼優
5　Chardonnay 夏多內
6　Syrah 希哈
7　Grenache 格那希
8　Sauvignon Blanc 白蘇維濃
9　Ugni Blanc 白玉霓
10　Pinot Noir 黑皮諾
11　Carignan 佳利釀
12　Bobal 博巴爾
13　Chasselas 莎斯拉
14　Sangiovese 桑嬌維塞
15　Mourvèdre 慕維得爾
16　Graševina 格拉塞維納
17　Rkatsiteli 白羽
18　Cabernet Franc 卡本內弗朗
19　Riesling 麗絲玲
20　Pinot Blanc 白皮諾
21　Macabeu 馬卡貝歐
22　Malbec 馬爾貝克
23　Alicante Bouschet 阿里岡特布歇
24　Cayetana Blanca 白卡耶塔娜
25　Aligoté 阿里哥蝶
26　Cinsaut 神索
27　Chenin Blanc 白梢楠
28　Montepulciano 蒙鐵布奇亞諾
29　Catarratto Bianco 白卡塔拉多
30　Zinfandel 金芬黛
31　Colombard 可倫巴爾
32　Gamay Noir 黑加美
33　Isabelle 伊莎貝爾
34　Muscat Blanc à Petits Grains 小粒白麝香
35　Muscat d'Alexandrie 亞歷山大麝香
36　Barbera 巴貝拉
37　Müller-Thurgau 米勒-圖高
38　Palomino Fino 帕羅米諾芬諾
39　Sémillon 榭密雍
40　Douce Noire 黑杜絲
41　Glera 格雷拉
42　Grüner Veltliner 綠菲特麗娜
43　Feteasca Alba 白費思卡
44　Criolla Grande 大克里奧爾
45　Doukkali 杜卡麗
46　Blaufränkisch 藍佛朗克
47　Nero d'Avola 黑達沃拉
48　Trebbiano Romagnolo 羅馬涅崔比亞諾
49　Verdejo 韋爾德略
50　Garganega 卡爾卡耐卡
51　Prokupac 普羅庫帕茨
52　Touriga Franca 杜麗嘉弗蘭卡
53　Carménère 佳美娜
54　Gewurztraminer 格烏茲塔明娜

葡萄品種
各異的香氣

葡萄品種是葡萄酒真正的靈魂所在，受大地與氣候薰陶，加上酒農獨特經驗的啟發，才能呈現獨一無二的飽滿香氣。而每個品種本身都帶有高辨識度的專屬香氣。

圖例說明

適合種植的氣候型態：

  熱帶

  寒帶

  溫帶

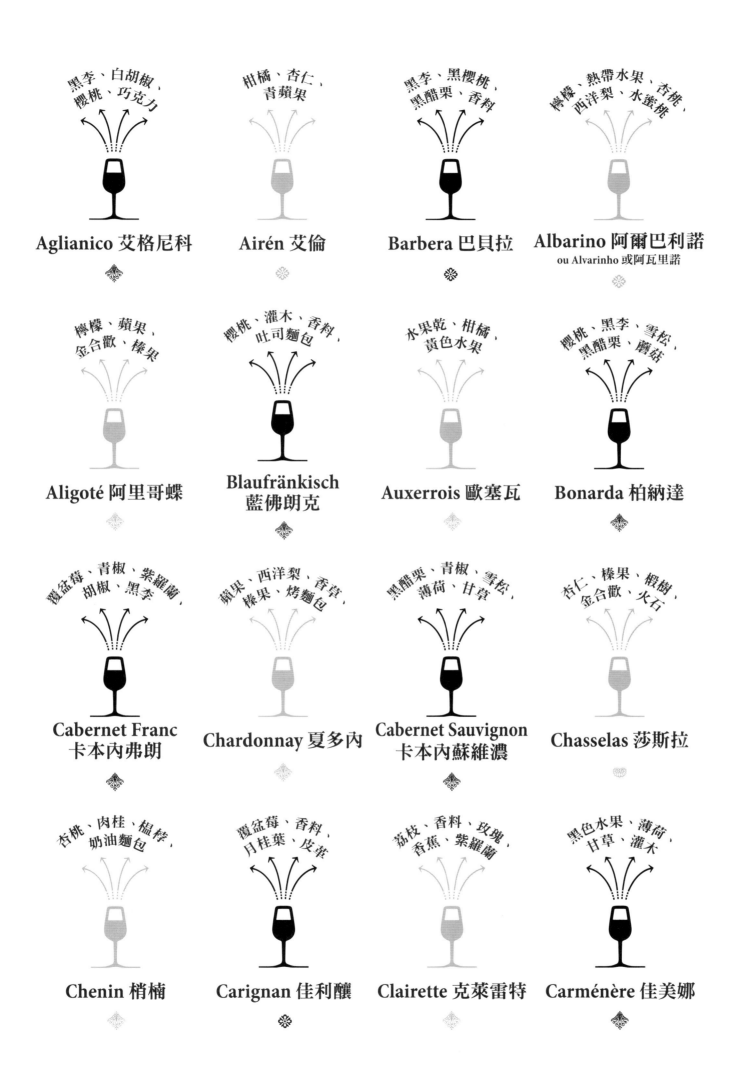

黑李、白胡椒、櫻桃、巧克力
Aglianico 艾格尼科

柑橘、杏仁、青蘋果
Airén 艾倫

黑李、黑櫻桃、黑醋栗、香料
Barbera 巴貝拉

檸檬、熱帶水果、杏桃、西洋梨、水蜜桃
Albarino 阿爾巴利諾
ou Alvarinho 或阿瓦里諾

檸檬、蘋果、金合歡、榛果
Aligoté 阿里哥蝶

櫻桃、灌木、香料、吐司麵包
Blaufränkisch 藍佛朗克

水果乾、柑橘、黃色水果
Auxerrois 歐塞瓦

櫻桃、黑李、雪松、黑醋栗、蘑菇
Bonarda 柏納達

覆盆莓、青椒、紫羅蘭、胡椒、黑李
Cabernet Franc 卡本內弗朗

蘋果、西洋梨、香草、榛果、烤麵包
Chardonnay 夏多內

黑醋栗、青椒、雪松、薄荷、甘草
Cabernet Sauvignon 卡本內蘇維濃

杏仁、榛果、椴樹、金合歡、火石
Chasselas 莎斯拉

杏桃、肉桂、榲桲、奶油麵包
Chenin 梢楠

覆盆莓、香料、月桂葉、皮革
Carignan 佳利釀

荔枝、香料、玫瑰、香蕉、紫羅蘭
Clairette 克萊雷特

黑色水果、薄荷、甘草、灌木
Carménère 佳美娜

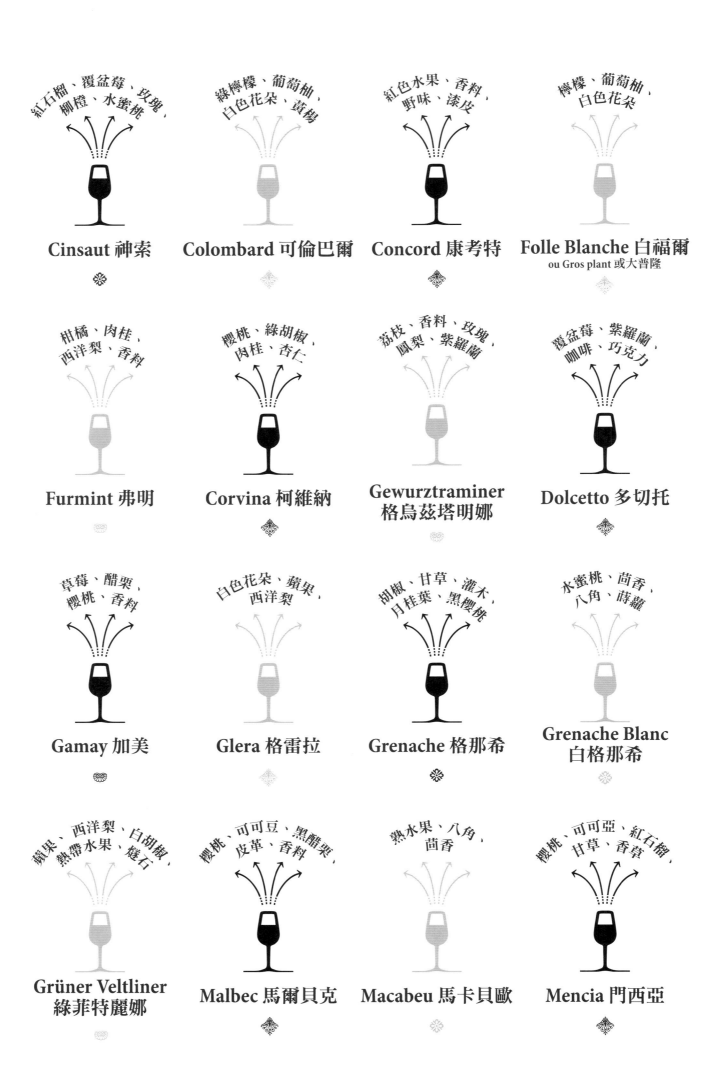

紅石榴、覆盆莓、玫瑰、柳橙、水蜜桃

Cinsaut 神索

綠檸檬、葡萄柚、白色花朵、黃楊

Colombard 可倫巴爾

紅色水果、香料、野味、漆皮

Concord 康考特

檸檬、葡萄柚、白色花朵

Folle Blanche 白福爾
ou Gros plant 或大普隆

柑橘、肉桂、西洋梨、香料

Furmint 弗明

櫻桃、綠胡椒、肉桂、杏仁

Corvina 柯維納

荔枝、香料、玫瑰、鳳梨、紫羅蘭

**Gewurztraminer
格烏茲塔明娜**

覆盆莓、紫羅蘭、咖啡、巧克力

Dolcetto 多切托

草莓、醋栗、櫻桃、香料

Gamay 加美

白色花朵、蘋果、西洋梨

Glera 格雷拉

胡椒、甘草、灌木、月桂葉、黑櫻桃

Grenache 格那希

水蜜桃、茴香、八角、蒔蘿

**Grenache Blanc
白格那希**

蘋果、西洋梨、白胡椒、熱帶水果、燧石

**Grüner Veltliner
綠菲特麗娜**

櫻桃、可可豆、黑醋栗、皮革、香料

Malbec 馬爾貝克

熟水果、八角、茴香

Macabeu 馬卡貝歐

櫻桃、可可亞、紅石榴、甘草、香草

Mencia 門西亞

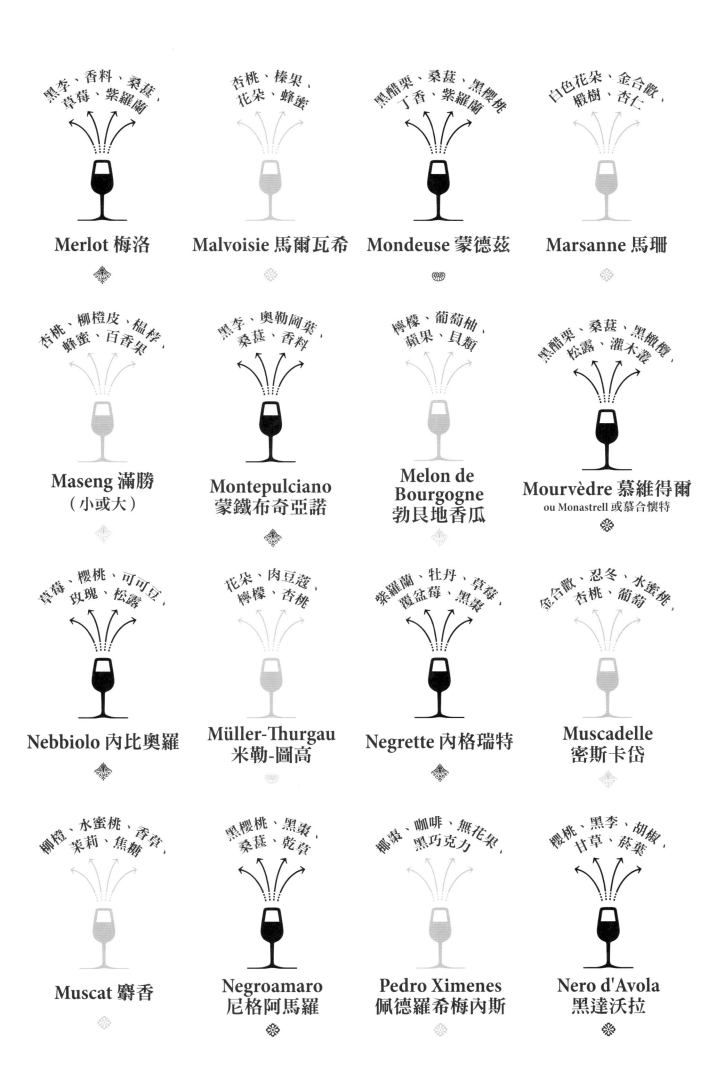

黑李、香料、桑葚、草莓、紫羅蘭

Merlot 梅洛

杏桃、榛果、花朵、蜂蜜

Malvoisie 馬爾瓦希

黑醋栗、桑葚、黑櫻桃、丁香、紫羅蘭

Mondeuse 蒙德茲

白色花朵、金合歡、椴樹、杏仁

Marsanne 馬珊

杏桃、柳橙皮、榅桲、蜂蜜、百香果

Maseng 滿勝
（小或大）

黑李、奧勒岡葉、桑葚、香料

Montepulciano 蒙鐵布奇亞諾

檸檬、葡萄柚、蘋果、貝類

Melon de Bourgogne 勃艮地香瓜

黑醋栗、桑葚、黑橄欖、松露、灌木叢

Mourvèdre 慕維得爾
ou Monastrell 或慕合懷特

草莓、櫻桃、可可豆、玫瑰、松露

Nebbiolo 內比奧羅

花朵、肉豆蔻、檸檬、杏桃

Müller-Thurgau 米勒-圖高

紫羅蘭、牡丹、草莓、覆盆莓、黑棗

Negrette 內格瑞特

金合歡、忍冬、水蜜桃、杏桃、葡萄

Muscadelle 密斯卡岱

柳橙、水蜜桃、香草、茉莉、焦糖

Muscat 麝香

黑櫻桃、黑棗、桑葚、乾棗

Negroamaro 尼格阿馬羅

椰棗、咖啡、無花果、黑巧克力

Pedro Ximenes 佩德羅希梅內斯

櫻桃、黑李、胡椒、甘草、菸葉

Nero d'Avola 黑達沃拉

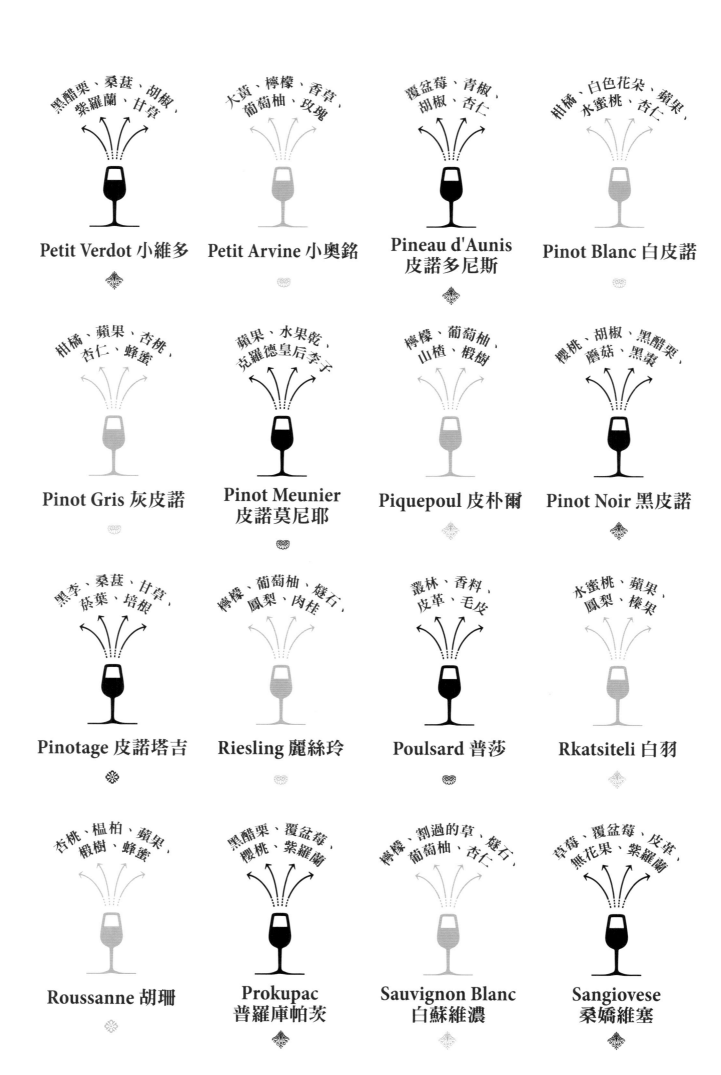

Petit Verdot 小維多
黑醋栗、桑葚、胡椒、紫羅蘭、甘草

Petit Arvine 小奧銘
大黃、檸檬、香草、葡萄柚、玫瑰

Pineau d'Aunis 皮諾多尼斯
覆盆莓、青椒、胡椒、杏仁

Pinot Blanc 白皮諾
柑橘、白色花朵、蘋果、水蜜桃、杏仁

Pinot Gris 灰皮諾
柑橘、蘋果、杏桃、杏仁、蜂蜜

Pinot Meunier 皮諾莫尼耶
蘋果、水果乾、克羅德皇后李子

Piquepoul 皮朴爾
檸檬、葡萄柚、山楂、椴樹

Pinot Noir 黑皮諾
櫻桃、胡椒、黑醋栗、蘑菇、黑棗

Pinotage 皮諾塔吉
黑李、桑葚、甘草、菸葉、培根

Riesling 麗絲玲
檸檬、葡萄柚、燧石、鳳梨、肉桂

Poulsard 普莎
叢林、香料、皮革、毛皮

Rkatsiteli 白羽
水蜜桃、蘋果、鳳梨、榛果

Roussanne 胡珊
杏桃、椴柏、蘋果、椴樹、蜂蜜

Prokupac 普羅庫帕茨
黑醋栗、覆盆莓、櫻桃、紫羅蘭

Sauvignon Blanc 白蘇維濃
檸檬、割過的草、葡萄柚、杏仁

Sangiovese 桑嬌維塞
草莓、覆盆莓、皮革、無花果、紫羅蘭

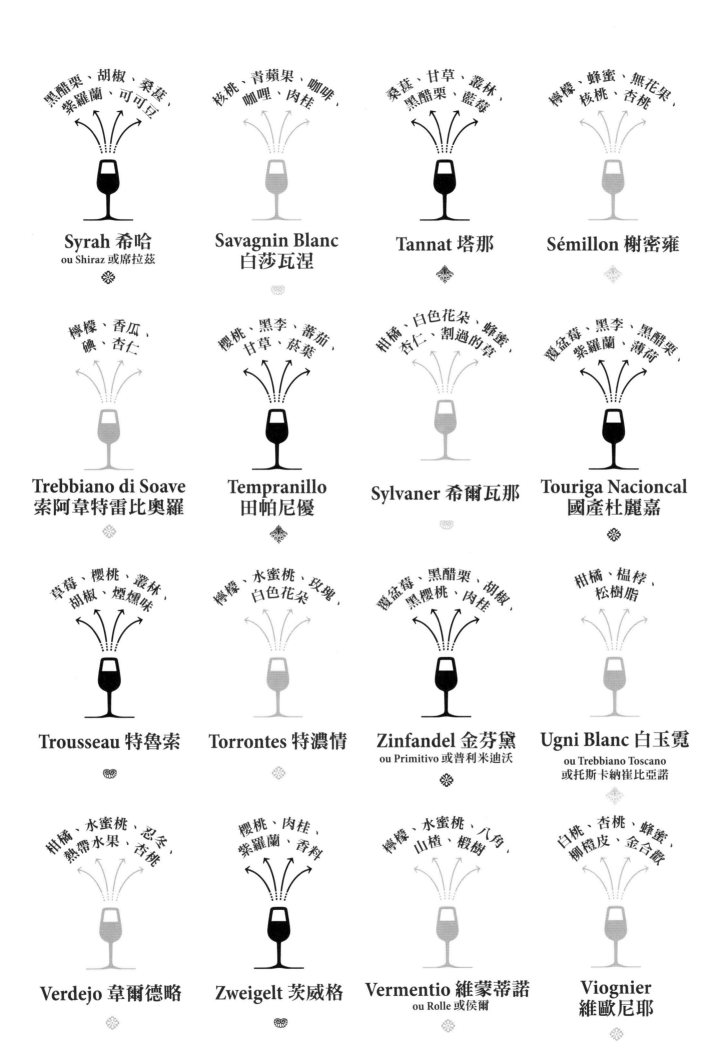

Syrah 希哈
ou Shiraz 或席拉茲

黑醋栗、胡椒、桑葚、紫羅蘭、可可豆

Savagnin Blanc 白莎瓦涅

核桃、青蘋果、咖啡、咖哩、肉桂

Tannat 塔那

桑葚、甘草、叢林、黑醋栗、藍莓

Sémillon 榭密雍

檸檬、蜂蜜、無花果、核桃、杏桃

Trebbiano di Soave 索阿韋特雷比奧羅

檸檬、香瓜、碘、杏仁

Tempranillo 田帕尼優

櫻桃、黑李、蕃茄、甘草、菸葉

Sylvaner 希爾瓦那

柑橘、白色花朵、蜂蜜、杏仁、割過的草

Touriga Nacioncal 國產杜麗嘉

覆盆莓、黑李、黑醋栗、紫羅蘭、薄荷

Trousseau 特魯索

草莓、櫻桃、叢林、胡椒、煙燻味

Torrontes 特濃情

檸檬、水蜜桃、玫瑰、白色花朵

Zinfandel 金芬黛
ou Primitivo 或普利米迪沃

覆盆莓、黑醋栗、胡椒、黑櫻桃、肉桂

Ugni Blanc 白玉霓
ou Trebbiano Toscano
或托斯卡納崔比亞諾

柑橘、檳榔、松樹脂

Verdejo 韋爾德略

柑橘、水蜜桃、忍冬、熱帶水果、杏桃

Zweigelt 茨威格

櫻桃、肉桂、紫羅蘭、香料

Vermentio 維蒙蒂諾
ou Rolle 或侯爾

檸檬、水蜜桃、八角、山楂、椴樹

Viognier 維歐尼耶

白桃、杏桃、蜂蜜、柳橙皮、金合歡

索引

產酒國家

參考資料

文獻

ROBINSON, Jancis, *The Oxford Companion to Wine*, Oxford, Oxford University Press, vol. IV, 2015

ANDERSON, Kym, *Which Winegrape Varieties are Grown Where?*, Adélaïde, University of Adelaide Press, 2013

ORHON, Jacques, *Les Vins du Nouveau Monde*, Montréal, Éditions de l'Homme, vol. I & II, 2009

PHILPOT, Don, *The World of Wine and Food*, Lanham, Maryland, Rowman & Littlefield 2017

BELL, Bibiane & DOROZYNSKI, Alexandre, *Le Livre du Vin*, Paris, Éditions des Deux Coqs d'Or, 1968

NOCHEZ, Henri & BLANCHARD, Guy, *La Loire - Un fleuve de vins*, Roanne, Thoba's Editions, 2006

JOHNSON, Hugh, *Une Histoire Mondiale du Vin*, Hachette, 2012

網站

http://www.suddefrance-developpement.com/fr/fiches-pays.html

http://www.oiv.int/fr/

https://www.wine-searcher.com

http://www.winesofbalkans.com

https://italianwinecentral.com/

典藏葡萄酒世界地圖
LA CARTE DES VINS S'IL VOUS PLAÎT

文字 Jules Gaubert-Turpin 朱爾・高貝特潘
地圖 Adrien Grant Smith Bianchi 亞德里安・葛蘭・史密斯・碧昂奇
翻譯 謝珮琪
總編輯 郭燕如
主編 黃郡怡
美術設計 周慧文
特約美術設計 洪玉玲
行銷經理 呂妙君
行銷企劃 陳奕心

生活旅遊事業總經理兼墨刻社長 李淑霞
出版公司 墨刻出版股份有限公司
地址 台北 104 民生東路二段 141 號 9 樓
電話 886-2-2500-7008
E-mail mook_service@hmg.com.tw
大人的美好時光 www.travelerluxe.com
旅人誌粉絲團 www.facebook.com/travelerluxe

發行公司 英屬蓋曼群島商家庭傳媒股份有限公司城邦分公司
城邦讀書花園 www.cite.com.tw
劃撥 19863813
戶名 書虫股份有限公司
香港發行所 城邦（香港）出版集團有限公司
地址 香港灣仔駱克 193 號東超商業中 1 樓
電話 852-2508-6231
傳真 852-2578-9337
經銷商 農學股份有限公司 （電話：886-2-2917-8022）
製版 藝樺彩色製版股份有限公司
印刷 漾格印刷股份有限公司

ISBN 978-986-289-429-3
城邦書號 KY0040

初版 2018 年 11 月
定價 1200 元・HK$400
版權所有・翻印必究

國家圖書館出版品預行編目資料

典藏葡萄酒世界地圖／亞德里安・葛蘭・史密斯・碧
昂奇(Adrien Grant Smith Bianchi), 朱爾・高貝特潘
(Jules Gaubert-Turpin)作. -- 初版. -- 臺北市：墨刻
出版：家庭傳媒城邦分公司發行,
2018.11　200面；24.5*32.8公分
譯自：La carte des vins s'il vous plaît
ISBN 978-986-289-429-3(精裝)
1.葡萄酒
463.814　　　　　　　　　　107017299